# Methods and Tools for Drought Analysis and Management

# 干旱分析与管理的方法和工具

[意] 吉乌塞佩·罗西（Giuseppe Rossi）　[意] 特奥多罗·维格（Teodoro Vega）
[意] 布鲁内亚·博纳科索（Brunella Bonaccorso）／编

姚立强　许继军　孙可可　霍军军／译

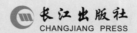

长江出版社
CHANGJIANG PRESS

图书在版编目（CIP）数据

干旱分析与管理的方法和工具 / [意] 吉乌塞佩·罗西，
[意] 特奥多罗·维格，[意] 布鲁内亚·博纳科索编；姚立强等译.
-- 武汉：长江出版社，2021.12
　书名原文：Methods and Tools for Drought Analysis and Management
　ISBN 978-7-5492-8107-7

　Ⅰ.①干… Ⅱ.①吉… ②特… ③布… ④姚… Ⅲ.①干旱区 –
水资源管理 – 研究 Ⅳ.① TV213.4

中国版本图书馆 CIP 数据核字 (2021) 第 280854 号

湖北省版权局著作权合同登记号：图字 17-2021-251
First published in English under the title
Methods and Tools for Drought Analysis and Management
edited by Giuseppe Rossi, Teodoro Vega and Brunella Bonaccorso, edition:1
Copyright © Springer Science+Business Media B.V., 2007*
This edition has been translated and published under licence from
Springer Nature B.V..
Springer Nature B.V. takes no responsibility and shall not be made liable for the accuracy of the translation.

**干旱分析与管理的方法和工具**
GANHANFENXIYUGUANLIDEFANGFAHEGONGJU

[意] 吉乌塞佩·罗西　[意] 特奥多罗·维格 [意] 布鲁内亚·博纳科索 编　姚立强等 译

责任编辑：　高婕妤
装帧设计：　王聪
出版发行：　长江出版社
地　　址：　武汉市江岸区解放大道 1863 号
邮　　编：　430010
网　　址：　https://www.cjpress.cn
电　　话：　027-82926557（总编室）
　　　　　　027-82926806（市场营销部）
经　　销：　各地新华书店
印　　刷：　武汉盛世吉祥印务有限公司
规　　格：　787mm×1092mm
开　　本：　16
印　　张：　21.5
字　　数：　536 千字
版　　次：　2021 年 12 月第 1 版
印　　次：　2023 年 12 月第 1 次
书　　号：　ISBN 978-7-5492-8107-7
定　　价：　198.00 元

## 前 言
### Preface

　　干旱是世界上广为分布的自然灾害,近几十年来,频繁发生的干旱已成为世界范围内一个重大的气候问题。据统计,干旱造成的损失占气象灾害损失的50%左右,干旱灾害也是我国最严重的气象灾害之一。由于干旱的发生具有渐进性、复杂性、不确定性等特征,研究干旱灾害的方法和手段也相对不足。在气候变化和人类活动等变化环境下,对于干旱的监测、预报、评估和管理对策仍是干旱领域研究的重要方向。

　　为了提出适应变化环境的水资源再分配和利用方案,均衡洪旱风险和多目标用水需求,为长江流域/区域水资源精细化管理提供创新理论和科技支撑,长江水利委员会长江科学院牵头承担了国家自然科学基金项目"长江流域水资源量演变规律与中长期预测和评价规划方法研究",其中翻译出版的 *Methods and Tools for Drought Analysis and Management* 正是该项目研究的成果之一。

　　*Methods and Tools for Drought Analysis and Management* 由意大利卡塔尼亚大学 Giuseppe Rossi,意大利西西里地区废物和水管理局 Teodoro Vega 和意大利卡塔尼亚大学 Brunella Bonaccorso 共同撰写完成,该书系统介绍了干旱监测预测、识别评估、风险管理、应对措施等领域的研究成果,梳理提出了干旱分析与管理的方法和工具,结合典型案例验证了方法和工具的有效性。

　　鉴于该书的理论与应用价值,笔者将该书翻译成中文版本《干旱分析与管理的方法和工具》,旨在通过图书翻译,更好地分享国外相关干旱领域研究成果,供国内干旱领域研究人员借鉴参考。

　　本书共五部分19章，由姚立强组织翻译、修订和统稿。其中，第1部分1～5章由姚立强翻译，第2部分6～9章和第3部分10章由许继军翻译，第3部分11～13章和第4部分14～15章由孙可可翻译，第5部分16～19章由霍军军翻译。每一位译者在工作之余花了很多时间精推细敲、反复斟酌，感谢每一位译者的付出，也感谢长江出版社对成书提供的大力支持和帮助。

　　由于译者水平有限，书中难免有错误和不足之处，敬请读者批评指正。

作者

2021 年 12 月

目录
Contents

# 第 1 部分　干旱监测与预测

# 第 2 部分　利用农业气象指数描述干旱特征

# 第3部分　干旱条件下的水资源管理

# 第 4 部分　干旱条件下地下水的监测和管理

# 第5部分　干旱影响及缓解措施

# 第 1 部分

# 干旱监测与预测

# 第1章　大尺度干旱监测和预测

I. Bordi，A. Sutera
意大利罗马大学物理学院

**摘要：**在应对干旱问题时，需要进行干旱监测、干旱预测和极端干旱事件重现期估计，因为干旱统计公报上面有很多实用性高的监测信息和分析成果，而且经常更新，所以成为应对干旱的实用工具。本章将重点介绍这个方法的主要内容及其在地中海区域的应用实例。结果表明，干旱风险评估没有固定的分析程序，不同类型方法的组合可以提供十分有用的信息来预防和降低干旱事件负面影响。

**关键词：**干旱管理；干旱预测；极端事件；干旱统计公报

## 1.1　引言

干旱是一种正常的、反复发生的气候现象。它发生在所有气候带，但其变化特征因地区而异。干燥与干旱不同是因为干燥被严格限制在低降水量区域发生，并且气候特点稳定。因此，定义干旱是比较困难的。(Redmond，2002)气象学术语表(1959)将干旱定义为：一段时期内，异常干燥天气持续足够长的时间，进而造成区域的供水短缺和水文失衡。干旱是一个相对的术语，任何关于降水亏缺产生干旱的讨论必须提到与降水相关的事件。这意味着无论将干旱如何定义，它都不能被孤立地看成一种物理现象，而应将其视为对社会的影响。美国气象学会(1997)对干旱的定义进行了分组，归类为四种：气象干旱、农业干旱、水文干旱和社会经济干旱。气象干旱通常是指一段时间内降水量偏离正常条件；而农业干旱则发生在土壤水分不足，无法满足特定时间特定作物的需求时，农业干旱通常发生在气象干旱之后；水文干旱指的是由于长时期降水减少，地表和地下水源来水不足；最后，社会经济干旱指的是气象干旱、农业干旱、水文干旱导致的水量及经济产品供需失衡。当水资源短缺影响到人们正常生活以及水资源供不应求时，社会经济干旱便会发生。因为水资源在提供商品生产和服务时具有不可或缺的特点，干旱会影响经济生活的很多方面，所以可将干旱影响划分为经济影响、环境影响和社会影响。

为防止和减轻未来干旱事件的负面影响，客观评估特定地区的干旱状况成为规划水资源的第一步。为此,一些干旱指标近年来被提出,它们用来评估因长时间降水持续不足导致的供水短缺(Keyantash and Dracup, 2002, Heim, 2002)。在这当中我们提到了降水距平百分率、标准化降水指数(SPI)、帕尔默干旱指数(PDSI)、十分位数(Deciles)和作物水分指数(CMI)。通常来说,这些指标均基于降水量,即衡量实际降水量与历史既定标准的偏差。其中一些指标将气候变量也考虑进去了,比如温度、蒸散发、土壤湿度等。然而,当我们要比较不同区域的干旱情况时,不同区域的水量平衡存在差异。干旱指标最重要的特性就是它的标准化。因此,SPI 似乎是最有说服力的标准化指标——可以在不同时间尺度下计算,也可以监测以上提及的各种干旱状况。

在应用指标进行干旱分析时,其可靠性很大程度上取决于原始数据的质量。在划分干(湿)期时,选取的系列数据最好是:①易于获取和访问;②均匀地覆盖全球;③具有足够长的持续时间,在统计意义上是可信的;④在持续捕获干燥和潮湿事件时是最优的。大多数可用的数据记录可以满足这些要求中的一个或多个,但它们几乎难以同时满足上述所有要求(尤其是①)。因此,在气象研究中,忽视原始观测数据而选择分析数据已经成为一种普遍的做法。分析数据是指经过若干质量检验的一系列观测数据,分析数据通常与复杂大气模型反映的结果一致。在气象学中,分析数据是可用观测数据和模型结果之间复杂相互作用的结果,其最终结果是发布全球尺度的均匀网格数据,包括风速、温度、湿度等,便于进一步应用。近十年来,有两类再分析数据是较容易获取的:一类来自国家环境预报中心/国家大气研究中心(NCEP/NCAR),另一类来自欧洲中期天气预报中心(ECMWF),如 ERA-40 数据集(Kalnay 等,1996,Simmons and Gibson, 2000)。这些数据基本上满足上述数据质量标准,因此可用于评估全球近五十年的干(湿)期。但是目前还难以对此类再分析数据的观测可靠性进行全面验证,特别是当用于对长期气候特征(如:干燥期)进行评估时,数据可靠性对于预测干旱事件的未来行为具有很大的关联性。在本章中,(Sicily and China, Bonaccorso 等,2003;Bordi等,2004)对使用观测数据和再分析数据的结果进行了比较,两种数据在捕捉相关趋势时均有积极和消极的结果。

尽管受数据局限性影响,近年来干旱监测也有了很大的改善:一些指数已经可以被直接测量,多个指数的综合也被世界上最著名的干旱监测中心所使用(http://www.drought.unl.edu/dm)。然而,预测未来干旱事件仍然是一项复杂的任务,因为降水具有随机性,而它又是干旱评估中常用的基本变量。另一方面,对一个地区而言,预测未来干旱事件,对于寻找可持续水管理解决方案和干旱事件风险评估非常重要。在统计中,一种用于预测给定时间序列的未来行为的常用技术是自回归模型(AR,Coes,2001)。因此,如果有长时间序列的降水资料,我们可以使用 AR 模型来预估未来降水。然而,AR 方法主要提取并预测降水的季节性周期,在预测干旱方面作用不大,因为干旱主要依赖于降水季节性行为的偏离。为此提出了一种可替代的方法,即通过估算月降水量概率函数来预测给定频率下的未来降水量值,进而预测对应的干旱指数,例如 SPI。

　　此外,为了评估极端不寻常事件(如极端干旱)的风险,需要应用极值统计。极值分析涉及随机变量序列中的低值/高值概率统计问题。它通常是基于极端事件重现期的估计,事件的重现期可以被定义为获得一个等于或超过其大小的观测数目平均值。通常,应用两种方法进行原始数据的采样:年最大值选用法(AM)和部分历时(PD)系列法。这两种方法被统称为超阈值序列峰值法(BeGuer-Ia,2005)。本章首先采用这两种方法评估给定区域中的干/湿阶段的重现期,然后分析了西西里岛的干旱指数的极值(认为这可以代表地中海区域的气候特点),并阐释了该指数如何比降水更好地描述干湿交替。

　　干旱公报是对干旱风险评估有用的工具,因为它收集了所有结果并可以提供基本信息,帮助水资源管理者规划预防和减灾工作。本章展示了一个西部地中海地区(以下称MEDOCC地区)干旱公报的原型,该公报每月对所有相关分析成果进行展示和更新。

　　本章主要内容如下:第 2 节展示西部地中海区域干旱指数的一些应用示例;第 3 节使用不同的再分析数据来研究气候变化;第 4 节对运用 AR 方法和新预测方法计算结果进行比较;第 5 节描述了西西里岛 SPI 时间序列的极值分析;第 6 节展示了干旱公报;第 7 节对今后研究提出了建议。

## 1.2　干旱监测

　　正如引言中所提到的,有几个指标可以衡量一段时间内降水量偏离历史既定标准的程度。在如下段落中,我们将展示一些在 MEDOCC 地区使用 NCEP/NACR 再分析数据的应用成果。

### 1.2.1　数据与方法

　　计算干旱指数所需的输入数据,是从 1948 年 1 月至 2006 年 6 月 NCEP/NCAR 再分析数据集中检索到的月降水量和温度场。这些字段分别为 $1.9°×1.9°$ 或者 $2.5°×2.5°$ 的经纬度网格化降水量和温度。它们主要来源于通过再分析程序的初始气象场。关于同化模型和再分析项目的细节可以在见 Kalnay 等(1996)。我们使用 NCEP / NCAR 再分析,一方面是因为它的时间延长,允许对干旱进行大规模评估,另一方面是因为数据可以很容易地通过网络获得。

　　根据国际文献索引,目前干旱监测最常用的指标包括降水距平百分率、SPI(标准化降水指数)和 PDSI(帕尔默干旱指数)。降水距平百分率通过将实际降水与正常降水之差除以正常降水(通常认为是 30 年平均值),再乘以 100% 计算得到。这可以运用于各种时间尺度的计算,从一个月到跨季节的一组月,再到一年或一个水文年。使用降水距平百分率的缺点之一是平均降水量和降水量中值往往不相同,在长期气候记录中,降水量的中值超过了平均降水量,其原因是月和季尺度上的降水不具有正态分布特征。当我们想要比较不同地区的气候条件时,这是一个很大的限制。由于 SPI 是标准化的指标,所以克服了这一缺点。SPI 由McKeEE(1993)引入,其计算仅针对降水场。它旨在从多个时间尺度量化降水亏缺,以反映干旱对不同水资源可用性的影响,例如地下水、径流和水库蓄水反映了长期降水的异常。任一地区该指标的计算均基于长序列降水观测数据,这个长序列服从概率分布(通常是伽马分布,Guttman,1999),然后通过等概率变换将其转化为正态分布。SPI 正值表示大于平均降水量,负值表示小于平均降水量(Bordi and Sutera,2001)。通过标准化构建的 SPI,可以用于表征气候的湿润和干燥特征,也可用于湿润期监测。

在引入具有众多优势的 SPI 指标前,PDSI 方法已广泛应用于干旱监测工作中。该指数基于双层土壤模型中水量平衡方程的供需概念,由帕尔默于 1965 年提出。首先,计算本地参数,这些参数定义了率定期内(根据世界气象组织推荐,率定期至少 30 年)与温度和平均降水相关的水文规律。PDSI 指数的理论基础在于:保持正常水量平衡条件所需的降水量与实际降水量之间的差值,其参数的计算很大程度上取决于底层土壤含水量(即 AWC,有效含水量)。我们将 AWC 平均值设置为 150mm(Bordi andSutera,2001)后,计算了地中海区域的 PDSI。

## 1.2.2 应用

本小节给出了 MEDOC 区域的降水距平百分率、SPI 及 PDSI(图 1.1),数据更新到 2006 年 6 月。3 月时间尺度的降水距平百分率指标显示,除了意大利中部,几乎整个地区都处于干燥环境中。在较长的时间尺度(24 个月)上,意大利中部和南部处于正常状态,而其余地区则受干旱影响,而 SPI 值从一定程度上证明了这一分析。阿尔卑斯山和法国南部表现为严重干旱,而地中海区域则具有中等干旱的环境。在较长的时间尺度上,除了阿尔卑斯山和其余地中海区域,意大利仍然是潮湿气候特征的地区。

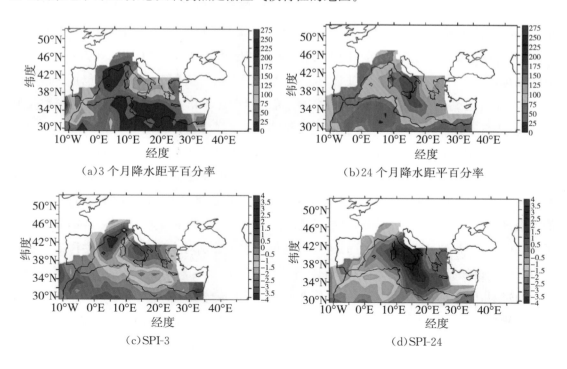

(a)3 个月降水距平百分率      (b)24 个月降水距平百分率

(c)SPI-3      (d)SPI-24

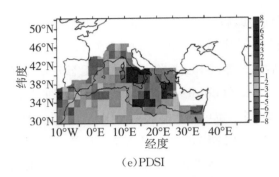

(e)PDSI

**图 1.1　3 个月和 24 个月时间尺度的降水距平百分率、SPI 及 PDSI**

## 1.3　干旱和长期气候变化

通过使用 NCEP/NCAR 和 ERA-40 数据集计算 24 个月时间尺度上的标准化降水指数,本书评估了过去几十年全球干旱的长期性。事实上,SPI 在用于多时间尺度干湿期监测、不同水文情势地区的气候条件比较方面,似乎是一个有用的工具。为了揭示使用这两个数据集进行分析之间可能存在的差异,本书针对 SPI 时间序列结果,采用主成分分析(PCA)方法研究了干旱的主要时空变异性。

### 1.3.1　数据与方法

本次使用的 NCEP/NCAR 和 ERA-40 两个数据集,其具有不同的空间分辨率,并且在其再分析过程中采用了不同的同化方案。ERA-40 降水资料可在 2.5°×2.5°规则经纬度网格上得到,而 NCEP/NCAR 则有 1.9°×1.9°水平分辨率。ECMWF 数据可每 6 小时获取一次,并且可以下载总降水量或其不同的分量(对流和层状降水),而 NCEP/NCAR 数据集获取的是每日或每月的降水量。NCEP/NCAR 再分析方法可追溯到 1948 年,包括了多种数据来源,如陆地站和船只的观测、高空空气温度计、卫星和数值天气预报,这些数据在 AGCM(大气全球环流模型)中被同化并重新分析(更多详情见 Kalnay 等,1996)。ECMWF 40 年再分析项目(ERA-40,Simmons and Gibson,2000)最近已经完成,数据可用于气候研究。这项对 1957 年 9 月至 2002 年 8 月大气状况的分析补充了迄今可用的 NCEP/NCAR 和 EAR-15 再分析。ERA-40 项目将现代变分数据同化技术(用于 ECMWF 的日常业务数值预报)应用于过去的常规观测和卫星观测。由于这两个数据集覆盖的时期不同,我们选择了从 1958 年 1 月到 2001 年 12 月的通用数据集。本书分别对全球和欧洲地中海地区进行了分析(所选择的区域是 27.5°—70°N,12.5°—62.5°E)。

通过对 24 个月时间尺度(SPI-24)上的 SPI 进行主成分分析,研究了干旱的主要时间和空间变异性。PCA 这种经典的统计方法被广泛应用于数据分析中,进行识别模式和压缩、减少维数。该方法包括用相应的特征值和特征向量计算数据的协方差矩阵(详见 Rencher,

1998；Pixoto and Oort，1992；Bordi 等，2006）。为了合理解释下一节内容所展示的成果，归一化（除以欧氏范数并乘以相应的特征值的平方根）的空间模式（特征向量）被称为"载荷"；它们代表了原始数据（在本书案例中，是指单个网格点 SPI-24 时间序列）和相应的主成分时间序列之间的相关性。

## 1.3.2 结果

由图 1.2 中的(a)和(b)可知，通过对 ERA-40 和 NCEP/NCAR 数据进行主成分分析，对 SPI-24 的总方差进行了分解，得到了第一个载荷，由此解释了总方差的 28.2% 和 18.2%。相关的主成分得分见图 1.2(c)。这两个信号具有很高的相关系数（0.96），表现出长期的线性趋势并横跨 80 年代左右的时间轴（参见图中的直线）。值得注意的是，这两次再分析结果表明，SPI-24 的第一主成分有一个共同的线性趋势，这解释了超过 80% 的总变差信号。这种长期趋势的存在意味着，见图 1.2 中的(a)和(b)，红色（蓝色）区域已经从普遍的湿（干）条件切换到普遍的干（湿）条件。特别是，ERA-40 的第一次加载与总网格点的约 5.4% 中大于 0.5 的分数呈正相关，而负相关中约 44.9% 的小于 -0.5。对于 NCEP/NCAR，显示值大于 0.5 的网格点百分比约为 15%，而显示值小于 -0.5 的网格点百分比约为 13.5%。这意味着在大多数网格点中，EAR-40 的 SPI-24 时间序列与图 1.2(c)所示的 PC 得分具有很高的反相关性；但这还未经 NCEP/NCAR 再分析资料集证实。ERA-40 第一次加载的球面坐标分值为 -0.16，NCEP/NCAR 为 0.03，这表明 ECMWF 重新分析中存在弱的"全球"湿态趋势，而其他数据集，即世界上以正负趋势平衡为特征的区域则没有"全球"线性趋势。

为了更详细地说明差异，我们首先在 1°×1° 的公用网格上插值两个载荷，然后计算它们的差值[NCEP 减去 ERA-40，参见图 1.2(d)]。可以看出，这两种载荷在大约 65.3% 的点上有很好的一致性（绝对差小于 0.5）。因此我们可以得出结论，在过去的四十年中，虽然最可能观察到这种趋势的位置不是由两个再分析确定的，但通过这两个独立的数据集监测到了这种趋势。

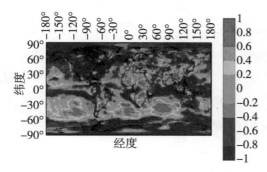
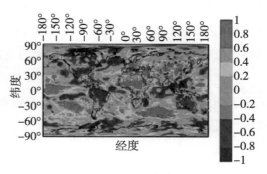

(a)由 ERA-40 数据集获得全球 SPI-24 首　　　　　(b)与(a)类似，但使用的是
个加载模式，等高线间距为 0.2　　　　　　　　NCEP/NCAR 数据集

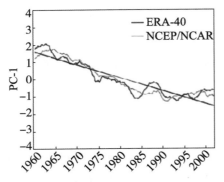 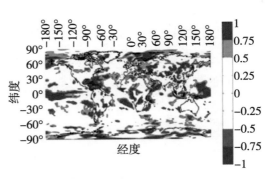

（c）ERA-40（黑线）和 NCEP/NCAR（红线）的　　　　（d）NCEP/NCAR 与 ERA-40 首次加载
首次 PC 得分，直线表示拟合的线性趋势　　　　　　的差异，绝对值小于 0.5 的用白色表示

**图 1.2　主成分分析结果**

　　为了确保这些差异不是由于 ERA-40 降水场的低空间分辨率引起的，本书采用 Kriging 技术（Cracsie，1991）对该数据集进行再次分析（应用 PCA 计算 SPI24）。提供的分析结果（这里未显示）与使用原始降水数据获得的结果一致，这表明监测到的差异不能唯一归因于空间分辨率。

　　图 1.3(a)～(c)中显示了利用 ERA-40 和 NCEP/NCAR 降水数据集为欧洲地区计算 SPI-24 的首次加载模式和分数。它们分别阐明了总方差的 22.9% 和 21.7%。这两个 PC 分数具有线性趋势叠短期波动的特征，提供了两个信号之间的低共变异性，两个 PC 得分的相关系数实际上是 0.53。趋势统计表明，线性拟合阐释了不同百分比的分数可变性（ERA-40 约 33% 和 NCEP 约 72%），即使 NCEP/NCAR 趋势是在 ERA-40 的误差范围内。ERA-40 的主要空间模式显示，SPI-24 时间序列在巴尔干半岛、意大利、中欧和西班牙地区与相应得分呈正相关，而其他地区则呈负相关。NCEP/NCAR 的第一次加载，在北非、西班牙中部、欧洲东北部、意大利部分、巴尔干山脉、希腊和中东达到最大值。对于 ERA-40，第一加载没有大于 0.5 的网格点，而约 39% 的网格点的值小于 -0.5。相反，NCEP/NCAR 加载后约 37% 的点其值大于 0.5，约 2% 的点其值小于 -0.5。这意味着通过加载 EA-40，SPI-24 时间序列与相应的 PC 评分之间存在负相关，而在加载 NCEP/NCAR 的情况下则相反。尽管空间格局似乎保留了全球尺度分析所显示的主要特征，但一些差异现在更值得关注。

　　通过对加载结果进行比较可知[图 1.3(d)]，由于两张地图几乎在任何地方都不同，可能无法识别出可辨别的模式。实际上，两个加载结果只有在大约 22% 的点上有很好的一致性（绝对差值小于 0.5），而在其余点上，载荷差是正值（大于 0.5）。

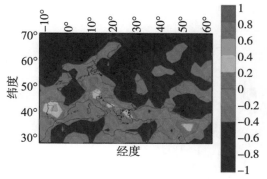

（a）使用 ERA-40 数据集获得的欧洲地区
SPI-24 的第一加载模式，等高线间距为 0.2

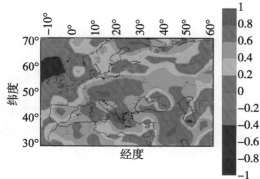

（b）与（a）类似，但使用的是 NCEP/NCAR 数据集

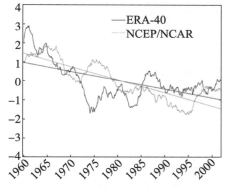

（c）ERA-40（黑线）和 NCEP/NCAR（红线）
的首次 PC 得分，直线表示拟合的线性趋势

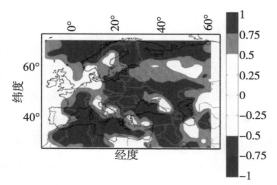

（d）NCEP/NCAR 首次加载与 ERA-40
的差异，小于 0.5 的绝对值用白色表示

**图 1.3　加载结果**

　　为了阐明这些差异，本书没有比较加载结果和得分，而是直接比较了指标的时间序列，并进行了如下操作：观察了欧洲的一个位置，在那里发现第一加载结果之间存在显著差异，也就是说，EAR-40 的 SP-24 时间序列与 PC-1（趋势）呈负相关，而 NCEP/NCAR 的指数时间序列与相应得分呈正相关。例如，观察一下 ERA-40 在 50°N 25.0°E 范围的网格点，以及 NCEP/NCAR 网格中最接近的四个点（比如 50.53°N 24.38°E，50.53°N 26.25°E，48.63°N 24.38°E，48.63°N 26.25°E）。接下来，计算后几个网格点的 SPI-24 时间序列平均值，这些 SPI 系列结果见图 1.4。

　　这些序列的相关系数约为 0.1，说明在考虑第一主成分时缺乏相关性。然而，必须注意的是，直到 20 世纪 70 年代，这两次再分析显示出显著的不同 SPI 结果，而在其余记录数据中，这两个系列似乎更相似。因此，可以怀疑两个 SPI 时间序列之间的低相关性主要与记录开始时发生的差异有关，这对于确定第一主成分线性趋势至关重要。另外，在早期的几十年里，所采用的数据分辨率较低（几乎没有卫星数据），因此可以认为，观测到的差异可能是上述两种因素的叠加结果。

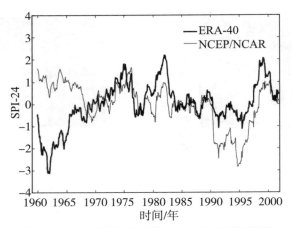

图 1.4　欧洲选定网格点的 SPI-24 时间序列结果

注：粗线指 ERA-40 数据集，细线指 NCEP/NCAR。

研究结果表明，在全球范围内，这两次再分析在其第一个主成分上的得分一致，但在其相关的加载结果中不一致：两次再分析都捕捉到线性趋势，尽管最有可能观察到这一特征的区域并非由这两个数据集唯一确定的。此外，虽然 ERA-40 揭示出了"全球"的弱偏湿趋势，然而 NCEP/NCAR 再分析结果表明，全球呈现正/负趋势特征的区域平衡后为零。对于欧洲地区而言，这两次再分析结果显示，无论是在第一次加载过程中，还是在干湿周期的代表时间上都存在差异。此外，对于这些区域，在 SPI 序列的第一主成分中，可以检测到叠加在其他短期波动上的线性趋势。

## 1.4　干旱预测

假设 SPI 描述了干旱状况的所有方面，则可以利用该指数的长时间序列来预测未来干旱情况。然而，在预测过程中，至少存在两方面困难（Box and Jenkins，1970）：① 通常情况下，降水发生与干旱发生的时间尺度不相关；② 除用于揭示 SPI 的多年周期性之外，长时间尺度上 SPI 与降水的相关性，仅仅是累积降水在特定时间尺度上的影响结果。

因此，将预测方法应用于 SPI 时间序列中的做法是错误的，还必须考虑短期降水因素，并根据长期采样数据发现规律。

### 1.4.1　数据与方法

为了评估未来 SPI 值的预测效果，本书对 1926—2000 年西西里岛的 36 个站月降水序列资料进行分析。根据 Alecci 等（2000）的选取标准，考虑数据的序列长度、数据质量和空间均质性，本书从更大的集合中选择这些站点。为了便于说明问题，本书主要分析这 36 个站的月平均降水量，而忽略局部站点的变异性的影响。在计算单月尺度 SPI 时，为了避免假相关性,本书采用了 Bordi 和 Sutera(2001)提出的算法。

为了预测 SPI-1 值,我们使用了两种不同的方法:自回归法(AR)和伽马最高概率法(GAHP)。多变量时间序列建模的一种常用方法是 $p$ 阶自回归模型,简称 AR($p$)模型:

$$\boldsymbol{x}_i = \boldsymbol{W} + \sum_{i=1}^{p} \boldsymbol{A}_i \boldsymbol{x}_{t-i} + \boldsymbol{\varepsilon}_t \tag{1.1}$$

式中,$\boldsymbol{x}_t$ 是在等间隔时刻 $t$ 上观测到的 $m$ 维状态向量。矩阵 $\boldsymbol{A}_1, \cdots, \boldsymbol{A}_p \in \S^{m \times m}$ 是 AR 模型的系数矩阵,$m$ 维向量 $\boldsymbol{\varepsilon}_t = \mathrm{noise}(\boldsymbol{C})$ 是不相关的随机向量,其均值为零,协方差矩阵 $\boldsymbol{C} \in \S^{m \times m}$。矢量 $\boldsymbol{W}$ 是截距项的矢量,它允许时间序列最终为非零均值。首先,该方法需要估计如下参数:AR 模型的阶数 $p$、截距矢量 $\boldsymbol{W}$、系数矩阵 $\boldsymbol{A}_1, \cdots, \boldsymbol{A}_p$ 和噪声协方差矩阵 $\boldsymbol{C}$。对于这些参数的选择,通常采用逐步最小二乘算法(Neumaier and Schneider,2001)。

因此,本书从月尺度 SPI 的计算开始分析[图 1.5(a)]并预测其未来值。必须注意的是,因为 SPI-1 具有白噪声功率谱,不能使用 AR 方法预测 SPI-1 时间序列,见图 1.5(b)。

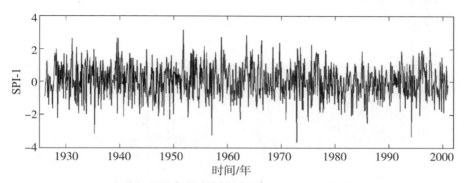

(a) 用 36 个站的平均降水量计算的 1926—2000 年西西里岛的 SPI-1

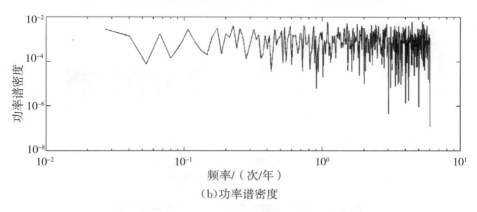

(b)功率谱密度

**图 1.5　基于 SPI-1 计算的西西里岛降水情况分析**

虽然 AR 方法无法预测 SPI-1,但可以通过将 AR 方法应用于降水序列来克服这个问题。使用 AR 方法预测未来降水值具有更多的实际意义。AR 方法实际上给出了第十二或第十三阶的回归。第一个、第十一个、第十二个和第十三个系数的权重是最高的。AR 方法能够在两个主要成分中找到相关性:季节性周期反映在第十一个、第十二个和第十三个系数之间,并与前一事件(第一系数)存在简单回归关系,这是线性回归方法的典型特征。图 1.6 清楚地展示了降水时间序列[图 1.6(a)]和相关的功率谱[图 1.6(b)]。虽然与最近频率混合,但功率谱有一个对应于年分量的峰值。由此可见,AR 方法只是提取季节性周期,不存在较大偏差。但似乎这种方法没有什么技巧可言,特别是对于极端干燥或潮湿的情况。

　　为了克服上述缺点,本书提出了一种称为 GAHP(Gamma-Highest Probability)的方法,该方法将未来 1 个月的降水量预测为该月份降水概率密度分布所描述的最有可能值。因此,该方法需要估计伽马分布函数的参数,该函数最能反映一年中特定月份观测降水量的频率直方图。因此,未来 1 个月的降水预测结果是拟合分布的模式。该方法基于 3 个假定: ①连续两次降水事件不相关;②降水量之间的关系仅与季节有关;③未来事件将是最有可能发生的事件。

　　前两个假设都与地中海地区特定月份的降水现象有关( Bordi 等,2005)。第③点具有经验性质,可以很容易地用特定分布函数在其他地区的实测结果来替代。

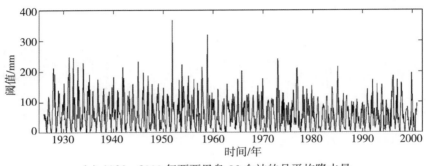

(a) 1926—2000 年西西里岛 36 个站的月平均降水量

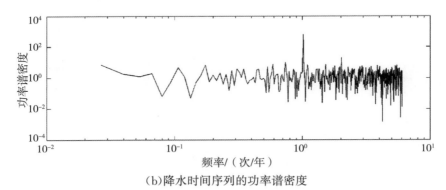

(b)降水时间序列的功率谱密度

**图 1.6　基于 AR 计算的西西里岛降水情况分析**

## 1.4.2　结果

　　本节中,我们对 AR 与 GAHP 两种方法的预测结果进行了比较。预测下一年度 SPI—1 的流程可概括如下:①从整个降水数据集中提取子集(例如,从 1926 年 1 月到 1999 年 12 月);②用这两种方法计算 12 个月(一年)降水量的预测值;③用新的降水时间序列评价 SPI-

1;④比较预测的 SPI-1 和由 1926—2000 年观测降水序列计算的 SPI-1。

我们采用均方误差(MSE)来评价预测结果的优良性,其公式如下:

$$\mathrm{MSE}(t_i) = \big[\mathrm{SPI_o}(t_i) - \mathrm{SPI_F}(t_i)\big]^2 \qquad (1.2)$$

式中,$\mathrm{SPI_o}$ 为观测值,$\mathrm{SPI_F}$ 为预测值,$i$ 为月份。

为了获得更多的统计数据来验证这项技术,本书将这两种方法应用于降水时间序列的不同时间段,并计算所得 SPI-1 的均方差,形成的一组 75 个随机排列的降水数据保留了一年中 12 月降水量大小的正确顺序,即季节变化。对每个排列,评估了 AR 方法的系数,并计算了最后一年的预测值。值得注意的是,该方法没有必要对降水进行排序,因为最可能值的估计不取决于某个月降水序列的顺序。为了进行统计显著性检验,计算了 SPI-1 的 MSE 值,即计算某一特定月份 SPI-1 的预测值与前些年特定月份的实际值之间的平方差。

计算结果见图 1.7,可以看出,GAHP 方法始终比 AR 方法提供更好的结果,尤其是对于春季和夏季。在秋季和冬季,当降水量值较高时,AR 方法的预测结果似乎与 GAHP 方法一样准确,因为此时观察值和预测值之间差异较小,无法得出可靠的比较结论。

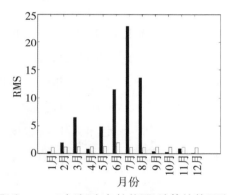

**图 1.7　用 AR(黑色柱状图)和 GAHP 方法(白色柱状图)计算的基于降水预测结果的 SPI-1 均方差**

## 1.5　极端干旱/湿润事件

评估极端事件的风险需要应用极值统计,极值统计在水资源规划和管理的工程实践中起着重要的作用。本书分析了样本区域(西西里岛)的极端潮湿和干旱时期。本书首先使用年最大值法和部分持续时间法研究了月降水量极值;然后,在 1 个月的时间尺度上研究了 SPI 的极值。此外,本书还试图确定与 SPI 极值相关的大尺度大气条件。

### 1.5.1　数据与方法

使用的数据是西西里岛 36 个站 1926—2000 年月降水量序列,如前一节所述。为了说明与西西里岛极端干湿天气相关的大尺度大气条件,本书选用了从 NCEP/NCAR 数据集中提取的 500hPa 位势高度数据。

采用标准化降水指数 SPI 来量化地区的湿润和干旱条件。本书将研究的时间尺度限制在 1 个月是因为在应用标准极值技术时,由较长时间尺度所得的相关性尚未得到印证。

极值分析通常基于对极端事件重现期的估计,这意味着假设极值是由概率分布描述的独立随机变量,概率分布不应随样本变化而改变,即数据应是均匀的。正如在前言中所预期的,可用两种方法对原始数据进行采样:年最大值法(AM)和部分历时法(PD)(也称为超过阈值的峰值序列)。AM 系列由给定时间段内每年的最极端事件组成。根据 Fisher Tippet 定理(1928),无论观测数据的原始分布如何,样本极大值序列(AM 序列)的渐近分布属于 3 种基本分布之一。这 3 种分布被组合成 1 个分布,现在被称为广义极值(GEV)分布(Jenkinson,1955)。另外,在 PD 分析方面,本书主要研究超过特定较高阈值的观测数据。Balkema 和 de Haan(1974)和 Pikand(1975)的定理表明,对于足够高的阈值,超过值分布函数可以用广义帕累托(GP)分布近似表示,随着阈值变大,超过值分布收敛于 GP 分布。

## 1.5.2　应用

首先,计算西西里岛 36 个站点的月降水量,并从 1926 年开始的 75 年数据中提取了年最大值,生成的 AM 序列见图 1.8。降水序列的年最大值在 73～250mm,1951 年和 1958 年出现了两个高于 300mm 的峰值。从图 1.8 可以看出,年最大值序列存在降低趋势:在过去的 75 年中,年最大值降低约 50 mm,而年最大值序列的均值约为 160mm。因为数据是局部的,所以这一趋势是否与全球变化有关尚不确定,但是这些数据具有非常高的统计意义,未来值得进一步分析。趋势可能对年最大值产生影响,但不在本章中考虑这两个问题。

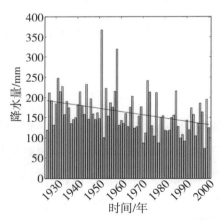

**图 1.8　西西里岛 36 个气象站的月平均降水量年最大值序列**

注:直线为线性趋势。

同样,本书采用 PD 方法分析了上述降水序列,其中降水阈值分别设定为 76mm 和 200mm。

使用 AM 和 PD 方法预测降水重现期的结果(图 1.9)表明,不同降水量的重现期是可比的,尤其是设置的阈值较低时。200～300mm 降水极值重现期从 4 年到 60 年不等。在

200～300mm 区间内,使用两种方法估计的重现期显示出良好的一致性,而对于 300mm 阈值,它们的结果差异显著。然而,正如预期的那样,降水量高值得到的误差范围较大,使得相应的重现期难以准确定义。

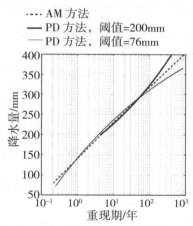

**图 1.9　采用 AM 和 PD 方法计算的西西里岛极端降水重现期曲线**

现阶段,可以提出这样一个问题:在一年中某个特定的月份发生的 AM 降水极值是否真的代表了该月经验概率分布参数的异常偏离,从而可以把它看作一个月的湿润极值? 为此,图 1.10 给出了 12 月降水量的概率分布(柱状图)。实线表示拟合分布伽马函数,图底部的实心圆表示 12 月的年最大降水量。可以看出,只有 4 个大于 200mm 的实心圆(对应于 1927 年、1933 年、1944 年、1972 年的 12 月,降水量分别为 212mm、228mm、233mm 和 242mm)位于分布的尾部,这表明只有这些年最大值可以被视为极值。

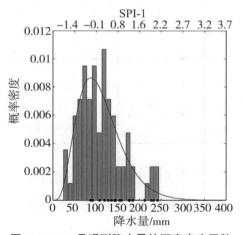

**图 1.10　12 月观测降水量的概率密度函数**

注:实线表示拟合分布的伽马函数,图底部的实心圆为 12 月的降水量年最大值。底部 $x$ 轴上的单位为 mm,顶部 $x$ 轴上有 12 月的不同降水量 SPI-1 值。

此外,当采用 12 月的降水量来计算 SPI-1 时,SPI-1 值结果(参见图顶部的 $x$ 轴)表明,上述四个降水极值事件中,仅有两个(1944 年 12 月和 1972 年)是极端湿润事件,因为它们的 SPI-1 值分别为 2.0 和 2.1。

当采用 PD 方法时,选择超过 233mm 阈值的降水量作为降水极值。然而,由于降水量的分布每月都会发生变化,曲线的尾部也会发生变化,这会导致误差出现。因此,阈值应该是极端事件发生时特定月份的函数。这将使结果变得更加复杂,因为重现期会随阈值和月份的不同而不同。分析干燥事件也可以得出同样的结论。

为了避免这些缺点,使用 SPI-1 进行极值分析似乎是一个合适的解决方案。因为,在这种情况下,SPI 属于高斯分布,消除了模糊性。为此,使用 36 个站记录的月降水量来计算 SPI-1 时间序列,并估算 SPI-1＝±1.7 的重现期[图 1.11(a)、(b),单位:年]。

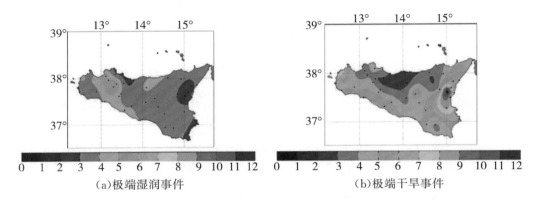

(a)极端湿润事件　　　　　　　　　　(b)极端干旱事件

**图 1.11　SPI-1＝1.7 的估算重现期空间分布**

假设站点之间没有空间相关性,经测试发现,相关性很差,因此可以假设各站点重现期是独立分布的。地图显示极端湿润和极端干旱事件的重现期具有不同的特征,极端湿润事件在西西里岛东部更为频繁(重现期在 2～3 年),而在该岛其余地区,此类事件发生的频率较低(重现期在 3～6 年)。

这可能与埃特纳(ETNA)山对降水场的地形效应有关。此外,极端干旱事件更频繁地发生在西西里岛北部,重现期为 2～4 年。此外,该岛东部的特点是重现期较长,为 8～12 年。

必须注意的是,该分析指的是标准化月降水指数的重现期,只有在考虑极端干/湿时,结果才有意义。另外,在较长的时间尺度上估算 SPI 的重现期,需要分析相关的时间序列。这将是未来研究的重要方向。

为了说明表征西西里岛大规模大气条件对 SPI-1 极值的影响,本书进行如下操作:从 1948 年至 2000 年的 SPI-1 序列中(基于各站的平均降水量),选择 SPI-1 高于(低于)阈值 2 (−2)的年最大值(最小值),其间共包括 13 个极端干湿事件。然后,针对这 13 种情况,计算了卫势异常图(考虑 SPI-1 极值月份的位势场与该月份的长期平均值之间的差异)。图 1.12 (a)～(c)给出了少数极端情况相关异常一个例子,它们对应于以下事件:1958 年 11 月(SPI-1=2.7)、1997 年 8 月(SPI-1=2.1)和 1983 年 1 月(SPI-1=-2.1)。从图中可以看出,这些极端湿润事件的特征是欧洲地区的偶极结构,这一特征似乎与极端事件发生的季节无关;地球重力场的负异常出现在延伸到北纬 50°的地中海区域,而北欧地区则表现为正异常。此外,这些极端干旱事件显示,向欧洲西部延伸的地中海区域呈现正位势异常,而东北欧地区呈现负异常。

每个月的年际标准偏差的大小表明,这些特征具有统计显著性。事实上,这些模式被认为是历史记录中所有极端干湿事件的典型,13 个极端干湿情况的平均异常图(此处未显示)证实了这一点。这些结果表明,虽然仅使用了西西里岛上的平均降水量数据,但是类似偶极样的位势异常是发生大规模环流的前兆,地中海区域的极端干湿事件同样会发生。如果这些发现能够得到更深入的分析和证实,就能够提前预测极端气象事件。

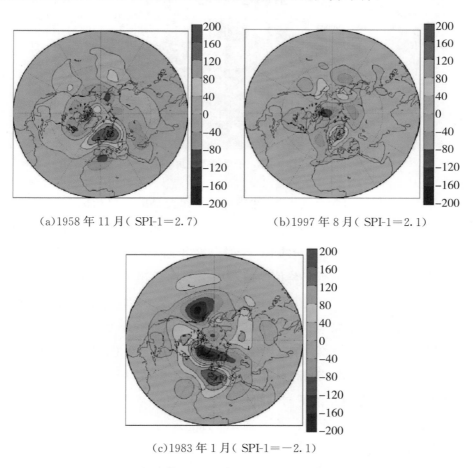

(a)1958 年 11 月( SPI-1=2.7)  (b)1997 年 8 月( SPI-1=2.1)

(c)1983 年 1 月( SPI-1=-2.1)

**图 1.12 对应于不同极端事件的 500mb 位势高度的异常**

注:异常是指与长期月平均值的偏差,单位为 m,等高线间隔为 40m。

## 1.6　干旱公报

本节介绍了 MEDOC 地区的干旱公报(图 1.13)。干旱公报常被用来提供大尺度上的干旱信息。干旱公报主要包括以下内容:监测干旱的原因;大气条件;大尺度宏观分析;区域尺度分析;干旱预测;干旱档案。

**图 1.13　干旱公报主页**

第 1 节介绍了干旱的概念及其影响,并描述了干旱监测的主要指标。第 2 节提供了由 NCEP/NCAR 再分析得出的地中海盆地大气条件。在所考虑的月份中(通常是可通过网络获得 NCEP/NCAR 数据的实际月份的前一个月),给出了海平面气压、地面温度和降水变化的异常图(与 1968—1996 年气候平均值的偏差)。第 3 节给出了 SPI 的图和不同时间尺度(3 个月、6 个月、12 个月和 24 个月)降水距平百分率,以及给定网格点(西西里岛)的 PDSI 值和十分位数。根据各指标的分类,对该月的气候条件进行了分析。第 4 节利用雨量计观测数据对区域尺度干旱进行了分析,并给出了提供分析结果的几个区域机构网址链接,例如地区环境保护署 ARPA-SIM(艾米利亚-罗马涅),巴勒莫水文局(西西里岛)或卡拉布里亚民防局。接下来的一节,专门介绍不同时间尺度上 SPI 的预测图,此处提出的预测是基于 GAHP 方法,是时间尺度为 1 个月、2 个月和 3 个月的预测。最后,在归档中收集所有的分析,并提供了 SPI 的影像。

该公报每月更新一次,旨在为水资源管理者规划决策提供支撑。网页的组织方式能够使得没有专业知识的公众,也可以从干旱信息中获益。

## 1.7 结论

本章的目的是提供在类似地中海地区大尺度干旱监测和预测的最新技术。研究结果表明，利用本章技术能够以令人满意的方式监测气候，尤其是在考虑 SPI 的情况下。事实上，SPI 是一个有用的工具，可以在多个时间尺度上监测干湿期，并比较不同水文情势地区的气候条件。

由于降水具有随机性，干旱预测仍然是一项复杂的任务。本章引入基于月降水量概率密度分布的新统计方法，或通过分析长期气候变化（气候趋势），对以往预测方法进行了一些改进。此外，极端事件重现时间的估计可以为预测干旱提供有用的信息，特别是，研究极端干旱与大规模大气环流之间的关系，有助于确定可能导致干旱事件的大气条件（Bordi 等，2006）。应该沿着这个思路进一步努力，因为在地中海地区，干旱事件与全球气候变化模式之间未发现有特别的遥相关，例如厄尔尼诺－南方涛动（ENSO）或北大西洋涛动（NAO）。

最后，以原型形式呈现的干旱公报是一个有用的工具，可用于收集干旱相关的所有可用信息，并为水资源管理者规划抗旱措施提供支撑。

### 本章参考文献

Alecci S，Arcidiacono F，Bonaccorso B，et al. Identificazione delle siccita regionali e sistemi di monitoraggio[A]. Proceedings of the meeting "Drought：monitoring, mitigation, effects"[C]. Villasimius：[s. n. ]，2000.

American Meteorological Society. Meteorological drought-policy statement [J]. Bulletin of the American Meteorological Society，1997，78：847-849.

Balkema A A，De Haan L. Residual life time at great age[J]. The Annals of probability，1974，2(5)：792-804.

Beguería S. Uncertainties in partial duration series modelling of extremes related to the choice of the threshold value[J]. Journal of Hydrology，2005，303(1-4)：215-230.

Bonaccorso B，Bordi I，Cancelliere A，et al. Spatial variability of drought：an analysis of the SPI in Sicily[J]. Water resources management，2003，17：273-296.

Bordi I，Sutera A. Fifty years of precipitation：some spatially remote teleconnnections [J]. Water Resources Management，2001，15：247-280.

Bordi I，Fraedrich K，Jiang J M，et al. Spatio-temporal variability of dry and wet periods in eastern China[J]. Theoretical and applied climatology，2004，79：81-91.

Bord I，Fraedrich K，Petitta M，et al. Methods for predicting drought occurrences

[A]. Proceedings of 6th International Conference of EWRA "Sharing a common vision for our water resources"[C]. Menton:[s. n.], 2005.

Bordi I, Fraedrich K, Petitta M, et al. Large-scale assessment of drought variability based on NCEP/NCAR and ERA-40 re-analyses[J]. Water Resources Management, 2006, 20(6):899-915.

Box G E P, Jenkins G M, Reinsel G C, et al. Time series analysis:forecasting and control[M]. San Francisco:Holden-Day, Inc. ,1970.

Coles S. An introduction to statistical modelling of extreme values[M]. London: Springer, 2001.

Cressie N. Statistics for spatial data[M]. New York:John Wiley & Sons,1991.

Fisher R A, Tippett L H C. Limiting forms of the frequency distribution of the largest or smallest member of a sample[A]. Mathematical proceedings of the Cambridge philosophical society[C]. Cambridge:Cambridge University Press, 1928.

Guttman N B. Accepting the standardized precipitation index:a calculation algorithm 1[J]. JAWRA Journal of the American Water Resources Association, 1999, 35(2): 311-322.

Heim Jr R R. A review of twentieth-century drought indices used in the United States [J]. Bulletin of the American Meteorological Society, 2002, 83(8):1149-1166.

Jenkinson A F. The frequency distribution of the annual maximum (or minimum) values of meteorological elements[J]. Quarterly Journal of the Royal Meteorological Society, 1955, 81(348):158-171.

Kalnay E. The NCEP/NCAR 40-yr reanalysis project[J]. Bulletin of the American Meteorological Society, 1996, 77:431-477.

Keyantash J, Dracup J A. The quantification of drought:an evaluation of drought indices[J]. Bulletin of the American Meteorological Society, 2002, 83(8):1167-1180.

McKee T B, Doesken N J, Kleist J. The relationship of drought frequency and duration to time scales[A]. Proceedings of the 8th Conference on Applied Climatology[C]. Anaheim:American Meteorological Society, 1993.

Neumaier A, Schneider T. Estimation of parameters and eigenmodes of multivariate autoregressive models[J]. ACM Transactions on Mathematical Software (TOMS), 2001, 27(1):27-57.

Palmer W C. Meteorological drought[R]. Washington D. C. : Tech. Rep. U. S. Weather Bureau,1965.

Peixoto J P，Oort A H. Physics of climate[M]. New York：Springer，1992.

Pickands J. Statistical inference using extreme order statistics[J]. The Annals of Statistics，1975，3(1)：119-131.

Redmond K T. The depiction of drought：A commentary[J]. Bulletin of the American Meteorological Society，2002，83(8)：1143-1147.

Rencher，A C. Multivariate statistical inference and applications[M]. New York：John Wiley & Sons，1998.

Simmons A J，Gibson J K. ERA-40 Project Report series No. 1：The ERA-40 Project Plan[R]. Bracknell：ECMWF，2000.

# 第 2 章　区域尺度干旱监测和预测：艾米利亚-罗马涅地区

C. Cacciamani，A. Morgillo，S. Marchesi，V. Pavan

意大利艾米利亚-罗马涅地区环境保护署水文气象局

**摘要：**本章通过对位于意大利半岛中北部的艾米利亚-罗马涅地区的标准降水指数（SPI）进行研究，概述了干旱的发生及其影响；研究了该指数与大尺度大气环流之间的联系，并利用 SPI 指数对干旱进行了预测；概述了基于旱期区域间项目（SEDED）的 SPI 指数预测方法的发展历程。其中介绍了统计降尺度模型，该模型使用从全球大气环流模型获得的季节性预测结果作为输入。降尺度方法已被广泛应用于地表温度和降水的参数预测，取得了较好的应用效果，本次将降尺度方法应用于 SPI 指标中，可为基于 SPI 指标的空间区划提供支撑。

**关键词：**干旱；北大西洋 NAO；EB；标准化降水指数 SPI；500hPa 平均海拔高度 $Z500$

## 2.1　气象干旱概述

干旱是降水显著低于正常值时发生的自然现象。低降水量可导致严重的水文亏缺，并给农业、水电和工业部门带来严重问题，此外还可能造成城乡供水短缺，给居民生产生活产生严重影响。从长远来看，如果干旱持续数月甚至数年，并涉及大面积区域，那么可能对环境造成永久性破坏，并造成重大的经济损失。

意大利的干旱发生得较为频繁。近几十年来，欧洲和整个地中海地区曾遭受严重干旱，特别是西北欧经常遭受干旱（1972 年、1976 年以及 1988—1992 年），中欧和南欧的大部分地区也经历了干旱。强降雨和洪水越来越频繁地出现，紧接其后的是降雨亏缺和干旱，加剧了人们对全球变暖可能导致水文循环发生变化的担忧。

基于干旱持续时间、空间范围及其对人类活动影响的差异，不同的文献对干旱进行了不同的定义。可以选择不同的方法和指标来描述所定义的不同类型干旱。本章重点关注气象干旱和农业干旱以及对应的干旱指标。

气象干旱被定义为在足够长的时间内(连续数天以上)缺乏有效降水(相对于正常气候而言),进而导致受影响地区出现严重的水量不平衡。以这种方式定义的气象干旱取决于研究区本身,更具体地说,取决于该地区的"正常"气候条件。因此,为了描述和研究气象干旱问题,有必要熟悉研究区降水对应的天气和气候背景。

农业干旱将气象干旱的特征与农业需求联系起来,定义为土壤中的水分含量不足以满足特定作物需求的情况。水分亏缺来源于土壤中的水分含量和各种物理过程(蒸发、径流、地表入渗等)造成的水分损失之间的差值。农业干旱取决于作物和土壤的类型,并将在后面的章节中详细讨论。

## 2.2 天气系统和大气环流:与干旱的联系

如上所述,任何干旱指标的统计分析都难以完整描述气象干旱的气候特征,而必须通过对大尺度、中尺度大气环流的时空变化特征来描述,同时,还需考虑到各种空间尺度之间存在的联系。对大气环流可变性的分析可以更好地归纳降水的成因。

从半球尺度上看,可以确定几个重要的变化模式(Wallace and Gutzler,1981),例如北大西洋涛动(NAO),也被称为阻塞现象,即地面压力场的气旋或反气旋结构。另外,还有位于北大西洋中纬度地区的大西洋急流,这些变化模式对欧洲地区甚至和我国气候产生重大影响。在更为微小的地区,如意大利的艾米利亚-罗马涅地区位于波谷的东南部,亚平宁山脉西南部,东濒亚得里亚海,在这里,大尺度变异结构和复杂地形和地貌之间的相互作用密切影响了当地的气候特征。NAO 是已知的对相关地区影响气候最大的变化模式。NAO 被定义为北大西洋上空的大气海平面气压在亚速尔群岛和冰岛之间所发生的跷跷板式现象。这种变化模式的时间演化可以通过几种可能的 NAO 指数来描述。这种模式表征了北大西洋全年的变化。在冬季,它的振幅最大,与此同时,NAO 对欧洲气候的影响也更为强烈。

当亚速尔群岛上的气压发展为高压,且冰岛上空出现气压不足时,NAO 指数为正值,当模式处于相反的相位时,它为负值。NAO 的正负对欧洲大陆的天气有显著的影响,并且对地表温度和降水量有很大影响。

关于其对降水的影响,已在大陆尺度以及意大利北部阿尔卑斯山区的局部尺度上进行了许多研究,这些研究一般针对冬季(Cacciamani 等,1994;Hurrel 等,1995;Quadrelli 等,2001)。在阿尔卑斯山地区,负 NAO 相会导致该地区降水量过多(Quadrelli 等,2001)。这可以解释为大西洋急流和相关大西洋风暴路径的南移强度降低为风暴的通过以及在南欧和地中海形成气旋创造了有利条件(Hurrel 等,1995)。

当 NAO 为正值时,急流更加强烈,并向欧洲北部移动。大西洋风暴倾向于向欧洲高纬度地区转移,并给这些地区带来更多的降水。如果这个阶段持续活跃很长一段时间,那么地中海区域和意大利半岛可能会处于一个低降水或无降水的时期,将会形成干旱(Quadrelli 等,2001)。意大利北部位于急流末端的南部,艾米利亚-罗马涅地区在气候变暖的影响下, 有时会受到干旱的影响。图 2.1 显示了 NAO 正相和负相的典型案例。意大利北部位于喷 气流的南端,艾米利亚-罗马涅地区在暖气流的影响下,会形成干旱。

**图 2.1　NAO 的正相(左图)和负相(右图)**

(来自 http://www.ldeo.columbia.edu/NAO/main.html)

西地中海地区天气变化的另一个极其重要特征,就是阻塞(或气象阻塞模式),尤其是当 它位于欧洲地区时,被称为欧洲阻塞模式,简称 EB。阻塞模式结构(Rex,1950)的特点是对 流层上部位势高度场中存在持续多日的高压区(通常是海平面上的相对高压场),相应的东 风流出现在位势高度异常的南部。

这种环流异常的模式可能位于北大西洋上空的大西洋急流中心,也可能位于欧洲大陆 上空的大西洋急流末端。

阻塞情况有时持续数周,中欧空气团往往主要沿着子午线流动。在这些事件中,整个地 中海地区的特点是长期极不寻常的天气,例如,当阻塞的轴线位于伊比利亚半岛和法国上空 时,意大利可能经历一股北方冷流和持续数天的暴风雨天气。

相反,如果高压结构位于更远的东部(例如,意大利半岛),那么中欧和我国大部分地区 天气将受到反气旋压力系统的影响。

这种情况的持续存在,肯定会导致很长一段时间的降水不足,从而导致干旱。例如,图 2.2 描述了欧洲阻塞的典型情况,在这种情况下,干旱持续到 2006 年 6 月和 7 月。高压系统 的岬角仍然位于地中海盆地中部,许多地区将没有明显的降水,气温也将超过 35℃。这种情 况将使得降水持续亏缺,导致干旱不断加重。图 2.3 显示了 2006 年 7 月艾米利亚-罗马涅地 区阻塞模式情况下的 SPI 干旱指数。

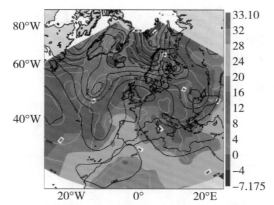

图 2.2　欧洲阻塞模式造成地中海西部地区目前的干旱状况

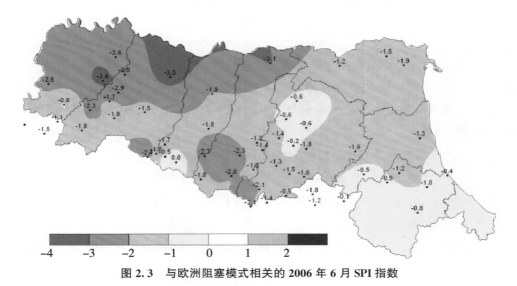

图 2.3　与欧洲阻塞模式相关的 2006 年 6 月 SPI 指数

注:图中红色区域表示非常干旱的情况,计算依据的站点数约 110 个,即艾米利亚-罗马涅地区的所有站点。

## 2.3　干旱指标:SPI 和降水

用于表征干旱的最简单的指标之一是 Mckee 等在 1993 发表的文章中提出的标准化降水指数 SPI(McKee 等,1993),这使得计算不同时间尺度上的降水亏缺成为可能。

SPI 指数有许多优点:首先,该指数较为简单,仅基于降水量,因此评价它是相当容易的。其次,该指数使人们能够在多种时间尺度上描述干旱,可较好地描述四种最常见的干旱类型(气象干旱、农业干旱、水文干旱和社会经济干旱)。然后,它的标准化确保了它可以独立于地理位置,并能够以同样的方式描述干旱期和湿润期。

该方法的主要缺点是往往不容易找到原始降水数据的模型分布,也难以获得足够长且可靠的数据序列,以便稳定地估计其分布参数。此外,在降水量较低的地区,在很短的时间周期上的应用(1个月或2个月),可能会产生误导性的SPI正值和负值。

通过对不同时间尺度降水量分布频率(3个月、6个月、12个月、24个月)的概率密度函数建模,可计算得到SPI指数,然后将概率密度函数转化为标准分布函数。SPI是一个标准化的指标,可以在不同时间、不同地区进行比较,进而划分干旱等级。表2.1给出了原文中描述的干旱等级划分标准。

表 2.1　　　　　　　　　　　基于 SPI 指数的干旱等级分类

| 指数范围 | 干旱等级 |
|---|---|
| $0<\text{SPI}<-0.99$ | 轻度干旱 |
| $-1.00<\text{SPI}<-1.49$ | 中等干旱 |
| $-1.50<\text{SPI}<-1.99$ | 严重干旱 |
| $\text{SPI}<-2$ | 极端干旱 |

只有当月降水量数据的时间序列足够长且连续时(至少30年),才能计算SPI指数。降水累积的月份数需要根据SPI指数的计算需来确定,这意味着,为了计算3个月的SPI指数,有必要生成当前和前两个月的累积降水量时间序列。本章附录中给出了SPI指数计算方法的详细数学描述。

艾米利亚-罗马涅地区SPI指数在上述四类干旱等级中不断变化,成为该地区干旱监测的重要指标之一。图2.4至图2.6对2006年7月的SPI-3指数分布图进行了评估。

图2.4至图2.6给出了2006年7月SPI-3指数的3个情景,所采用的数据分别为7月降水量概率密度函数的25%、50%和75%分位数。如前所述,2006年与2003年非常相似,均属非常干旱年。从图中数字可以看出,即使对于较为"湿润"的7月,其SPI图中,仍然显示了大量的负值。

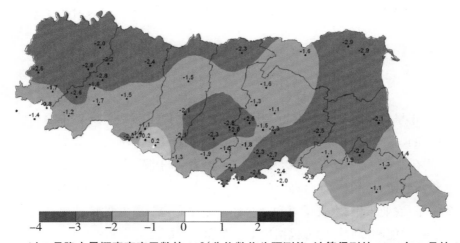

图 2.4　以 7 月降水量概率密度函数的 25%分位数作为预测值,计算得到的 2006 年 7 月的 SPI-3

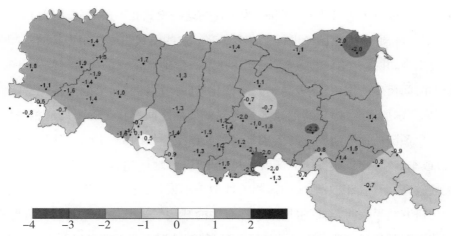

**图 2.5** 以 7 月降水量概率密度函数的 50%分位数作为预测值,计算得到的 2006 年 7 月的 SPI-3

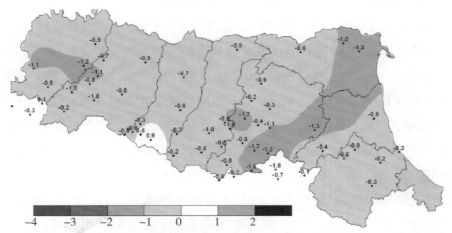

**图 2.6** 以 7 月降水量概率密度函数的 75%分位数作为预测值,计算得到的 2006 年 7 月的 SPI-3

图 2.3 给出了基于观测结果的 SPI 分布情况,在干旱控制阶段,运用 SPI 情景分析是非常有用的,因为它能够根据客观情况,安排相应的抗旱措施,即帮助研究人员确定存在严重干旱问题的地区,对这些区域进行人工干预,以防发生严重的水资源短缺问题。

## 2.4 干旱预测模型

### 2.4.1 SPI 指数的季节性预测

用类似 SPI 这样的指标来对干旱情况进行长期预测时(从月到季节尺度),存在这样一个问题,那就是预测结果是否准确与预测大气环流指数的能力有关,因为这些指数决定了地面天气的发生,正如第 2 节所讨论的那样。

在过去的几年中,为了探明表征大气环流的不同大尺度变化模式之间的相互作用(或遥相关关系），已经进行了大量研究。同时，为了评估这些模式在不同时间尺度（从几天到月和季节尺度）下的可预测性，也已经进行了许多研究。这些模式往往在相当长的一段时间内周期性地重复出现，并具有相似的特征，而且往往与海洋地区出现的异常气候条件有关，这些异常气候的时间尺度往往比较长，高于大气变化的时间尺度。如果地球某一特定区域的海洋异常（例如厄尔尼诺异常）与其他地区的大气变异性之间存在足够强的遥相关性，那么有利于延长气象预测的预见期——甚至从典型气象预报开始的 7～10 天，延长到相当长的时间尺度（月或季节）。比较典型的地区就是热带地区，该地区的气候异常与海洋表面温度异常的相关性较高，而热带以外地区的遥相关性似乎不太强。热带海洋和全球大气试验计划（TOGA）的研究结果表明，与厄尔尼诺事件有关的某些气候条件的预测期有可能提前一年以上。那些受到厄尔尼诺严重影响的地区，可以从该计划中获取信息以开展气象预报，从而降低气候变化和极端干旱事件对经济社会产生的负面影响。

在热带以外地区，特别是在欧洲大陆，长期预测并不可靠。是否具有可预测性主要与经验统计有关，这是因为，这些区域的气候往往受到典型的大气现象影响（比海洋更难以预测），大气过程具有很强的非线性特征，如上述北大西洋涛动（NAO）或欧洲-大西洋阻塞（Pavan 和 Doblas Reyes，2000）。欧洲大陆长期预报是否能成功，在很大程度上取决于从月到季度重现这些大气过程的能力。遗憾的是，迄今为止，大多数大气环流模式都无法可靠地重现主导欧洲大陆气候的大气变化模式，在重现这些气候模式及其年际变化特征时，都存在系统性的问题。

尽管有这些局限性，但已经探明，一个以上的建模链（"多模式集合"）的配对使用，可以大大提高长期预测（从月到季度）结果的准确性，特别是在出现大规模环流异常时（Krishnaumurti 等，1999；Pavan and Doblas-Reyes，2000）。

使用多模型集成技术可以提高上述大尺度模式的可预测性，从而在长时间尺度（从月到季度）上预测气候异常，例如利用 SPI 指数预测干旱。

用于预测的 SPI 指数方法包括一系列的大尺度、以集合模式中的环流模型（"预报器"）作为统计降尺度方案的输入来模拟，统计降尺度方案适用于揭示大尺度模型构架与气象学之间的联系，以及该地区的天气等指标，例如最经常应用的干旱指标。

本章使用的统计降尺度方案基于一种"完美预测"方法背景下的多元线性回归（Wilks，1995；Klein 等，1959），首先使用历史观测数据序列来评估"预测器"和"预测值"之间的因果关系。然后，在实际操作中，将模型模拟结果作为预测值。

根据这种方法，在实际操作中，当使用模型模拟代替观测数据时，除了统计方法的固有误差外，还需要考虑与预报器"自身缺陷"相关联的误差，该误差可通过回归未考虑的解释方差的分数来衡量。然而，由于与预测值相关的误差越来越小，这种方法易受到持续改进的影响。

下面的数据集被用于开发这种技术：①欧洲中期天气预报中心（ECMWF）的 ERA-40 再分析数据；②中尺度阿尔卑斯计划（MAP）对意大利北部和阿尔卑斯地区降水的分析数据；③在 DEMETER 项目中产生的大尺度季节性预测数据（欧洲多模式集合系统的季节尺度到年际尺度预测数据）。

ERA-40 再分析数据（取代以前的 ERA-15）是由 ECMWF 使用 T159L60 版本预测模型生成的，在 1958—2002 年，每 6 小时分析一次。Uppala 等（2002）对该项目进行了详细描述，从原始网格中提取了 500 hPa（$Z500$）位势高度的月平均值，并将其插值到 2.5°×2.5°的空间分辨率。

Frei 和 Schar（1988）描述了用于降水分析的地图数据集，该分析基于阿尔卑斯山和意大利北部相关国家的地面观测数据而进行的。该分析可在 1966—1999 年 0.3°×0.22°的规则网格进行。

使用 DEMETER 项目（Palmer 等，2004）提供的数据，对大规模环流指数进行了季节性预测，该项目是欧洲共同体的第六个框架项目。该项目产生了一组使用 7 种不同模型获得的季节预测数据集。每一个模型为 1958—2002 年的每个季节提供了 9 个不同的情景。

## 2.4.2　降尺度技术

降尺度方案包括一组用于描述主要模式大尺度时间可变性的指数，正如前几章所示，这些指数与 NAO 和 EB 指数高度相关。这些大尺度可变性指数可利用多元统计分析来定义。特别是，通过对高度在 500m，经度 90°W—60°E、纬度 20°N—90°N，一直到气温 850hPa（$T850$），经度 10°W—60°E、纬度 30°N—70°N 的区域，进行标准主成分分析，获得了大尺度环流变化的描述结果。

例如，图 2.7 至图 2.10 给出了经验正交函数（EOFs）在每个季节下的模式，该经验正交函数（EOFs）与冬季、春季、夏季和秋季的前四个 $Z500$ 异常相关联。

在冬季 $Z500$ 的 EOF1 中，可以识别 NAO 的典型双极配置，而在 EOF2 中，可识别欧洲阻塞 EB 的典型配置。

在 $Z500$ 和 $T850$ 的 EOFS 分解之后，相应的 PCs 表征了 SPI 指数的可能预测值。图 2.11 概述了该方法的逻辑流程，使用交叉验证技术评估了预测值（PC 的 $Z500$ 和 $T850$），以及预测物（PC SPI-3）之间的回归系数。利用 BLUE 多模型集成技术，结合 DEMETER 模型的预测结果，得到了大尺度预报结果，Pavan（2000）和 Pavan（2005）的研究成果表明，该技术取得了成功应用。每一个模型和模式需采用不同的权重，因此本书使用 Tompson（1977）和 Sarda 等（1996）提出的 BLUE 多模型集成技术（最佳线性无偏估计）来确定权重。

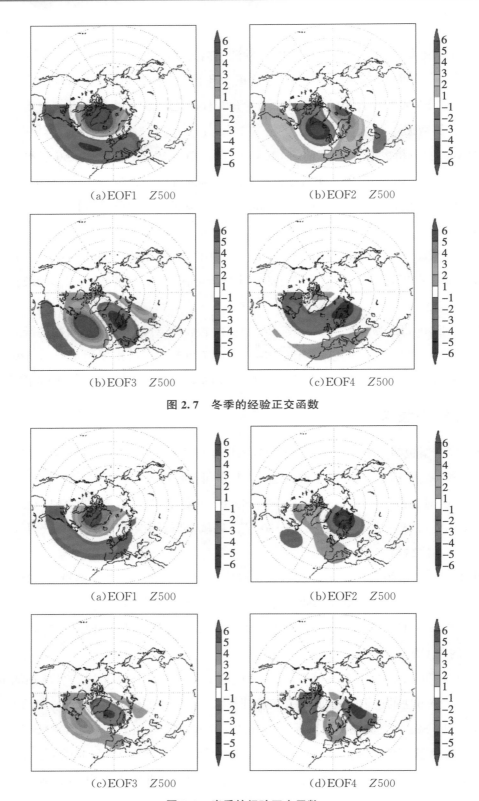

(a)EOF1　$Z500$　　　　　　(b)EOF2　$Z500$

(b)EOF3　$Z500$　　　　　　(c)EOF4　$Z500$

图 2.7　冬季的经验正交函数

(a)EOF1　$Z500$　　　　　　(b)EOF2　$Z500$

(c)EOF3　$Z500$　　　　　　(d)EOF4　$Z500$

图 2.8　春季的经验正交函数

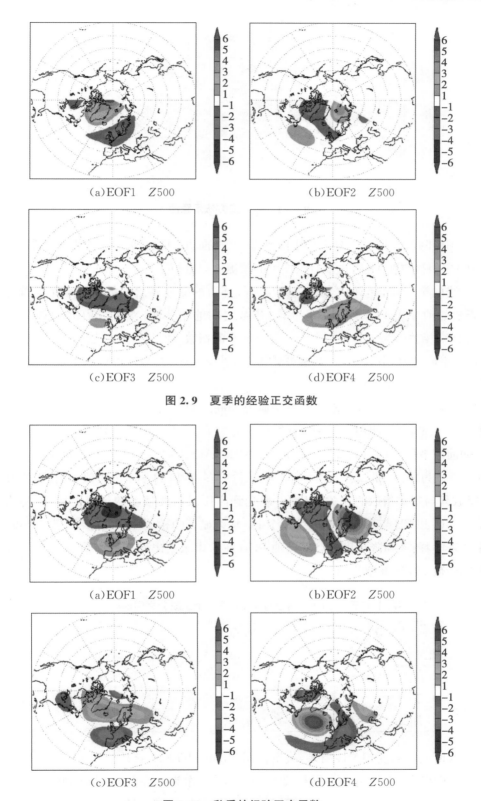

（a）EOF1　Z500　　　　　　　　（b）EOF2　Z500

（c）EOF3　Z500　　　　　　　　（d）EOF4　Z500

**图 2.9　夏季的经验正交函数**

（a）EOF1　Z500　　　　　　　　（b）EOF2　Z500

（c）EOF3　Z500　　　　　　　　（d）EOF4　Z500

**图 2.10　秋季的经验正交函数**

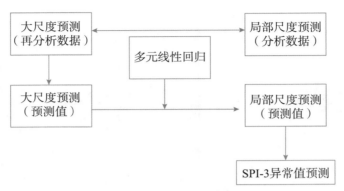

**图 2.11　降尺度方法示意图**

考虑到用降尺度技术模拟的 SPI 指数,与实测的 SPI 指数(即根据观测降水数据计算得到的 SPI)之间存在相关性,本章对该技术的预测效果进行了检验。

该方法的第一步,是评估 SPI 指数与大气环流的变异性之间的统计联系。首先,评估 SPI-3 指数的前 4 个 PCs 与 NAO 和 EB 指数之间的相关性,NAO 和 EB 指数与 $Z500$ 和 $T850$ 的 PCs 相关。为了获得一个干扰尽可能小的指数,取每个季节最后一个月的 SPI 的时间序列(冬季取 2 月,春季取 5 月,夏季取 8 月,秋季取 11 月),以确保只考虑与研究季节有关的降水量。

相关系数是根据 1958—2002 年整个研究期间结果计算的。表 2.2 展示了 SPI 指数的第一个 PC(主成分)与使用 ERA-40 计算的研究季节 NAO 和 EB 指数之间的相关系数。

正如前一节所预期的天气状况那样,冬季的 NAO 指数与 SPI 指数的 PC1 呈反相关(如果 NAO 指数为负值,那么意大利北部的降水量更多,相应的 SPI 为正值)。在春季和夏季,NAO 指数只与阻塞指数的相关性最高,即受到高压或向北移动的气流的影响,降水不足。在秋季,NAO 和 EB 与 SPI 指数的第一个 PC 均无显著的相关性。因此,预测结果可以通过以下事实来解释:参与降尺度模型的其他 PCs(在这里未给出),在任何情况下都与 NAO 和欧洲阻塞指数 EB 显著相关。

**表 2.2　　　　　　不同季节下 NAO、EB 指数与 SPI-3 第一个主成分之间的相关系数**

| SPI-3 第一个主成分 | NAO | EB |
| --- | --- | --- |
| 2 月 | −0.4 | 0.1 |
| 5 月 | 0.07 | 0.8 |
| 8 月 | 0.6 | 0.7 |
| 11 月 | 0.3 | 0.1 |

鉴于观测到的高度相关性结果,决定使用 $Z500$ 和 $T850$ 异常的 4 个 PCs,这些异常来自 DEMETER 项目中使用的不同模型的季节模拟,作为潜在预测因子,相反预测对象是 SPI-3 指数的 4 个 PCs。利用上述多元回归技术进行预测,其中计算采用的多元回归系数值

基于观测数据获得。

　　基于大尺度和 SPI-3 指数之间的联系,对一组结果进行了比较,这些结果是通过修改潜在预测因子 EOFs 定义的区域来获得的,目的是强调构成其可变性模式的不同结构的重要性。这些区域之间比较的结果见图 2.12,其中,区域的选取方式应当确保每个季节的降尺度模拟结果与实测结果之间的相关性最大。

　　表 2.3 展示了由降尺度模型模拟的 SPI-3 指数的第一个 PC,与根据实测数据计算的 SPI-3 指数的 PC1 之间的相关性。

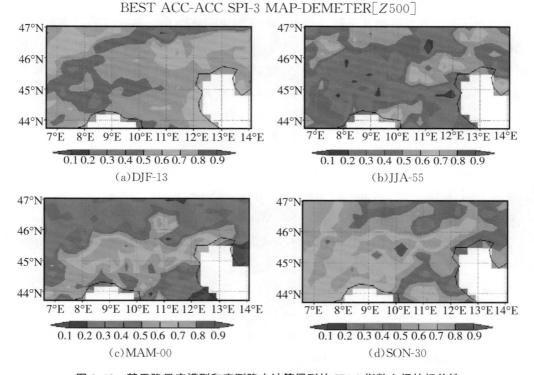

图 2.12　基于降尺度模型和实测降水计算得到的 SPI-3 指数之间的相关性

表 2.3　　　　　　基于 DS 模型和实测降水计算得到的 SPI-3 第一个主成分间相关系数

| SPI-3 第一个主成分 | 相关系数 |
| --- | --- |
| 12 月—次年 2 月 | 0.58 |
| 3 月—次年 5 月 | 0.48 |
| 6 月—次年 8 月 | 0.46 |
| 9 月—次年 11 月 | 0.65 |

## 2.5　结论

　　干旱的季节预测是世界各地气象中心的主要研究内容之一。遗憾的是,目前欧洲等少数地区的预测状况并不令人满意,这主要是由于厄尔尼诺等大尺度环流现象的影响被忽略不计,而这些现象可能影响一个月以上时间尺度的可预测性。

从本章的分析结果可以清楚地看出,无论是在时间尺度上还是空间尺度上,预报的准确性都有很大的差异。一般来说,在冬季,预测结果良好(各地的相关性基本高于0.5),而在其他季节,结果则参差不齐。然而,应该指出的是,大面积上的预测准确性都较高(相关性高于0.7)。

本章描述的方法是从欧洲 DEMETER 研究项目(Palmet et al.,2004)的季节性预测着手,对 SPI 指数进行高分辨率预测,通过将该指数的预测与平均降水量场的预测联系起来,可以很容易地适应大型国际气象服务机构(如 ECMWF)在操作上生成的季节性预测,从而优化结果,同时保持两个测量值之间的一致性。目前,该技术仅应用于意大利北部,因为模型的应用很大程度上受限于可靠的观测数据,目前仅适用于意大利北部(Frei and Scha,1998),当具备可靠的分析数据时,该模型将更容易在更大范围尺度上得到应用。

# 本章参考文献

Abramowitz M,Stegun A. Handbook of Mathematical formulas,Graphs,and Mathematical Tables[M]. New York:Dover Publications,1965.

Cacciamani C,Nanni S,Tibaldi S. Mesoclimatology of winter temperature and precipitation in the Po Valley of Northern Italy[J]. International Journal of Climatology,1994,14(7):777-814.

Edwards D C,McKee T B. Characteristics of 20th century drought in the United States at multiple time scales[R]. Fort Collins:Colorado State University,1997.

Frei C,Schär C. A precipitation climatology of the Alps from high-resolution rain-gauge observations[J]. International Journal of Climatology:A Journal of the Royal Meteorological Society,1998,18(8):873-900.

Hurrell J W. Decadal trends in the North Atlantic Oscillation:Regional temperatures and precipitation[J]. Science,1995,269(5224):676-679.

Klein W H,Lewis B M,Enger I. Objective prediction of five-day mean temperatures during winter[J]. Journal of Atmospheric Sciences,1959,16(6):672-682.

Krishnamurti T N,Kishtawal C M,LaRow T E,et al. Improved weather and seasonal climate forecasts from multimodel superensemble[J]. Science,1999,285(5433):1548-1550.

Lloyd-Hughes B,Saunders M A. A drought climatology for Europe[J]. International Journal of climatology:a journal of the royal meteorological society,2002,22(13):1571-1592.

McKee T B，Doesken N J，Kleist J. The relationship of drought frequency and duration to time scales[A]. Proceedings of the 8th Conference on Applied Climatology[C]. Anaheim：American Meteor Society，1993.

Pavan V，Doblas-Reyes F J. Multi-model seasonal hindcasts over the Euro-Atlantic：skill scores and dynamic features[J]. Climate Dynamics，2000，16：611-625.

Pavan V，Marchesi S，Morgillo A，et al. Downscaling of DEMETER winter seasonal hindcasts over Northern Italy[J]. Tellus A：Dynamic Meteorology and Oceanography，2005，57(3)：424-434.

Quadrelli R，Lazzeri M，Cacciamani C，et al. Observed winter Alpine precipitation variability and links with large-scale circulation patterns[J]. Climate Research，2001，17(3)：275-284.

Rex D F. Blocking action in the middle troposphere and its effects on regional climate，I：an aerological study of blocking[J]. Tellus，1950，2：196-211.

Sarda J，Plaut G，Pires C，et al. Statistical and dynamical long-range atmospheric forecasts：experimental comparison and hybridization[J]. Tellus A，1996，48(4)：518-537.

Tibaldi S，Tosi E，Navarra A，et al. Northern and Southern Hemisphere seasonal variability of blocking frequency and predictability[J]. Monthly Weather Review，1994，122(9)：1971-2003.

Thom H C S. A note on the gamma distribution[J]. Monthly weather review，1958，86(4)：117-122.

Thompson P D. How to improve accuracy by combining independent forecasts[J]. Monthly Weather Review，1977，105(2)：228-229.

Uppala S M，Kållberg P W，Simmons A J，et al. The ERA-40 re-analysis[J]. Quarterly Journal of the Royal Meteorological Society，2005，131(612)：2961-3012.

Wallace J M，Gutzler D S. Teleconnections in the geopotential height field during the Northern Hemisphere winter[J]. Monthly Weather Review，1981，109(4)：784-812.

Wilks D S. Statistical methods in the atmospheric sciences[M]. Pittsburgh：Academic Press，1995.

## 附录：SPI 指数的计算

在大多数情况下，模拟观测降水数据的最佳分布是伽马分布，伽马分布的概率密度函数如下：

$$g(x) = \frac{1}{\beta^\alpha \Gamma(\alpha)} x^{\alpha-1} e^{-\frac{x}{\beta}}$$

(2.1)

式中，$\alpha$ 是形状参数，$\alpha > 0$；$\beta$ 是尺度参数，$\beta > 0$；$x$ 是降水量，$x > 0$；$\Gamma(\alpha)$ 是由标准数学函数的取值，该函数被称为由积分定义的伽马函数：

$$\Gamma(\alpha) = \lim_{x \to \infty} \prod_{v=0}^{n-1} \frac{n! \; n^{y-1}}{y+v} \equiv \int_{0}^{+\infty} y^{a-1} e^{-y} dy \qquad (2.2)$$

一般来说，根据参数 $\alpha$ 的取值，要么用数值计算，要么使用列表中的值来计算伽马函数。

为了用伽马概率密度函数模拟观察到的数据，有必要适当估计参数 $\alpha$ 和 $\beta$。

相关文献提出了不同的方法来估计这些参数，例如，Edwards 和 McKee(1997)提出最大概率方法。

$$\hat{\alpha} = \frac{1}{4A}\left(1 + \sqrt{1 + \frac{4A}{3}}\right) \qquad (2.3)$$

$$\hat{\beta} = \frac{\overline{x}}{\hat{\alpha}} \qquad (2.4)$$

对于 $n$ 个观测，

$$A = \ln(\overline{x}) - \frac{\sum \ln(x)}{n} \qquad (2.5)$$

通过使用 Wilks(1995)中建议的交互式方法，可以进一步改进参数的估计。

在估计参数 $\alpha$ 和 $\beta$ 之后，概率密度函数 $g(x)$ 通过在 $x$ 上的积分，获得了累积概率 $G(x)$ 的表达式，即在给定的月份和特定的时间尺度上观察到一定降水量。

$$G(x) = \int_{0}^{x} g(x) dx = \frac{1}{\hat{\beta}^{\hat{\alpha}} \Gamma(\hat{\alpha})} \int_{0}^{x} x^{\hat{\alpha}-1} e^{-x/\hat{\beta}} dx \qquad (2.6)$$

将等式 $t = \chi/\hat{\beta}$ 被视为不完全伽马函数，有

$$G(x) = \frac{1}{\Gamma(\hat{\alpha})} \int_{0}^{x} t^{\hat{\alpha}-1} e^{-t} dt \qquad (2.7)$$

伽马函数不是由 $x = 0$ 定义的，并且由于可能没有降水，累积概率变为

$$H(x) = q + (1-q)G(x) \qquad (2.8)$$

式中，$q$ 是没有降水的概率。

然后，将累积概率转变成具有均值为零和单位方差的标准化正态分布，可以获得 SPI 指数。详情见 Edwards 和 McKee (1997) 或 Lloyd-Hughes and Saunders (2002)。

然而，如果有多个网格点或多个站点可以计算 SPI 指数，则上述方法既不实用，也不便于使用。在这种情况下，Edwards 和 McKee(1997)中描述了一种替代方法，使用了 Abramowitz 和 Stegun(1965)中开发的近似转变技术，该技术将累积概率转变为标准变量 $Z$。

然后，将 SPI 指数定义为：

$$Z = \mathrm{SPI} = -\left(t - \frac{c_0 + c_1 t + c_2 t^2}{1 + d_1 t + d_1 t^2 + d_1 t^3}\right) \quad 0 < H(x) < 0.5 \qquad (2.9)$$

$$Z = \text{SPI} = +(t - \frac{c_0 + c_1 t + c_2 t^2}{1 + d_1 t + d_1 t^2 + d_1 t^3}) \quad 0.5 < H(x) < 1 \qquad (2.10)$$

式中,

$$t = \sqrt{\ln\left[\frac{1}{(1 - H(x))^2}\right]} \quad 0 < H(x) < 0.5 \qquad (2.11)$$

并有

$$t = \sqrt{\ln\left[\frac{1}{(1 - H(x))^2}\right]} \quad 0.5 < H(x) < 1 \qquad (2.12)$$

式中,$x$ 是降水量,$h(x)$ 是实测降水的累积概率,$c_0$,$c_1$,$c_2$,$d_0$,$d_1$,$d_2$ 的值如下:$c_0 =$ 2.515517;$c_1 = 0.802853$;$c_2 = 0.010328$;$d_0 = 1.432788$;$d_1 = 0.189269$;$d_2 = 0.001308$。

在某些情况下,其他类型的统计分布成功地为某些季节或特定时间尺度提供了更好的降水模型,例如泊松-伽马分布或对数正态分布。如果参数 $a$ 的值很高,那么伽马分布趋向于正态分布,因此,在计算层面上,对于所用样本估计的两个值,使用具有平均值和标准差的正态分布估计 SPI 指数可能更有效。SPI 指数将由下式定义:

$$Z = \text{SPI} = \frac{(x - \hat{\mu})}{\hat{\sigma}} \qquad (2.13)$$

# 第3章 皮埃蒙特地区水文公报的发展及其对水资源监测与管理的支撑

C. Ronchi，D. Rabuffetti，A. Salandin，A. Vargiu，S. Barbero，R. Pelosini
意大利都灵市皮埃蒙特环境保护署

**摘要：**区域水文公报以简明的信息传播方式，为皮埃蒙特地区主要城市提供定量的实用性指导工具。其目的是展示一个区域内存在干旱条件的可能性及其导致的水资源亏缺量。为了展示这一支持水资源管理的工具，已经在气候学的参考框架内，开发出了水文公报的内容、方法和文字表述。此外，区域水文公报还通过对标准化降水指数 SPI 的统计分析，对流域空间尺度上的短期干旱状况进行了评估，其监测项目包括汇入环境系统的所有水资源量，包括降水量、地下水含水量及其水流能力等。

**关键词：**公报；干旱；监测；SPI；预测

## 3.1 引言

水资源管理涉及水利、供水和卫生、灌溉、排水、环境等多个行业部门，是一个综合性概念。2003 年 Po 河的低水位等区域气候变化的证据表明，干旱也会影响到水资源丰沛的地区。

在这一框架下，皮埃蒙特掌管环境预测和监测的环境保护署（ARPA），通过学习欧洲共同体合作计划，例如：SEMDED Ⅰ和Ⅱ、ITERG ⅢB-MEdOcc 项目，与欧洲合作伙伴加深了对干旱的认识，共同确定了最佳的干旱监测与预测方法。基于这些经验，在 2003 年和 2005 年完成了水资源评估以及气象、水文和降雪状态的报告，并将报告提供给皮埃蒙特地区水文资源规划局。

频繁发生的干旱表明，需要建立一个准确的区域水文状况框架并立即将该框架提交给决策者，以应对干旱突发情况。

干旱是水文循环中一种常见的周期性现象，它与当地降水和蒸发、蒸腾之间的差值有关；也与发生季节、降水发生的延迟、有效降水量等有关，而这些因素会影响到干旱的强度和发生次数。显然,还有其他参数,如温度、土壤湿度等,对干旱的发生也起到很重要的作用。

干旱的有效定义,必须能够反映该现象的历时长度和严重程度,为此,区域水文公报既考虑气象干旱又考虑水文干旱。

为了了解 Po 河各支流流域的水文状态,并识别干旱的起始月份,相关研究证实使用气候和水文指数尤其有效。为了达到这一目的,本章考虑使用 SPI 指数(标准化降水指数),因为 SPI 能量化多时间尺度的降水亏缺。

降水是水文系统的主要驱动力,是反映流域短中期水文状态的重要指标。而且对于高山融雪地区而言,冬季降雪的积累起着相当重要的作用,因为在这些地区,融雪在春末和夏季起着至关重要的作用。为此,本章使用了一种基于数值物理的降水累积和融化模型。

最后,河道径流量以及湖泊或水库的蓄水量,直接反映了用于灌溉的可用水量。

本章主要内容如下:在第 2 节中,分析了降雨数据和处理方法;在第 3 节中,介绍了水文公报的发展情况;在第 4 节中,介绍了 2006 年 6 月的典型应用案例,并对所发布的信息进行了详细的描述;最后一节,总结了主要的科学问题,并概述了水文公报的未来发展。

## 3.2　区域降水资料及处理方法

本章中使用的时间序列为 SIMI 管理的 1913—2002 年记录数据,并加入了 1990 年至今的区域监测网络的时间序列,用至少 60 年的数据集,分析了由(SIMN)网络记录的 121 个站点的降水量。

### 3.2.1　点降水到面降水

利用平均面雨量,对流域尺度的大气降水进行了分析。这种方法允许考虑流入流域的有效水量,从而解决了点降水序列分析时的空间代表性不足问题。一旦认为降水网格点是均质分布的,那么即使网格点发生变化,也不会影响计算结果。

根据"反距离加权法"公式(Wei and McGuinnes,1973),雨量计测站外点 $P(x,y)$ 的降水强度与该点和测站之间的距离平方成反比,即:

$$P(x,y) = \frac{1}{\sum\limits_{i=1}^{N} \frac{1}{d_i^2}} \sum_{i=1}^{N} \frac{1}{d_i^2} P_i \tag{3.1}$$

式中,$N$ 是站点的数量(此处采用距离每个点都最近的 5 个雨量计数据);$d$ 是从第 $i$ 站到点 $P(x,y)$ 的距离。当雨量站点能及时更改时,选择这种方法尤为简单。

从结果可靠性的角度来看,Singh and Chowdhury(1986)研究了平均面雨量的不同计算方法(反距离加权、泰森多边形法、等雨量线法等),发现所有的方法都给出了具有比较性的结果,尤其是针对长时间序列。因此,借助所有可用的观测来估计降水量,并计算目标流域上的平均面雨量是有可能的。

### 3.2.2　雨量计监测系统的发展历程分析

对于降雨插值方法,了解站点数量的变化及其对平均面雨量估计结果可靠性的影响,是非常重要的。

因此,本章研究了雨量站的密度,计算区域内每个点与最近 5 个雨量站(用于插值的雨量站)的平均距离。这个平均距离用参考网格的平均距离进行了归一化处理,该参考网格由一个虚拟的 5km 规则栅格构成,由此定义了一个相对的"密度指数"。

根据 Po 河的水系结构,本章计算了 Becca 横截面($37484km^2$)处的子流域面积,其子流域集水面积为 $1000\sim3000km^2$。表 3.1 显示了 Po 河的子流域分区,站网密度的空间均匀性,可以肯定该区域总体上覆盖良好;需要注意的是,该地区的东北部和地势低洼处几乎没有气象站点覆盖。

由图 3.1 可知,需要重点关注的是 1944—1950 年,受第二次世界大战的影响,雨量计密度严重不足。因此,建议在进行任何统计分析时要考虑 1950 年之后的时期。同样非常清楚的是,在过去 15 年中,区域监测站点网络的发展大大提高了降水监测能力。

表 3.1　　　　　　　　　　　　　　子流域的划分及其流域特性

| 序号 | 子流域名称 | 集水面积/km² | 2005 年的密度指数 |
|:---:|:---:|:---:|:---:|
| 1 | Ticino Svizzero | 4747 | 0.26 |
| 2 | Toce | 1784 | 0.49 |
| 3 | Sesia | 1132 | 0.47 |
| 4 | Cervo | 1019 | 0.47 |
| 5 | Dora Baltea | 3939 | 0.39 |
| 6 | Orco | 913 | 0.47 |
| 7 | Stura Lanzo | 886 | 0.55 |
| 8 | Dora Riparia | 1337 | 0.62 |
| 9 | Pellice | 1337 | 0.62 |
| 10 | Alto Po | 717 | 0.48 |
| 11 | Varaita | 601 | 0.45 |
| 12 | Maira | 1214 | 0.45 |
| 13 | Stura Demonte | 1472 | 0.46 |
| 14 | Tanaro | 1812 | 0.60 |
| 15 | Bormida 1 | 1733 | 0.54 |
| 16 | Orba | 776 | 0.46 |
| 17 | Scrivia Curone | 1364 | 0.51 |
| 18 | Agogna Terdoppio | 1598 | 0.34 |

| 序号 | 子流域名称 | 集水面积/km² | 2005 年的密度指数 |
|------|-----------|-------------|-------------------|
| 19 | Agogna Terdoppio | 2021 | 0.32 |
| 20 | Residual Po at Dora Riparia inlet | 781 | 0.50 |
| 21 | Residual Po at Dora Riparia inlet | 1778 | 0.50 |
| 22 | Residual Tanaro at Po inlet | 2403 | 0.49 |
|  | Po 河 Becca 横截面 | 37484 | 0.44 |

注:18 和 19 均属 Agogna Terdoppio 子流域,20 和 21 均属 Residual Po at Dora Riparia inlet 子流域。

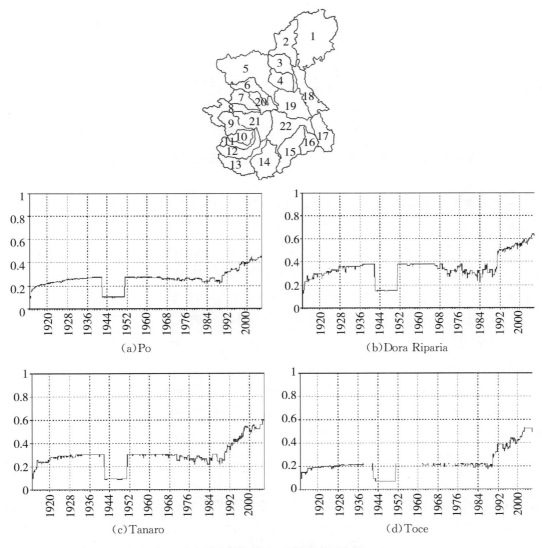

图 3.1　全流域和子流域的站网密度指数比较

### 3.2.3　SPI 时间序列分析

SPI 指数可通过对流域面降水序列的计算,来评估不同气候条件下的降水量亏缺。SPI 具有如此良好的灵活性,因此可在不同的地理区域中使用这种方法(McKee 等,1995; Komuscu,1999)。

SPI 计算如下:

$$\text{SPI} = -\left(K - \frac{A_0 + A_1 K + A_2 K^2}{1 + b_1 K + b_2 K^2 + b_3 K^3}\right) \quad 0 < H(x) < 0.5 \tag{3.2}$$

$$\text{SPI} = +\left(K - \frac{A_0 + A_1 K + A_2 K^2}{1 + b_1 K + b_2 K^2 + b_3 K^3}\right) \quad 0.5 < H(x) < 1 \tag{3.3}$$

$A_n$ 和 $b_n$ 为常数,$K$ 按照下式计算:

$$K = \sqrt{\ln\left[\frac{1}{(H(x))^2}\right]} \quad 0 < H(x) < 0.5 \tag{3.4}$$

$$K = \sqrt{\ln\left[\frac{1}{(1 - H(x))^2}\right]} \quad 0.5 < H(x) < 1 \tag{3.5}$$

$H(x)$ 是一个给定降水量的超越概率,其全部序列服从皮尔森分布(参见 McKee 等, 1993)。

SPI 通常在 3 个月、6 个月、12 个月和 24 个月的时间尺度上进行计算,同时还表征了这些时间尺度下降水亏缺的月变化趋势。

特别的是,每个尺度都考虑了降水亏缺对水资源可利用量的影响。SPI 是一个标准化的指标,它可以独立于监测点,来比较不同地区的干旱状况。SPI 正值表明大于该站点的平均降水量,负值表示小于平均降水量。每个 SPI 的大小都与数据序列中干旱事件的频率联系在一起,因此,每个 SPI 值都可以表征对应的干旱严重程度(McKee 等,1993)。

本章采用皮埃蒙特地区 1950 年 12 月至 2006 年 10 月降水序列来计算 SPI 序列,时间尺度为 3 个月和 12 个月。

3 个月尺度的 SPI 可以较好地表征短中期的干湿条件,并提供了对降水不足或盈余的季节性估计,尤其对农业活动有用。另一方面,12 个月尺度的 SPI 避免了年内频率变化的影响,使主要的水文干旱和干/湿周期得以确定(Vicente Serrano,2005)。

图 3.2(a)和图 3.2(b)分别给出了皮埃蒙特地区 3 个月和 12 个月尺度上计算的 SPI 序列。

这些序列使通过最小二乘估计法来计算线性趋势得以实现。表 3.2 基于冬季(DJF)、春季(MMA)、夏季(JJA)和秋季(SON)的标准定义,总结了年度和季节性时间尺度的线性趋势结果。

正如使用 Pearson 相关指数和 MK 趋势检验两种方法所验证的那样,这些时间序列都没有显著的线性趋势,两种检验均处于 5% 的显著性水平。这一结果反映了地中海地区干旱趋势的显著变化,并与 Lloyd-Hughes & Saunders(2002)在 1901—1999 年分析的整个欧洲的干旱趋势一致。

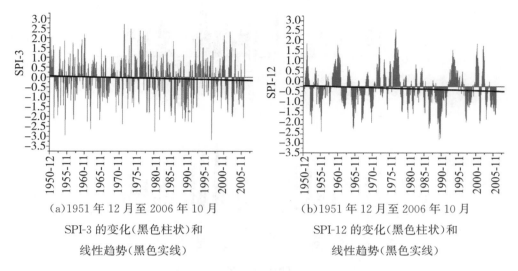

(a)1951 年 12 月至 2006 年 10 月
SPI-3 的变化(黑色柱状)和
线性趋势(黑色实线)

(b)1951 年 12 月至 2006 年 10 月
SPI-12 的变化(黑色柱状)和
线性趋势(黑色实线)

图 3.2　皮埃蒙特地区 SPI 序列

表 3.2　　　　　　　　皮埃蒙特地区 SPI-3 和 SPI-12 的线性变化趋势

| 指标 | 年尺度 | 12 月—次年 2 月 | 3—5 月 | 6—8 月 | 9—11 月 |
|---|---|---|---|---|---|
| SPI-3 | −0.0004 | −0.0032 | −0.0022 | −0.0016 | 0.0020 |
| SPI-12 | −0.0003 | −0.0013 | −0.0017 | −0.0020 | −0.0019 |

注:所有单位为每年的标准差,在 5 ％的置信水平上,这些趋势均不显著。

## 3.2.4　SPI 在局部小流域的应用

迄今为止,SPI 干旱分析一直在区域范围内进行,主要以单站点代表约 38000 km² 区域的降水。本节致力于在更精细的尺度上研究干旱特征,将皮埃蒙特高原地区划分为 21 个子流域。

上述划分是为了了解局部小流域对干旱条件的响应,并评估 SPI 在区域水文公报中单独考虑小部分区域的实用性(正如第 4 段所述的那样)。

因此,在整个分析期间,研究人员对 21 个河流的每个子流域计算了 3 个月和 12 个月的 SPI,并根据 McKee 等(1993)确定的干旱等级划分标准对干旱期进行了分类。这个简单的方法可以让过去 50 年中,皮埃蒙特地区发生的主要干旱类别,以及整个地区有多少面积(百分比)受到干旱现象的影响得以确定。

SPI 小于 1 的单流域面积的总和为干旱区的最大面积。举例来说,图 3.3 给出了 1951—2006 年 12 个月尺度 SPI。皮埃蒙特地区大约 50％的区域经常受到中等干旱的影响,集中在 20 世纪 60 年代、1985—1990 年、1999—2006 年,并且在 80 年代末,皮埃蒙特的大部分地区发生了严重干旱。

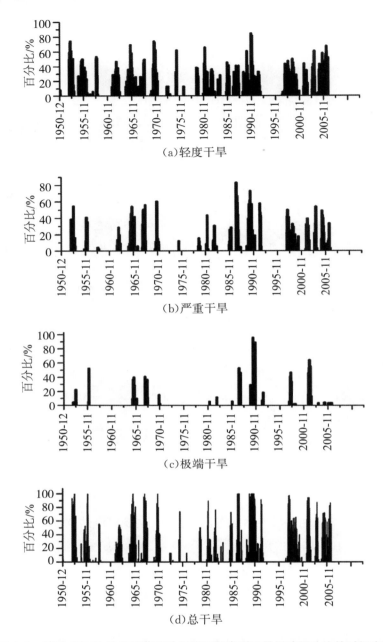

**图 3.3　基于 SPI-12 的皮埃蒙特地区受不同类型干旱影响百分比的时间序列**

出于同样的目的,图 3.4 表现了 3 个月和 12 个月尺度 SPI 的 Hovmoller 图,按照合理的顺序排列流域,从北部开始,沿着阿尔卑斯山脉向南,最后到达平原。这一结果证明了,干旱与每个流域的特殊地理位置有关,即纬度和平均高度。

这种差异是显而易见的,例如,在 1999 年,干旱对南部和平原盆地的影响比对北方地区影响更强、持续时间更长。

为了总结皮埃蒙特地区干旱在不同局部小流域上的变化,研究人员计算了整个研究区 5

个部分的干旱发生频率,结果见表 3.3。同时考虑 3 个月和 12 个月尺度的 SPI 值,分析期内大约 50%的干旱期影响了 40%的总面积。此外,整个地区遭受干旱的情况只占干旱总次数的 15%。

上述结果表明,可通过区域水文公报,在局部小流域尺度上分析干旱。

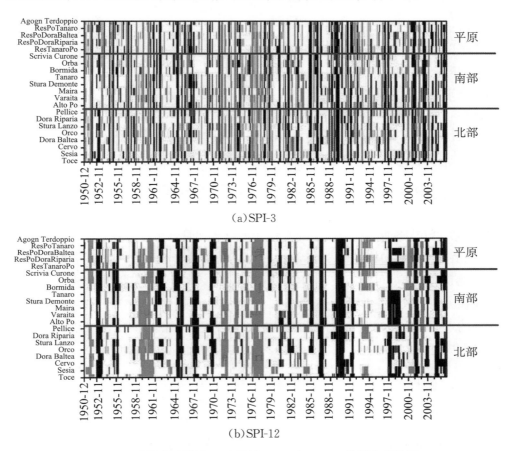

(a)SPI-3

(b)SPI-12

**图 3.4 皮埃蒙特地区 21 个流域 SPI-3 和 SPI-12 的霍夫莫勒图**

注:黑色表示 SPI 值小于—1,浅灰色表示 SPI 值大于 1,正常情况用白色绘制。

表 3.3 1950 年 12 月至 2006 年 10 月皮埃蒙特地区不同地区发生干旱的时间百分比

| 占总面积百分比/% | 干旱发生率/% | |
| --- | --- | --- |
| | 3 个月的 SPI | 12 个月的 SPI |
| 20 | 35 | 34 |
| 40 | 23 | 21 |
| 60 | 16 | 18 |
| 80 | 11 | 12 |
| 100 | 15 | 15 |

注:百分比以 SPI-3<—1 和 SPI-12<—1 为评判标准。

## 3.3　水文公报的发展

第152/2006号法令将收集流域基础数据的责任转移到了地区,以便更好地描述河流流域特征,分析水资源可利用量,并制定相应的水资源保护措施。

为了防止Po河出现明显的低水位,在统一行动和水量平衡监测的框架下,Po河流域管理局建立了以下所谓的"宏观组成部分":

1)流域降水和河道径流;

2)山区水库的潜在和实际可用水量;

3)湖泊蓄水及其管理法律义务;

4)平原地区水资源的水资源开发及管理要求;

5)Po河的生态需水及最小下泄流量需要。

这些"宏观组成部分"是根据可测量的变量来描述的,这些变量可以被处理并相互比较,因此,《区域水文公报》的目的是更新关于水资源可用性的知识。

在具体实践中,不能简单地基于降水亏缺来监测和管理干旱,所有需要用水的农业、工业、居民生活等人类活动均需要考虑,这些都促成了河道取水工程系统的发展。因此,为了有效评估地表水资源的可利用量,了解河道径流的演变就变得非常重要。

河道径流观测数据是非常重要的,需要对其加以处理。阿尔卑斯山在皮埃蒙特地区水文系统中的重要地位意味着必须考虑冬季、春季以及夏季的积雪演变,因为融雪在几个月的河流流量形成过程中起着非常重要的作用,有助于克服短暂的春季干旱。

### 3.3.1　降水量和SPI值

本章计算了每个子流域1913—2005年的月降水量和相对百分位数。在数据分类中,十百分位点表示严重干旱月,五十百分位点表示接近正常月,九十百分位点意味着非常潮湿月。

利用气候学的月降水量序列资料,可以计算连续月份的SPI-3,获得3种不同的情景。因此,这些预测结果可以用于估计短期内(1个月)的干旱严重程度。

### 3.3.2　积雪覆盖

本章采用FEST水文模型(Mancini,1990)来研究积雪动力学。该模型是具有物理机制的分布式模型,被广泛应用于洪水模拟和观测中,以及流域尺度中长期预报(Ravazzani等,2002)。

FEST模型按如下步骤进行模拟:渗透;蒸发;积雪堆积和融化;径流;地下径流。

具体来看,模型根据雪—水当量(SWE)、融化过程流出的水量,计算了积雪中储存的水量(图3.5)。

气象驱动力数据(降水、气温、太阳辐射等)来自区域调查系统,另外,考虑高程、坡度、倾斜和方位等地形特征的影响,将上述信息在整个研究区域内进行插值。

采用气温数据来区分降水的类型,而对于融雪计算,则有两种方案可供选择:一是使用概念上的度日法;二是基于雪的能量收支平衡,主要考虑的因素是短波和长波辐射、地面能量、降水和对流通量。

该模型采用线性水库的概念,一旦计算出集水区每个部分的积雪融化量,就可以评估雪覆盖层融水传播的速度。最后,积雪流出的水流被分流到径流传播模块,并成为地表河川径流的一部分。

该模型在 Monte Rosa 地区的 Anza 河流域已成功运用,通过研究 2001 年、2002 年和 2003 年 Belvedere 冰川上的一个季节性湖泊的发育情况,发现这种特殊现象主要是由融雪过程引起的(Rabuffetti 等,2004)。

同时,对该模型在大流域上的应用效果进行了分析。通过比较模型结果和来自 MODIS 的卫星图像,对 2004—2005 冬季波河流域进行了研究,结果表明,该模型在山区可以得到较好的应用(Rabuffetti 等,2006)。

### 3.3.3 河网现状

最后,对与水体本身相关的水文监测数据进行了综合分析,马吉奥尔湖在该地区举足轻重,是当地最大的人工水库,将它的储水量、水位和下泄水量与每月的气候参考值进行比较。从统计的结果来看,这些数据由较短的时间序列导出,所以参考意义并不大,但是如果将它们与公报中的所有其他数据结合起来,就有助于了解整个流域的水资源状况。

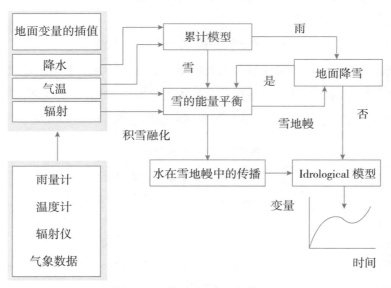

**图 3.5 FEST 积雪模型的简化流程**

## 3.4　区域水文月报

为了描述区域尺度上的水文状况,开发了区域水文月报,它包含数据处理和在前文中讨论的数值模拟的结果。

数据共享的语言策略是非常重要的,本章试图用一种简单而完整的技术语言和一些数字来帮助水资源管理者直接理解所呈现的所有重要特征。月报发布计划安排在每月月初,在非常干旱的时期,如果有需要,也可以提高发布频率。下文将月报分为 3 个部分,这些数字摘自 2006 年 7 月 3 日发布的公报。

首先,根据降水资料,计算流域面平均降水量和 SPI,并将每个流域分区的分析结果综合在一个表中,表 3.4 中包含了以下信息:平均降水深;相应的降水量;考虑气候背景值的绝对降水亏缺(距平值)和相对降水亏缺(距平百分率);经标准化后的降水亏缺,即 SPI-1(标准化距平百分率)。

上述信息可通过月降水等值线图来实现。用相同的降水数据来计算 3 个月、6 个月、12 个月尺度的 SPI。将结果汇总在一张表中,并进行分析评估,其中采用了标准语言(McKee 等,1993)。为了更直接地理解,在该表所附分布图显示了不同的流域分区的状态(图 3.6)。

此外,SPI 计算是通过情景预测来完成的,这有助于决策者形成对短期预测结果演变的认识。另外 3 张图(图 3.7)给出了连续月份的 SPI-3 预测值,该预测基于 3 种情景(干旱、正常和潮湿)。

月报的第二部分以降雪等效降水量显示了每个子流域的水资源可利用量。图 3.8 展示了区域降雪等效降水量的空间分布。

最后一部分对河网和主要水库的现状进行了综述,并在表中将马吉奥尔湖的现状水位与多年平均气候下的水位值加以比较。该表格指明了每个子流域水库的现状蓄水量及现状蓄水量占潜在蓄积量的百分比。月报最后通过图表的方式,展示了主要河流的流量情况,通过这些图表,可以将流量观测值与最低纪录水位和预期最低水位进行比较。

表 3.4　　　　　　　　　　各子流域分区公报降水量

| 子流域 | 降水 /mm | 降水量 /($\times 10^6\,m^3$) | 距平值 /mm | 距平百分率/% | 标准化距平百分率 |
|---|---|---|---|---|---|
| Alto Po | 19.5 | 14 | −82.7 | −81% | −2 |
| Pellice | 19.7 | 19.3 | −72.6 | −79% | −2 |
| Varaita | 27.8 | 16.7 | −59 | −68% | −1.6 |
| Maira | 32.4 | 39.3 | −50.8 | −61% | −1.3 |

续表

| 子流域 | 降水 /mm | 降水量 /(×10⁶m³) | 距平值 /mm | 距平百 分率/% | 标准化距 平百分率 |
|---|---|---|---|---|---|
| Residual Po at Dora Riparia inlet | 25.6 | 45.5 | −56.4 | −69% | −1.5 |
| Dora Riparia | 26.7 | 35.8 | −50.1 | −65% | −1.6 |
| Stura Lanzo | 32.3 | 28.6 | −75.8 | −70% | −1.7 |
| Orco | 30.7 | 28 | −77.5 | −72% | −1.8 |
| Residual Po at Dora Baltea inlet | 17.9 | 14 | −76.4 | −81% | −2.3 |
| Dora Baltea | 40.7 | 160.3 | −35.5 | −46% | −1.2 |
| Cervo | 20.2 | 20.6 | −115.7 | −85% | −2.8 |
| Sesia | 34.9 | 39.6 | −103.9 | −75% | −2.3 |
| Residual Po at Tanaro inlet | 17.7 | 35.7 | −52.9 | −75% | −1.8 |
| Stura Demonte | 42.9 | 63.2 | −43.7 | −50% | −0.9 |
| Tanaro | 23.9 | 43.3 | −70.3 | −75% | −1.6 |
| Bormida | 6.5 | 11.3 | −47.7 | −88% | −2.3 |
| Orba | 4.7 | 3.6 | −41.7 | −90% | −2.1 |
| Residual Tanaro at Po inlet | 22.2 | 53.4 | −33.6 | −60% | −1.1 |
| Scrivia Curone | 9.6 | 13.1 | −45.7 | −83% | −2 |
| Agogna Terdoppio | 14.9 | 23.7 | −80.6 | −84% | −2.6 |
| Toce | 71.6 | 127.7 | −53.1 | −43% | −1 |
| Ticino Svizzero | 42.5 | 201.6 | −82.1 | −66% | — |

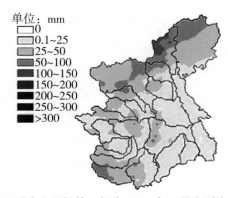

**图 3.6　区域水文月报第一部分:2006 年 6 月实测降水量分布**

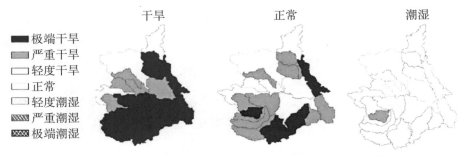

图 3.7　区域水文月报第一部分：月初发布的 7 月 SPI-3 预测值

| 子流域 | SWE/mm | 等效降水深/mm |
|---|---|---|
| Ticino Svizzero | 1.9 | 0.4 |
| Toce | 4.9 | 2.7 |
| Sesia | 2.7 | 2.4 |
| Cervo | 0.0 | 0.0 |
| Dora Baltea | 22.1 | 5.6 |
| Orco | 不显著 | — |
| Stura Lanzo | 不显著 | — |
| Dora Riparia | 不显著 | — |
| Pellice | 不显著 | — |
| Alto Po | 不显著 | — |
| Varaita | 不显著 | — |
| Maira | 0.0 | 0.0 |
| Stura Demonte | 0.0 | 0.0 |
| Tanaro | 0.0 | 0.0 |

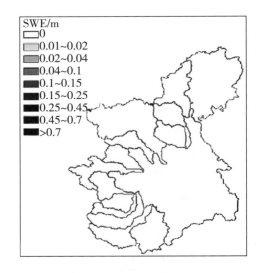

图 3.8　区域水文月报第二部分：2006 年 6 月底降雪等效降水量的空间分布

## 3.5　结论与展望

利用面平均降水量对流域尺度上的降水进行了分析。基于 1913—2006 年基础数据，评估了 Becca 断面以上 Po 河流域以及各子流域上，雨量站点的分布密度。

站点分布的空间均质性得到了很好的验证，而由于 1940—1950 年各站点数据存在普遍缺失，分析结果建议，统计分析时最好考虑 1950 年之后的连续序列。

在 1950 年 12 月至 2006 年 10 月，代表整个皮埃蒙特地区降水的单站点 SPI-3 和 SPI-12 计算结果表明，无论是在年尺度还是季尺度上，SPI 都没有显著的趋势。然而，必须考虑的一点是，在过去 15 年中，雨量站密度迅速增加，而这种增加对面平均降水量估计的影响仍有待进一步研究。

精确调查亚/次区域尺度上的干旱状况的结果表明，大部分干旱只发生在整个区域的较小范围内。特别的是，皮埃蒙特地区所记录的大约一半的总干旱事件仅仅影响了整个区域的 40%。出于干旱管理的目的，上述结果表明，有必要进一步加强对 Po 河各子流域干旱情况的监测。

水文月报所提供的数据广泛而完整,因此受到了水资源管理规划相关机构的欢迎。特别是,本章介绍的 SPI-3 短期预测,在具体实际应用中,既简单又实用,可以直接评估近期可能出现的演变趋势。

降水和径流代表了一个流域的理论可用水量,因此涉及了水量平衡,为此,皮埃蒙特地区推出了一项基于干旱指数(如 SPI)的实验性运营服务,以监测和预测流域的干旱状况。皮埃蒙特地区水资源管理部门代表着这类服务产品的终端用户,然而随着水文月报的发布,此类服务产品逐渐消失了。该水文月报已应用于皮埃蒙特地区尤其是山区的蓄水工程规划中,并在 2006 年夏季干旱期间应用于农业灌溉领域。

区域水文月报有两个主要发展策略:一方面,可以用基于气象模型的降水长期预测成果,来弥补 SPI 预测中存在的简单随机化,进而使得成果进一步丰富。另一方面,还将研究更加完整的水文干旱指数,即地表水可供水量指数( SWSI),以便用于流域尺度的干旱评价。

## 本章参考文献

Direzione Pianificazione delle Risorse Idriche,ARPA Piemonte,Rapporto sulla Situazione Idrica Piemontese in Termini di Condizioni Meteoclimatiche,Idrometriche di Misure Piezometriche [R]. Piemontese:[s. n.],2005.

Umran Komuscu A. Using the SPI to analyze spatial and temporal patterns of drought in Turkey[J]. Drought Network News,1999,11:7-13.

Lloyd-Hughes B,Saunders M A. A drought climatology for Europe[J]. International Journal of climatology:a journal of the royal meteorological society,2002,22(13):1571-1592.

Mancini M. La modellazione della risposta idrologica:effetti della variabilità spaziale e della scala di rappresentazione del fenomeno dell'assorbimento[D]Milano:Politecnico di Milano,1990.

McKee T B,Doesken N J,Kleist J. The relationship of drought frequency and duration to time scales[A]. Proceedings of the 8th Conference on Applied Climatology[C]. Anaheim:American Meteor Society,1993.

McKe T B N,Doesken J,Kleist J. Drought monitoring with multiple time scales[A]. Proceedings of 9th Conference on Applied Climatology [ C ]. Dallas:American Meteorological Society,1995.

Wei T C,McGuinnes J L. Reciprocal distances squared method:a computer technique for estimating areal precipitation [ R ]. Washington D. C.:US Department of Agriculture,1973.

Rabuffetti D,Salandin A,Volontè G,et al. Modellazione idrologica del manto nevoso

[A]. il caso del lago epiglaciale del ghiacciaio del Belvedere sul Monte Rosa[C]. Trento: 29_ Convegno di Idraulica e Costruzioni idrauliche, 2004.

Rabuffetti D, Salandin A, Cremonini R. Hydrological modelling of snow cover in the large upper Po river basin: winter 2004 results and validation with snow cover estimation from satellite[A]. Geo-Environment and Landscape Evolution II[C]. Southampton: WIT Press, 2006.

Ravazzani G, Montaldo N, Mancini M. Modellistica idrologica distribuita per il caso di studio del bacino del fiume Toce[A]. 28_ Convegno di Idraulica e Costruzioni idrauliche [C]. Potenza:[s. n. ], 2002.

Singh V P, Chowdhury P K. Comparing some methods of estimating mean areal rainfall 1[J]. JAWRA Journal of the American Water Resources Association, 1986, 22 (2): 275-282.

Vicente-Serrano. Differences in Spatial Patterns of Drought on Different Time Scales: An Analysis of the Iberian Peninsula[J]. Water Resou Manage, 2005, 1(20): 37-60.

# 第 4 章　用对数线性模型分析干旱等级转变

E. E. Moreira[1]，A. A. Paulo[2]，L. S. Pereira[2]
1. 葡萄牙新里斯本大学科学与技术学院
2. 葡萄牙里斯本理工大学农学院

**摘要：**根据数据集长度，将 1896 年 10 月至 2005 年 9 月葡萄牙南部阿连特茹和 Algerve 地区 6 个站点的 SPI-12 序列划分为 3 个或 4 个时间段，并采用对数线性建模方法研究了这些时间段之间干旱等级转变的差异。考虑了 4 个干旱严重程度等级，通过计算不同时间段的干旱等级转变，来形成三维列联表。将对数线性模型应用于这些数据，可以比较不同时期干旱等级之间的转移概率，以便监测可能与气候变化相关的干旱演变趋势。

**关键词：**标准化降水指数；三维对数线性模型；干旱等级转变；干旱频率；气候变化的影响

## 4.1　引言

干旱的发生、结束、频率以及严重程度都难以预测，使干旱具有风险性和灾害性的特点。干旱的风险性在于它不可预测但可再次发生；它的灾害性在于，干旱对应的降水亏缺会导致自然和农业生态系统以及人类活动的供水中断（Pereira 等，2002）。预测干旱开始和结束时间是非常困难的。

葡萄牙在阿连特茹地区的研究中已经使用了一些干旱指数。干旱指数之间的比较表明，用标准化降水指数 SPI 来表征阿连特茹地区的干旱更为合理（Paulo 等，2003；Paulo and Pereira，2006），能够使用 SPI 时间序列的随机特性来预测干旱等级转变（Paulo 等，2005）。

现如今，人们普遍认为水资源减少是多种原因造成的，其中主要原因是气候变化导致地球上某些地区（如地中海地区）降雨量减少。事实上，由于气候变化，干旱事件日益频繁，也更加严重。

为了调查葡萄牙南部阿连特茹和 Algerve 地区的干旱情况，有必要分析 SPI 干旱等级的月度变化。对数线性模型（Nelder，1974；Agresti，1990）被认为是进行这一分析较为合适的工具,因为已证实它可以预测每个月 SPI 干旱的等级转变（Paulo 等，2005）。因此,研究人员利用对数线性模型拟合了 SPI 干旱等级之间的转移概率,并分析了 12 个月时间尺度的 SPI。下文就这些结果进行了讨论。

## 4.2　基础数据、SPI 和干旱等级

本章的输入数据为 1896 年 10 月至 2005 年 9 月 SPI-12 的月度值,范围为葡萄牙南部两个缺水地区阿连特茹和 Algerve 的 6 个雨量站。这 6 个站为阿连特茹和 Algerve 地区现有可用的最长时间序列。图 4.1 定义了这些站点及其时间序列长度:乔托、帕维亚、埃武拉、贝贾、圣布拉斯·德阿尔波特尔和法罗（Chouto, Pavia, Évora, Beja, S. B. Alportel and Faro）。由图 4.1 可知,每个站点的时间序列长度不同,开始和结束的日期也因序列而异 。

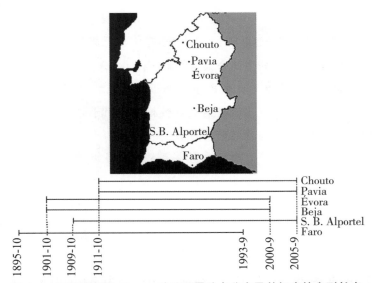

**图 4.1　阿连特茹和 Algerve 地区雨量站点分布及其相应的序列长度**

这项研究的目的是利用现有的数据,将 1896 年 10 月至 2005 年 9 月划分为较短的周期,并用对数线性模型评估时间变异模式,根据每月干旱等级转变的概率对各阶段进行比较。

SPI 由 McKee 等（1993、1995）开发,用于识别干旱事件并评估其严重性。通常使用从 3 个月到 24 个月不等的多个时间尺度。表 4.1 划分了本章采用的干旱等级标准,其中严重干旱和极端严重干旱等级合并为了一类。

根据 6 个站干旱等级时间序列,见图 4.2,每个时间序列的总周期分为 4 个长度不同的时间段,见表 4.2。从图 4.2 可以看出,几乎每一个地点,1947—1981 年,比其前后时期的中等及严重和极端干旱的事件要少得多。在 1917 年以前也可以看到同样的情况。因此,考虑将该时期作为干旱结束/开始的中间阶段（第二和第三个时间段）。

表 4.1 基于 SPI 指标的干旱等级划分

| 序号 | 干旱等级 | SPI 值 |
|------|----------|--------|
| 1 | 无旱 | SPI≥0 |
| 2 | 轻度干旱 | $-1<$SPI$<0$ |
| 3 | 中等干旱 | $-1.5<$SPI$\leqslant-1$ |
| 4 | 严重和极端干旱 | SPI$\leqslant-1.5$ |

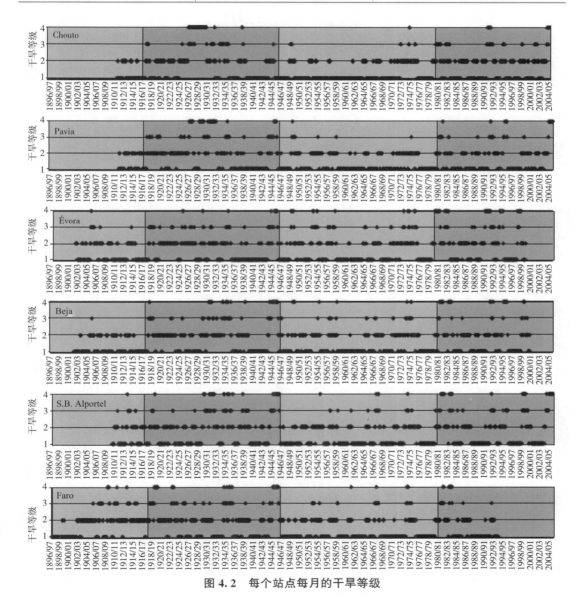

图 4.2 每个站点每月的干旱等级

**表 4.2**　　　　　　　　　　　　　　时间段划分

| 时间段 | 地区 1 (乔托和帕维亚) | | 地区 2 (埃武拉和贝贾) | | 地区 3 (圣布拉斯·德阿尔波特尔) | | 地区 4 (法罗) | |
|---|---|---|---|---|---|---|---|---|
| | 起止年份 | 年数/年 | 起止年份 | 年数/年 | 起止年份 | 年数/年 | 起止年份 | 年数/年 |
| 1 | 1911—1917 | 6 | 1901—1917 | 16 | 1909—1917 | 8 | 1896—1917 | 21 |
| 2 | 1917—1946 | 29 | 1917—1946 | 29 | 1917—1946 | 29 | 1917—1946 | 29 |
| 3 | 1946—1980 | 34 | 1946—1980 | 34 | 1946—1980 | 34 | 1946—1980 | 34 |
| 4 | 1980—2005 | 25 | 1980—2000 | 20 | 1980—2005 | 25 | 1980—1993 | 13 |

在之前的一项研究中,将一组都具有 67 年长度的不同时间序列分成 3 个相等时间段;研究结果表明,第一时间段和第三时间段的结果存在相似性(Moreira 等,2006)。然而,在当前研究中,部分站点第一阶段因为序列太短(6 到 8 年)而不具备代表性,所以对于乔托和帕维亚这两个站点,可以不考虑其前 6 到 8 年的序列。

根据每个站的计算结果,研究人员按照表 4.1 划分了干旱等级。然后,为了获得观测频率计数来构建三维列联表,计算了各干旱等级之间的月尺度变化。

## 4.3　三维对数线性模型

### 4.3.1　模型描述

对数线性模型描述了分类变量之间的关联模式。根据列联表中的单元格计数进行建模。使用三维对数线性模型( Agresti,1990)的目的是拟合观测频率,即不同干旱等级之间的转变次数,表示为 $O_{ijk}$,并为三维列联表(表 4.3)中每个单元的预期频率建模,表示为 $E_{ijk}$(为观测频率的估计值)。

这个三维列联表分为三类,分别记为 $A$、$B$ 和 $C$,其中,$A$ 有 $i$ 个层级,$B$ 有 $j$ 个层级,$C$ 有 $k$ 个时间段。分类变量 $A$ 代表第 $t$ 月的干旱等级,分类属性 $B$ 代表第 $t+1$ 月的干旱等级。等级值 1、2、3、4 分别代表干旱等级。分类变量 $C$ 代表时间段,等级值 1、2、3 和 4 分别对应上述定义的第一、第二、第三和第四时间段。

观测频数 $O_{ijk}$ 表示在每个时间段 $k$ 中,第 $t$ 月干旱等级 $i$ 转化到第 $t+1$ 月干旱等级 $j$ 的次数,例如,$O_{111}$ 表示在第一阶段连续 2 个月的干旱等级均为 1 级(无旱)的观测频数。

在这项研究中,由于阶段的大小不同,为更好地比较周期,必须对观察到的频数进行加权。重新调整观察频率后,再对模型拟合。

用观察到的频数来拟合三维列联表的几个模型,然而,准关联模型( Agresti,1990)更好地拟合了所观察到的频数。准关联模型定义如下:

$$\lg E_{ijk} = \lambda + \lambda_i^A + \lambda_j^B + \lambda_k^C + \beta u_i v_j + \delta_i I_{(i=j)} + (\lambda_k^C) u_i v_j + \lambda_k^C \delta_i I_{(i=j)} \quad i,j,k = 1,2,3,4$$

$$(4.1)$$

式中,$\lambda$ 为常数项;$\lambda_i^A$ 为与类别 $A$ 的第 $i$ 个层级相关联的参数;$\lambda_j^B$ 为与类别 $B$ 的第 $j$ 个层级相关联的参数;$\lambda_k^C$ 为与类别 $C$ 的第 $k$ 个层级相关联的参数;$u_i$,$v_j$ 分别为类别 $A$ 的第 $i$ 个层级得分,类别 $B$ 的第 $j$ 个层级得分(通常取 $u_i = i$,$v_j = j$);$\beta$ 为线性关联参数;$\delta$ 为与第 $i$ 对角元素相关联的参数;$I$ 为表示变量的函数公式,如果变量为真,其值为 $0$,否则其值为 $1$。

表 4.3　　　　　　　　　　　对应于四个时间段的干旱等级的三维列联表

| 第 $t$ 月干旱等级 | 第一时间段 | | | | 第二时间段 | | | | 第三时间段 | | | | 第四时间段 | | | |
|---|---|---|---|---|---|---|---|---|---|---|---|---|---|---|---|---|
| | 第 $t+1$ 月干旱等级 | | | | 第 $t+1$ 月干旱等级 | | | | 第 $t+1$ 月干旱等级 | | | | 第 $t+1$ 月干旱等级 | | | |
| 1 | $O_{111}$ | $O_{121}$ | $O_{131}$ | $O_{141}$ | $O_{112}$ | $O_{122}$ | $O_{132}$ | $O_{142}$ | $O_{113}$ | $O_{123}$ | $O_{133}$ | $O_{143}$ | $O_{114}$ | $O_{124}$ | $O_{134}$ | $O_{144}$ |
| 2 | $O_{211}$ | $O_{221}$ | $O_{231}$ | $O_{241}$ | $O_{212}$ | $O_{222}$ | $O_{232}$ | $O_{242}$ | $O_{213}$ | $O_{223}$ | $O_{233}$ | $O_{243}$ | $O_{214}$ | $O_{224}$ | $O_{234}$ | $O_{244}$ |
| 3 | $O_{311}$ | $O_{321}$ | $O_{331}$ | $O_{341}$ | $O_{312}$ | $O_{322}$ | $O_{332}$ | $O_{342}$ | $O_{313}$ | $O_{323}$ | $O_{333}$ | $O_{343}$ | $O_{314}$ | $O_{324}$ | $O_{334}$ | $O_{344}$ |
| 4 | $O_{411}$ | $O_{421}$ | $O_{431}$ | $O_{441}$ | $O_{412}$ | $O_{422}$ | $O_{432}$ | $O_{442}$ | $O_{413}$ | $O_{423}$ | $O_{433}$ | $O_{443}$ | $O_{414}$ | $O_{424}$ | $O_{434}$ | $O_{444}$ |

## 4.3.2　模型拟合

采用最大似然估计法对对数线性模型进行调整。假设对数线性模型的估计误差满足泊松分布,模型拟合的残差满足与残差自由度相同的渐近卡方分布。为了评估对数线性模型的拟合,使用 Nelder(1974)和 Agresti(1990)提出的一个测试,该测试假设在 $1-\alpha = 0.95$ 的概率下,当残差偏差不超过卡方变量的分位数,并且剩余偏差的自由度相同时,认为模型被拟合良好。剩余偏差的自由度对应于观测值的数量减去拟合模型的估计参数的数量。换言之,认为所有模型检验的 $p$ 值大于所选定的显著性水平 $\alpha = 0.05$ 的模型都是拟合良好的。只有准关联( QA)和准对称模型通过了这一检验,这证实了 Paulo 等(2005)的结果。QA 模型(1)被证明在这 6 个站的应用中是最合适的。表 4.4 给出了每个站的自由度、残差和 $p$ 值。对于帕维亚、乔托和圣布拉斯·德阿尔波特尔站,该模型的参数较少,因为分类变量 $C$ (时间段)只有 3 个,而不是 4 个。

为了在减少参数数量时,不造成模型重要信息的损失,对每个站的 QA 模型应用了一种反向消除法。反向消除法允许通过消除初始模型的参数来选择替代子模型。这 6 个站的应用表面,所有可能的子模型都未通过检验,因此保留了这些站的初始 QA 模型(1)。然后估计 QA 模型的参数,并获得每个单元的预期频次。例如,表 4.5 给出了埃武拉站的观测频次和预期频次的结果。其他站的结果是相似的,因此没有在本章中列出。

表 4.4　　　　　　　　　　　　　每个站点选择的对数线性模型

| 站名 | 选择的模型 | 划分时间段 | 自由度 | 残差 | $p$ 值 |
|---|---|---|---|---|---|
| 埃武拉 | | | 34 | 27.83 | 0.7932 |
| 贝贾 | | 4 | 34 | 15.79 | 0.9967 |
| 法罗 | Quasi-associatio<br>（QA 模型） | | 34 | 36.13 | 0.3693 |
| 帕维亚 | | | 24 | 26.72 | 0.3177 |
| 乔托 | | 3 | 24 | 12.21 | 0.9774 |
| 圣布拉斯·德阿尔波特尔 | | | 24 | 36.13 | 0.3693 |

### 4.3.3　相对概率

相对概率是预期频率的比值,范围从 0 到正无穷,代表某一特定事件发生的可能性更大或更小的次数,而不是与第一个事件不同的另一个事件发生的次数。

三维模型的选定频次定义如下:

$$\Omega_{kl|ij} = E_{ijk}/E_{ijk} \qquad k \neq l \qquad (4.2)$$

当比较 3 个或 4 个时间段中的两个时,相对概率可以比较从现在起一个月内,该站从 $i$ 级干旱转变为 $j$ 级干旱的可能性。相对概率 $\Omega_{12|ij}$ 比较第一时间段和第二时间段,相对概率 $\Omega_{23|ij}$ 比较第二时间段和第三时间段,相对概率 $\Omega_{13|ij}$ 比较第一时间段和第三时间段。例如 $\Omega_{12|34} = 6.169$ 意味着从中等干旱($i = 3$)过渡到严重和极端干旱($j = 4$)的可能性在第一时间段($k=1$)是在第二时间段($i=2$)的 6.169 倍。

因此,通过将根据对数线性模型得到的预测值,替换下述公式的参数,可以得到相对概率的估计值:

$$\lg\bar{\Omega}_{kl|ij} = \lg\frac{E_{ijk}}{E_{ijl}} = \lg E_{ijk} - \lg E_{ijl} \qquad (4.3)$$

式中,$i,j = 1,2,3,4; k,l = 1,2,3,4, k \neq l$。

在准关联模型中,相对概率的对数可以写成

$$\lg\Omega_{kl|ij} = \lg E_{ijk} - \lg E_{ijl} = \lambda_k^C - \lambda_l^C + (\lambda_k^C\beta)u_iv_j + (\lambda_l^C\beta)u_iv_j - \lambda_k^C\delta_i I_{(i=j)} - \lambda_l^C\delta_i I_{(i=j)}$$

$$(4.4)$$

通过将渐近置信区间与相对概率的对数相乘,可以得到 $1-\alpha = 0.95$ 概率下的渐近置信区间:

$$\left[\lg\Omega_{kl|ij} - z_{1-a/2}\sqrt{\mathrm{Var}(\lg\Omega_{kl|ij})}, \lg\Omega_{kl|ij} + z_{1-a/2}\sqrt{\mathrm{Var}(\lg\Omega_{kl|ij})}\right] \qquad (4.5)$$

式中,$Z_{1-a/2}$ 为 $1-\alpha/2$ 分位数下的标准正态随机变量。

当给定概率的置信区间包含值 1 时,意味着在 $k$ 时间段和 $l$ 时间段,干旱从第 $i$ 类向第 $j$ 类的转变没有显著差异,即从第 $i$ 类到第 $j$ 类的转移概率相等,概率等于 0.95,在 $k$ 时间段和 $l$ 时间段都是如此。如果在给定概率的置信区间中没有包含值 1,那么意味着根据该情况,

表 4.5　从第 $t$ 时间段到第 $t+1$ 时间段的干旱等级转换：埃武拉地区的实测频率与预期频率

| 第 $t$ 月的干旱等级 | 第一时间段 第 $t+1$ 月的干旱等级 | | | | 第二时间段 第 $t+1$ 月的干旱等级 | | | | 第三时间段 第 $t+1$ 月的干旱等级 | | | | 第四时间段 第 $t+1$ 月的干旱等级 | | | |
|---|---|---|---|---|---|---|---|---|---|---|---|---|---|---|---|---|
| | 1 | 2 | 3 | 4 | 1 | 2 | 3 | 4 | 1 | 2 | 3 | 4 | 1 | 2 | 3 | 4 |
| 实测频率 | | | | | | | | | | | | | | | | |
| 1 | 192 | 16 | 0 | 0 | 136 | 12 | 1 | 0 | 172 | 15 | 0 | 0 | 113 | 16 | 0 | 0 |
| 2 | 18 | 94 | 5 | 0 | 12 | 106 | 18 | 1 | 14 | 83 | 10 | 3 | 16 | 86 | 9 | 3 |
| 3 | 0 | 7 | 11 | 2 | 1 | 18 | 24 | 4 | 0 | 9 | 18 | 7 | 0 | 7 | 14 | 10 |
| 4 | 0 | 0 | 2 | 0 | 0 | 1 | 4 | 10 | 0 | 3 | 6 | 7 | 0 | 4 | 9 | 61 |
| 预期频率 | | | | | | | | | | | | | | | | |
| 1 | 1191.9 | 16.1 | 0.2 | 0.0 | 136.0 | 15.8 | 0.3 | 0.0 | 171.9 | 13.6 | 0.2 | 0.0 | 113.0 | 13.5 | 0.2 | 0.0 |
| 2 | 216.3 | 94.0 | 6.4 | 0.9 | 16.1 | 106.1 | 11.7 | 2.1 | 13.8 | 83.0 | 11.1 | 2.1 | 13.7 | 86.0 | 12.3 | 2.5 |
| 3 | 30.2 | 6.5 | 11.0 | 1.3 | 0.3 | 11.8 | 24.1 | 6.0 | 0.2 | 11.1 | 18.1 | 6.5 | 0.2 | 12.3 | 14.0 | 8.6 |
| 4 | 40.0 | 0.8 | 1.3 | 0.0 | 0.0 | 2.1 | 5.8 | 10.8 | 0.0 | 2.0 | 6.3 | 7.1 | 0.0 | 2.4 | 8.2 | 62.6 |

在一个时间段内的转移概率或多或少要大于在另一个时间段内的转移概率,其概率也等于 0.95。例如,概率 $\Omega_{12|11}= E_{111}/E_{112}= 0.6542$ 的估计值意味着该站在第一时间段中持续 2 个月处于"无旱"等级($i=1$,$j=1$)的可能性是第二时间段的 0.6542 倍,所有的相对概率都可以这样表述。

## 4.4　结果与讨论

表 4.6 至表 4.11 中的结果包含了每个站的相对概率估计结果,以及对应的置信区间。

总体而言,当将站点的第一时间段和第二时间段(共划分了 4 个时间段)进行比较时,可以观察到(表 4.6),有许多相对概率值< 1,其置信区间不包括 1,特别是对于涉及 3 级和 4 级干旱的转变。因此,可以说,$p=0.95$ 的概率实际上小于 1。

表 4.6 中的这些结果可以解释为在这些地点,第二时间段发生的中等及严重和极端干旱比第一阶段更加频繁。然而,这一结论受到时间序列范围的限制,因为第一时间段的规模小于第二时间段。因此与第二时间段相比,第一时间段不代表整个时间序列。

对具有 3 个周期的其他 3 个站进行同样比较(表 4.6),可以看出,置信区间不包括值 1 的情况下,有许多相对概率大于 1,特别是对于涉及最高干旱等级(3 级和 4 级)之间的转变。所以,$p=0.95$ 的相对概率真的大于 1,这意味着第一时间段的中等和重度及严重和极端干旱比下一个时间段更频繁。这些结果与 Moreira 等(2006)报道的阿连特茹地区 6 个站的研究结果一致。

当比较第一时间段和第三时间段时,见表 4.7,对于法罗来说,$p=0.95$ 的相对概率接近 1。对埃武拉来说,相对概率值为 1 的更少,而对贝贾来说,相对概率要小得多。因此,法罗在第一时间段和第三时间段的结果有一些相似之处,而对于埃武拉和贝贾,则未证实存在这种相似性。第一时间段由于序列较短,不利于得出这些结论。

总之,对于其余仅划分了 3 个时间段的 3 个站而言(表 4.7),几乎所有干旱等级之间的转变,$p=0.95$ 下的相对概率值约等于 1。可以解释为:这些站在第一时间段和第三时间段,其干旱频率之间不存在显著差异,包括中等及严重和极端干旱。这些结果与 Moreira 等 (2006)在之前的研究中获得的结果具有一致性。

当比较第二时间段和第三时间段时(表 4.8),除了埃武拉以外,有许多 $p=0.95$ 下相对概率大于 1 的干旱事件,特别是对于最高干旱等级间的转变(3 级和 4 级)。因此,对于贝贾和法罗来说,第二时间段的中等及严重和极端干旱比第三时间段的频繁,而对于埃武拉来说,这些时间段的结果非常相似。

对于帕维亚、乔托和圣布拉斯·德阿尔波特尔(表 4.8),总体而言,存在许多 $p=0.95$ 下相对概率小于 1 的干旱事件,特别是针对最高干旱等级间的转变(3 级和 4 级)。因此,与第三时间段相比,第二时间段向中等及严重和极端干旱转变的次数较少。同样,这些结果与 Moreira 等(2006)获得的结果相似。

表 4.6　第一时间段和第二时间段的结果比较

| 站名 | 第 t 月的干旱等级 | 相对概率率估计结果（第 t+1 月的干旱等级） | | | | 95%置信区间 左边界 | | | | 右边界 | | | |
|---|---|---|---|---|---|---|---|---|---|---|---|---|---|
| | | 1 | 2 | 3 | 4 | 1 | 2 | 3 | 4 | 1 | 2 | 3 | 4 |
| 埃武拉 | 1 | 1.41 | 1.01 | 0.87 | 0.75 | 1.13 | 0.59 | 0.51 | 0.43 | 1.76 | 1.74 | 1.49 | 1.28 |
| | 2 | 1.01 | 0.89 | 0.55 | 0.40 | 0.59 | 0.56 | 0.32 | 0.24 | 1.74 | 1.40 | 0.94 | 0.69 |
| | 3 | 0.87 | 0.55 | 0.46 | 0.22 | 0.51 | 0.32 | 0.14 | 0.13 | 1.49 | 0.94 | 1.53 | 0.37 |
| | 4 | 0.75 | 0.40 | 0.22 | 0.00 | 0.43 | 0.24 | 0.13 | 0.00 | 1.28 | 0.69 | 0.37 | 7E+19 |
| 贝贾 | 1 | 1.99 | 1.51 | 0.81 | 0.43 | 1.58 | 0.84 | 0.45 | 0.24 | 2.50 | 2.71 | 1.45 | 0.77 |
| | 2 | 1.51 | 0.76 | 0.12 | 0.03 | 0.84 | 0.33 | 0.07 | 0.02 | 2.71 | 1.76 | 0.22 | 0.06 |
| | 3 | 0.81 | 0.12 | 0.00 | 0.00 | 0.45 | 0.07 | 0.00 | 0.00 | 1.45 | 0.22 | 5E+34 | 0.01 |
| | 4 | 0.43 | 0.03 | 0.00 | 0.00 | 0.24 | 0.02 | 0.00 | 0.00 | 0.77 | 0.06 | 0.01 | 5E+34 |
| 法罗 | 1 | 0.99 | 0.96 | 0.87 | 0.80 | 0.75 | 0.55 | 0.50 | 0.46 | 1.30 | 1.66 | 1.51 | 1.38 |
| | 2 | 0.96 | 1.37 | 0.66 | 0.55 | 0.55 | 0.92 | 0.38 | 0.32 | 1.66 | 2.03 | 1.14 | 0.95 |
| | 3 | 0.87 | 0.66 | 1.08 | 0.38 | 0.50 | 0.38 | 0.40 | 0.22 | 1.51 | 1.14 | 2.89 | 0.65 |
| | 4 | 0.80 | 0.55 | 0.38 | 0.15 | 0.46 | 0.32 | 0.22 | 0.02 | 1.38 | 0.95 | 0.65 | 0.97 |
| 圣布拉斯·德阿尔波波特尔 | 1 | 0.66 | 1.09 | 1.23 | 1.39 | 0.53 | 0.64 | 0.72 | 0.81 | 0.84 | 1.86 | 2.09 | 2.36 |
| | 2 | 1.09 | 0.84 | 1.76 | 2.25 | 0.64 | 0.55 | 1.04 | 1.32 | 1.86 | 1.26 | 3.01 | 3.82 |
| | 3 | 1.23 | 1.76 | 4.25 | 3.64 | 0.72 | 1.04 | 1.40 | 2.14 | 2.09 | 3.01 | 12.85 | 6.19 |
| | 4 | 1.39 | 2.25 | 3.64 | 20.97 | 0.81 | 1.32 | 2.14 | 1.72 | 2.36 | 3.82 | 6.19 | 254.96 |
| 帕维亚 | 1 | 0.50 | 0.96 | 1.20 | 1.50 | 0.40 | 0.56 | 0.70 | 0.88 | 0.64 | 1.63 | 2.04 | 2.56 |
| | 2 | 0.96 | 1.02 | 2.37 | 3.73 | 0.56 | 1.39 | 1.96 | 2.19 | 1.63 | 1.72 | 4.03 | 6.35 |
| | 3 | 1.20 | 2.37 | 10.33 | 9.23 | 0.70 | 1.96 | 5.42 | 5.42 | 2.04 | 4.03 | 54.33 | 15.73 |
| | 4 | 1.50 | 3.73 | 9.23 | 9E+04 | 0.88 | 2.19 | 5.42 | 0.00 | 2.56 | 6.35 | 15.73 | 1E+29 |
| 乔托 | 1 | 0.54 | 0.84 | 1.13 | 1.53 | 0.44 | 0.45 | 0.60 | 0.82 | 0.67 | 1.57 | 2.13 | 2.87 |
| | 2 | 0.84 | 1.36 | 2.80 | 5.11 | 0.45 | 0.74 | 1.49 | 2.72 | 1.57 | 2.49 | 5.25 | 9.59 |
| | 3 | 1.13 | 2.80 | 5.00 | 17.06 | 0.60 | 1.49 | 0.91 | 9.09 | 2.13 | 5.25 | 27.35 | 32.02 |
| | 4 | 1.53 | 5.11 | 17.06 | 2E+05 | 0.82 | 2.72 | 9.09 | 0.00 | 2.87 | 9.59 | 32.02 | 2E+45 |

表4.7　第一时间段和第三时间段结果的比较

| 站名 | 第t月的干旱等级 | 相对概率估计结果 第t+1月的干旱等级 | | | | 95%置信区间 左边界 | | | | 右边界 | | | |
|---|---|---|---|---|---|---|---|---|---|---|---|---|---|
| | | 1 | 2 | 3 | 4 | 1 | 2 | 3 | 4 | 1 | 2 | 3 | 4 |
| 埃武拉 | 1 | 1.12 | 1.18 | 0.99 | 0.83 | 0.91 | 0.68 | 0.57 | 0.48 | 1.37 | 2.05 | 1.72 | 1.44 |
| | 2 | 1.18 | 1.13 | 0.58 | 0.41 | 0.68 | 0.71 | 0.33 | 0.23 | 2.05 | 1.81 | 1.01 | 0.71 |
| | 3 | 0.99 | 0.58 | 0.61 | 0.20 | 0.57 | 0.33 | 0.18 | 0.12 | 1.72 | 1.01 | 2.10 | 0.35 |
| | 4 | 0.83 | 0.41 | 0.20 | 0.00 | 0.48 | 0.23 | 0.12 | 0.00 | 1.44 | 0.71 | 0.35 | 1E+20 |
| 贝贾 | 1 | 1.18 | 1.24 | 0.76 | 0.46 | 0.97 | 0.70 | 0.43 | 0.26 | 1.44 | 2.18 | 1.33 | 0.81 |
| | 2 | 1.24 | 0.91 | 0.17 | 0.06 | 0.70 | 0.39 | 0.10 | 0.04 | 2.18 | 2.12 | 0.30 | 0.11 |
| | 3 | 0.76 | 0.17 | 0.00 | 0.01 | 0.43 | 0.10 | 0.00 | 0.01 | 1.33 | 0.30 | 2E+35 | 0.02 |
| | 4 | 0.46 | 0.06 | 0.01 | 0.00 | 0.26 | 0.04 | 0.01 | 0.00 | 0.81 | 0.11 | 0.02 | 5E+35 |
| 法罗 | 1 | 0.49 | 1.01 | 1.09 | 1.17 | 0.39 | 0.56 | 0.60 | 0.65 | 0.62 | 1.81 | 1.96 | 2.11 |
| | 2 | 1.01 | 1.97 | 1.36 | 1.59 | 0.56 | 1.22 | 0.76 | 0.88 | 1.81 | 3.20 | 2.45 | 2.86 |
| | 3 | 1.09 | 1.36 | 2.55 | 2.15 | 0.60 | 0.76 | 0.71 | 1.19 | 1.96 | 2.45 | 9.10 | 3.87 |
| | 4 | 1.17 | 1.59 | 2.15 | 1.33 | 0.65 | 0.88 | 1.19 | 0.11 | 2.11 | 2.86 | 3.87 | 16.07 |
| 圣布拉斯·德·阿尔波特尔 | 1 | 0.80 | 1.19 | 1.19 | 1.19 | 0.63 | 0.71 | 0.71 | 0.71 | 1.01 | 2.01 | 2.01 | 2.01 |
| | 2 | 1.19 | 1.29 | 1.19 | 1.19 | 0.71 | 0.87 | 0.71 | 0.70 | 2.01 | 1.93 | 2.00 | 2.00 |
| | 3 | 1.19 | 1.19 | 1.21 | 1.18 | 0.71 | 0.71 | 0.54 | 0.70 | 2.01 | 2.00 | 2.74 | 1.99 |
| | 4 | 1.19 | 1.19 | 1.18 | 0.75 | 0.71 | 0.70 | 0.70 | 0.20 | 2.01 | 2.00 | 1.99 | 2.84 |
| 帕维亚 | 1 | 0.63 | 1.10 | 1.15 | 1.21 | 0.49 | 0.66 | 0.69 | 0.72 | 0.80 | 1.84 | 1.92 | 2.01 |
| | 2 | 1.10 | 1.11 | 1.32 | 1.44 | 0.66 | 0.73 | 0.79 | 0.86 | 1.84 | 1.69 | 2.20 | 2.41 |
| | 3 | 1.15 | 1.32 | 1.41 | 1.72 | 0.69 | 0.79 | 0.53 | 1.03 | 1.92 | 2.20 | 3.76 | 2.87 |
| | 4 | 1.21 | 1.44 | 1.72 | 2.69 | 0.72 | 0.86 | 1.03 | 0.52 | 2.01 | 2.41 | 2.87 | 13.77 |
| 乔托 | 1 | 0.98 | 0.56 | 0.62 | 0.68 | 0.76 | 0.33 | 0.36 | 0.40 | 1.25 | 0.95 | 1.05 | 1.16 |
| | 2 | 0.56 | 1.05 | 0.83 | 1.02 | 0.33 | 0.70 | 0.49 | 0.60 | 0.95 | 1.58 | 1.41 | 1.73 |
| | 3 | 0.62 | 0.83 | 0.71 | 1.52 | 0.36 | 0.49 | 0.28 | 0.89 | 1.05 | 1.41 | 1.83 | 2.57 |
| | 4 | 0.68 | 1.02 | 1.52 | 3.70 | 0.40 | 0.60 | 0.89 | 0.72 | 1.16 | 1.73 | 2.57 | 19.08 |

表 4.8　第二时间段和第三时间段的结果比较

| 站名 | 第 t 月的干旱等级 | 相对概率估计结果 第 t+1 月的干旱等级 1 | 2 | 3 | 4 | 95%置信区间 左边界 1 | 2 | 3 | 4 | 右边界 1 | 2 | 3 | 4 |
|---|---|---|---|---|---|---|---|---|---|---|---|---|---|
| 埃武拉 | 1 | 0.79 | 1.16 | 1.14 | 1.11 | 0.63 | 0.69 | 0.67 | 0.66 | 0.99 | 1.97 | 1.93 | 1.88 |
|  | 2 | 1.16 | 1.28 | 1.06 | 1.01 | 0.69 | 0.86 | 0.63 | 0.60 | 1.97 | 1.90 | 1.80 | 1.72 |
|  | 3 | 1.14 | 1.06 | 1.33 | 0.92 | 0.67 | 0.63 | 0.51 | 0.55 | 1.93 | 1.80 | 3.46 | 1.56 |
|  | 4 | 1.11 | 1.01 | 0.92 | 1.53 | 0.66 | 0.60 | 0.55 | 0.63 | 1.88 | 1.72 | 1.56 | 3.75 |
| 贝贾 | 1 | 0.60 | 0.82 | 0.94 | 1.07 | 0.47 | 0.49 | 0.56 | 0.64 | 0.75 | 1.37 | 1.57 | 1.79 |
|  | 2 | 0.82 | 1.19 | 1.40 | 1.84 | 0.49 | 0.79 | 0.84 | 1.10 | 1.37 | 1.82 | 2.35 | 3.08 |
|  | 3 | 0.94 | 1.40 | 3.14 | 3.15 | 0.56 | 0.84 | 1.79 | 1.88 | 1.57 | 2.35 | 5.48 | 5.28 |
|  | 4 | 1.07 | 1.84 | 3.15 | 9.86 | 0.64 | 1.10 | 1.88 | 3.84 | 1.79 | 3.08 | 5.28 | 25.30 |
| 法罗 | 1 | 0.50 | 1.05 | 1.24 | 1.47 | 0.39 | 0.59 | 0.70 | 0.83 | 0.63 | 1.86 | 2.20 | 2.61 |
|  | 2 | 1.05 | 1.44 | 2.07 | 2.90 | 0.59 | 0.90 | 1.17 | 1.64 | 1.86 | 2.30 | 3.66 | 5.13 |
|  | 3 | 1.24 | 2.07 | 2.36 | 5.72 | 0.70 | 1.17 | 0.71 | 3.24 | 2.20 | 3.66 | 7.92 | 10.12 |
|  | 4 | 1.47 | 2.90 | 5.72 | 8.99 | 0.83 | 1.64 | 3.24 | 1.01 | 2.61 | 5.13 | 10.12 | 80.21 |
| 圣布拉斯·德阿尔波特尔 | 1 | 1.20 | 1.10 | 0.97 | 0.86 | 0.97 | 0.63 | 0.56 | 0.49 | 1.49 | 1.91 | 1.69 | 1.50 |
|  | 2 | 1.10 | 1.55 | 0.67 | 0.53 | 0.63 | 1.00 | 0.39 | 0.30 | 1.91 | 2.38 | 1.17 | 0.92 |
|  | 3 | 0.97 | 0.67 | 0.29 | 0.32 | 0.56 | 0.39 | 0.09 | 0.19 | 1.69 | 1.17 | 0.89 | 0.56 |
|  | 4 | 0.86 | 0.53 | 0.32 | 0.04 | 0.49 | 0.30 | 0.19 | 0.00 | 1.50 | 0.92 | 0.56 | 0.44 |
| 帕维亚 | 1 | 1.24 | 1.15 | 0.96 | 0.80 | 1.01 | 0.67 | 0.56 | 0.46 | 1.53 | 2.00 | 1.66 | 1.39 |
|  | 2 | 1.15 | 1.09 | 0.56 | 0.39 | 0.67 | 0.64 | 0.32 | 0.22 | 2.00 | 1.86 | 0.96 | 0.67 |
|  | 3 | 0.96 | 0.56 | 0.14 | 0.19 | 0.56 | 0.32 | 0.02 | 0.11 | 1.66 | 0.96 | 0.75 | 0.32 |
|  | 4 | 0.80 | 0.39 | 0.19 | 0.00 | 0.46 | 0.22 | 0.11 | 0.00 | 1.39 | 0.67 | 0.32 | 4E+19 |
| 乔托 | 1 | 1.80 | 0.67 | 0.54 | 0.45 | 1.45 | 0.38 | 0.31 | 0.25 | 2.24 | 1.18 | 0.96 | 0.79 |
|  | 2 | 0.67 | 0.77 | 0.30 | 0.20 | 0.38 | 0.43 | 0.17 | 0.11 | 1.18 | 1.41 | 0.53 | 0.35 |
|  | 3 | 0.54 | 0.30 | 0.14 | 0.09 | 0.31 | 0.17 | 0.03 | 0.05 | 0.96 | 0.53 | 0.76 | 0.16 |
|  | 4 | 0.45 | 0.20 | 0.09 | 0.00 | 0.25 | 0.11 | 0.05 | 0.00 | 0.79 | 0.35 | 0.16 | 1E+35 |

当比较第一时间段和第四时间段时(表4.9),对于法罗来说,存在许多 $p=0.95$ 下相对概率小于1的干旱事件。对于埃武拉和贝贾来说,相对概率值为1的次数要少得多。因此,法罗的第一时间段和第四时间段有相似之处,而埃武拉和贝贾的相似性没有得到证实。法罗的第一时间段和第四时间段序列较短(13年),限制了该结论的得出。

当比较第二时间段和第四时间段时(表4.10),对于法罗和贝贾,存在许多 $p=0.95$ 下相对概率小于1的干旱事件。对于埃武拉来说,维持干旱等级4的相对概率值小于1( $p=0.95$ )。因此,对于法罗和贝贾来说,第二时间段和第四时间段有相似之处,但是对于埃武拉来说,第二时间段的严重和极端干旱事件比第四时间段要少。

当比较埃武拉和贝贾的第三时间段和第四时间段(表4.11)时,对于最高干旱等级的转变(从3级转变到4级), $p=0.95$ 的相对概率值小于1。但是,对于法罗来说,转变的相对概率等于1(意味着维持4级干旱)。因此,除法罗以外,第三时间段的严重和极端干旱事件发生频率比第四时间段少。对于法罗来说,第四时间段的序列较短(13年),限制了类似结论的形成。

总体而言,上述结果表明,1917年10月至1946年9月和1980年10月至2005年9月,在较高干旱等级(3级和4级)的转变方面结果相似。只有埃武拉结果存在一些不同。

对于法罗而言[第一时间段历时最长(21年)的站],1896年10月至1917年9月的结果,与1946年10月至1980年9月的结果有一些相似之处。对于法罗之外的其他站来说,第一时间段的序列长度还不足以得出这些时间段存在相似性的结论。除了埃武拉之外,不同时间段之间的比较,没有显示出任何相似之处。

根据上述分析,可以得出如下结论:根据现有数据,没有证据表明阿连特茹和 Algarve 地区的干旱发生频次和严重程度有增加的趋势,这可能是气候变化造成的。这一结论证实了 Moreira 等(2006)的研究结论,但仍需要使用其他更长的时间序列进行更好的确认。

以上结果与 Bordi 等(2004)和 Bordi and Sutera 等(2001)的研究结果一致,后者揭示了过去50年地中海地区和中欧等的气候指标的线性趋势。但是,正如一些学者强调的那样,由于数据序列长度有限,这种线性趋势可能只是长期周期性的一部分,通过对更长时间序列数据的分析可证实这一变化趋势。

## 4.5　结论

对数线性模型被证明是一个强大的工具,可以通过三维列联表来比较不同时间段的干旱等级变化。总体而言,根据现有的数据,没有证据表明阿连特茹和 Algarve 地区出现越来越严重的干旱趋势,这与将近期干旱事件归因于气候变化的普遍趋势相矛盾。然而,这些从 Moreira 等(2006)之前的研究中得出的结论仍然需要更完整的数据来巩固、支持。

表 4.9　第一时间段和第四时间段的结果比较

| 站名 | 第 $t$ 月的干旱等级 | 相对概率估计结果 第 $t+1$ 月的干旱等级 | | | | 95%置信区间 左边界 | | | | 右边界 | | | |
|---|---|---|---|---|---|---|---|---|---|---|---|---|---|
| | | 1 | 2 | 3 | 4 | 1 | 2 | 3 | 4 | 1 | 2 | 3 | 4 |
| 埃武拉 | 1 | 1.70 | 1.19 | 0.97 | 0.79 | 1.35 | 0.68 | 0.56 | 0.45 | 2.14 | 2.06 | 1.68 | 1.37 |
| | 2 | 1.19 | 1.09 | 0.52 | 0.35 | 0.68 | 0.69 | 0.30 | 0.20 | 2.06 | 1.74 | 0.91 | 0.60 |
| | 3 | 0.97 | 0.52 | 0.79 | 0.15 | 0.56 | 0.30 | 0.23 | 0.09 | 1.68 | 0.91 | 2.73 | 0.27 |
| | 4 | 0.79 | 0.35 | 0.15 | 0.00 | 0.45 | 0.20 | 0.09 | 0.00 | 1.37 | 0.60 | 0.27 | 1E+19 |
| 贝贾 | 1 | 1.78 | 1.39 | 0.79 | 0.45 | 1.43 | 0.78 | 0.45 | 0.25 | 2.22 | 2.48 | 1.41 | 0.80 |
| | 2 | 1.39 | 0.85 | 0.15 | 0.05 | 0.78 | 0.37 | 0.08 | 0.03 | 2.48 | 1.97 | 0.26 | 0.08 |
| | 3 | 0.79 | 0.15 | 0.00 | 0.01 | 0.45 | 0.08 | 0.00 | 0.00 | 1.41 | 0.26 | 2E+35 | 0.01 |
| | 4 | 0.45 | 0.05 | 0.01 | 0.00 | 0.25 | 0.03 | 0.00 | 0.00 | 0.80 | 0.08 | 0.01 | 3E+34 |
| 法罗 | 1 | 0.60 | 1.15 | 1.09 | 1.03 | 0.47 | 0.64 | 0.61 | 0.58 | 0.76 | 2.06 | 1.95 | 1.85 |
| | 2 | 1.15 | 1.75 | 0.93 | 0.83 | 0.64 | 1.14 | 0.52 | 0.47 | 2.06 | 2.68 | 1.66 | 1.49 |
| | 3 | 1.09 | 0.93 | 2.15 | 0.67 | 0.61 | 0.52 | 0.71 | 0.38 | 1.95 | 1.66 | 6.56 | 1.20 |
| | 4 | 1.03 | 0.83 | 0.67 | 0.25 | 0.58 | 0.47 | 0.38 | 0.03 | 1.85 | 1.49 | 1.20 | 1.87 |

表 4.10　第二时间段和第四时间段的结果比较

| 站名 | 第 t 月的干旱等级 | 相对概率估计结果 第 t+1 月的干旱等级 | | | | 95%置信区间 左边界 | | | | 右边界 | | | |
|---|---|---|---|---|---|---|---|---|---|---|---|---|---|
| | | 1 | 2 | 3 | 4 | 1 | 2 | 3 | 4 | 1 | 2 | 3 | 4 |
| 埃武拉 | 1 | 1.20 | 1.17 | 1.11 | 1.06 | 0.94 | 0.69 | 0.66 | 0.63 | 1.55 | 1.98 | 1.88 | 1.78 |
| | 2 | 1.17 | 1.23 | 0.96 | 0.86 | 0.69 | 0.84 | 0.57 | 0.51 | 1.98 | 1.82 | 1.61 | 1.46 |
| | 3 | 1.11 | 0.96 | 1.71 | 0.70 | 0.66 | 0.57 | 0.65 | 0.42 | 1.88 | 1.61 | 4.50 | 1.19 |
| | 4 | 1.06 | 0.86 | 0.70 | 0.17 | 0.63 | 0.51 | 0.42 | 0.07 | 1.78 | 1.46 | 1.19 | 0.41 |
| 贝贾 | 1 | 0.89 | 0.92 | 0.98 | 1.05 | 0.69 | 0.55 | 0.59 | 0.63 | 1.16 | 1.54 | 1.65 | 1.76 |
| | 2 | 0.92 | 1.12 | 1.20 | 1.37 | 0.55 | 0.75 | 0.71 | 0.82 | 1.54 | 1.66 | 2.01 | 2.29 |
| | 3 | 0.98 | 1.20 | 3.25 | 1.78 | 0.59 | 0.71 | 1.94 | 1.06 | 1.65 | 2.01 | 5.45 | 2.98 |
| | 4 | 1.05 | 1.37 | 1.78 | 0.57 | 0.63 | 0.82 | 1.06 | 0.23 | 1.76 | 2.29 | 2.98 | 1.40 |
| 法罗 | 1 | 0.60 | 1.20 | 1.25 | 1.30 | 0.47 | 0.69 | 0.71 | 0.74 | 0.77 | 2.10 | 2.18 | 2.27 |
| | 2 | 1.20 | 1.28 | 1.41 | 1.53 | 0.69 | 0.86 | 0.81 | 0.87 | 2.10 | 1.92 | 2.46 | 2.67 |
| | 3 | 1.25 | 1.41 | 2.00 | 1.79 | 0.71 | 0.81 | 0.72 | 1.03 | 2.18 | 2.46 | 5.57 | 3.13 |
| | 4 | 1.30 | 1.53 | 1.79 | 1.69 | 0.74 | 0.87 | 1.03 | 0.34 | 2.27 | 2.67 | 3.13 | 8.27 |

表 4.11　第三时间段和第四时间段的结果比较

| 站名 | 第 t 月的干旱等级 | 相对概率估计结果 第 i+1 月的干旱等级 | | | | 95%置信区间 | | | | | | | |
|---|---|---|---|---|---|---|---|---|---|---|---|---|---|
| | | | | | | 左边界 | | | | 右边界 | | | |
| | | 1 | 2 | 3 | 4 | 1 | 2 | 3 | 4 | 1 | 2 | 3 | 4 |
| 埃武拉 | 1 | 1.52 | 1.01 | 0.98 | 0.95 | 1.20 | 0.59 | 0.57 | 0.56 | 1.93 | 1.72 | 1.67 | 1.63 |
| | 2 | 1.01 | 0.96 | 0.90 | 0.85 | 0.59 | 0.65 | 0.53 | 0.50 | 1.72 | 1.44 | 1.54 | 1.46 |
| | 3 | 0.98 | 0.90 | 1.28 | 0.76 | 0.57 | 0.53 | 0.48 | 0.45 | 1.67 | 1.54 | 3.47 | 1.30 |
| | 4 | 0.95 | 0.85 | 0.76 | 0.11 | 0.56 | 0.50 | 0.45 | 0.05 | 1.63 | 1.46 | 1.30 | 0.27 |
| 贝贾 | 1 | 1.50 | 1.13 | 1.05 | 0.98 | 1.20 | 0.67 | 0.63 | 0.59 | 1.89 | 1.88 | 1.76 | 1.64 |
| | 2 | 1.13 | 0.94 | 0.85 | 0.74 | 0.67 | 0.61 | 0.51 | 0.45 | 1.88 | 1.45 | 1.43 | 1.24 |
| | 3 | 1.05 | 0.85 | 1.04 | 0.56 | 0.63 | 0.51 | 0.62 | 0.34 | 1.76 | 1.43 | 1.73 | 0.94 |
| | 4 | 0.98 | 0.74 | 0.56 | 0.06 | 0.59 | 0.45 | 0.34 | 0.02 | 1.64 | 1.24 | 0.94 | 0.17 |
| 法罗 | 1 | 1.21 | 1.14 | 1.00 | 0.88 | 0.99 | 0.63 | 0.55 | 0.48 | 1.49 | 2.08 | 1.83 | 1.61 |
| | 2 | 1.14 | 0.89 | 0.68 | 0.53 | 0.63 | 0.54 | 0.37 | 0.29 | 2.08 | 1.46 | 1.24 | 0.96 |
| | 3 | 1.00 | 0.68 | 0.85 | 0.31 | 0.55 | 0.37 | 0.23 | 0.17 | 1.83 | 1.24 | 3.14 | 0.57 |
| | 4 | 0.88 | 0.53 | 0.31 | 0.19 | 0.48 | 0.29 | 0.17 | 0.02 | 1.61 | 0.96 | 0.57 | 1.87 |

# 本章参考文献

Agresti，A. Categorical Data Analysis[M]. New York：J. Wiley & Sons，1990.

Bordi，I，Sutera，A. Fifty Years of Precipitation：Some Spatially Remote Teleconnections[J]. Water Resour. Manage.，2001，15：247-280.

Bordi I，Fraedrich K，Gerstengarbe F W，et al. Potential predictability of dry and wet periods：Sicily and Elbe-Basin（Germany）[J]. Theoretical and applied climatology，2004，77：125-138.

McKee T，Doesken N J，Kleist J. The relationship of drought frequency and duration to time scales[A]. 8th Conference on Applied Climatology [C]. Boston：Am. Meteor. Soc.，1993.

McKee T B，Doesken N J，Kleist J. Drought monitoring with multiple time scales [A]. 9th Conference on Applied Climatology[C]. Boston：Am. Meteor. Soc.，1995.

Moreira E E，Paulo A A，Pereira L S，et al. Analysis of SPI drought class transitions using loglinear models[J]. Journal of Hydrology，2006，331(1-2)：349-359.

Nelder J A. Loglinear models for contingency tables：a generalization of classical least squares[J]. Appl. Statistics，1974，23：323-329.

Paulo A A，Pereira L S. Drought concepts and characterization：comparing drought indices applied at local and regional scales[J]. Water International，2006，31(1)：37-49.

Paulo A A，Pereira L S，Matias P G. Analysis of local and regional droughts in southern Portugal using the theory of runs and the Standardised Precipitation Index[J]. Tools for drought mitigation in Mediterranean regions，2003，31：55-78.

Paulo A A，Ferreira E，Coelho C，et al. Drought class transition analysis through Markov and Loglinear models，an approach to early warning[J]. Agricultural water management，2005，77(1-3)：59-81.

Pereira L S，Cordery I，Iacovides I. Coping with Water Scarcity[R]. Paris：UNESCO IHP VI，Technical Documents in Hydrology，2002.

# 第 5 章 干旱指数的随机预测

A. Cancelliere, G. Di Mauro, B. Bonaccorso, G. Rossi
意大利卡塔尼亚大学土木与环境工程系

**摘要:**与其他自然灾害不同,干旱事件在发展缓慢,其影响通常持续很长时间。如果能够及时监测即将到来的干旱,可以有效地减轻干旱的不利影响。在推荐的干旱监测指标中,标准化降水指数(SPI)被广泛应用于描述和比较不同气候条件地区、不同时间段的干旱。然而,针对 SPI 指标在干旱预测中的作用,现有研究成果仍然有限。

本章的目的是为 SPI 的季节预测提供两种方法。在第一种方法中,从当前干旱状况到未来另一种干旱状况的转移概率,以及从当前 SPI 值到干旱等级的转变过程,都是基于潜在月降水过程统计量的函数导出的。即使在相对较长的 SPI 纪录上,通常观察到的干旱转变次数也有限,因为应用频率方法或马尔可夫链方法相对困难,所以本章提出的分析方法从实际角度来看似乎特别有价值。在第二种方法中,采用条件期望分析方法,结合过去月降水量,对特定时间范围内的 SPI 进行了预测。通过均方误差表征预测精度,从而得出预测的置信区间。通过比较 SPI 的理论预测值和实际观测值,来验证该方法。根据 1921—2003 年西西里岛 40 多个雨量计的月降水量资料,将上述方法应用于 SPI 系列计算,结果证实了所提出方法的可靠性,因此上述方法可以在干旱监测中得以应用。

**关键词:**干旱;SPI;随机技术;转移概率;预测

## 5.1 引言

由于干旱具有时间上的缓慢演变特征,干旱的后果需要很长时间才能被社会经济系统察觉。正是由于干旱的这一特点,可以建立一个能够及时预测干旱发生及其时空演变特征的干旱监测预警系统( Rossi,2003),那么相比洪水、地震、飓风等其他极端水文事件,是最有可能通过预警来有效减轻灾害损失的。为此,准确选择干旱识别指标,提供干旱状况的综合和客观描述,是建立干旱监测预警系统的关键。

在几个推荐的干旱监测指数中,标准化降水指数得到了广泛应用(McKee 等,1993;

Heim，2000；Wilhite 等，2000；Rossi and Cancelliere，2002）。Guttman（1998）和 Hayes 等（1999）将 SPI 与帕尔默干旱指数 PDSI 进行了比较,得出如下结论:SPI 具有统计一致性 的优势,能够通过对降水异常的不同时间尺度计算,分别描述干旱的短期和长期影响。此 外,凭借固有的概率性质,SPI 成为进行干旱风险分析的理想选择方案（Guttman,1999）。 根据指标性能评价的 6 个加权标准(稳健性、易操作性、透明度、复杂性、可扩展性和维度)对常 见指标进行评估,结果表明,SPI 和十分位数比 PDSI 更具优势(Keyantash and Dracup,2002)。

　　虽然大多数指标旨在监测干旱的当前情况,但是其中一些指标可以用来预测干旱的演 变,以便采取适当的减灾措施和干旱政策来管理水资源。在这个框架内,Karl 等(1986)参照 帕尔默水文干旱指数（PHDI）,评估了干旱事件后恢复正常状况所需的降雨量。Cancelliere （1996）提出了出了一种基于 Palmer 指数的中短期预测方法,并通过计算当前干旱在接下来 几个月内结束的概率,验证了该方法在地中海地区的适用性。其他学者(Lohani 等,1998) 提出了一种基于一阶马尔可夫链的 Palmer 指数预测方法,该方法可以根据现状 PHDI 值预 测未来几个月的干旱情况。后来，Bordi 等（2005)比较了两种随机预测技术,即自回归模型 和一种称为伽马最高概率(Gamma Highest Probability,GAHP)的新方法,预测下个时间段 的 SPI 序列,其中 GAHP 方法预测下个月的降水量,并将伽马分布的模拟结果与观测降水 序列相拟合。他们得出结论:GAHP 方法表现更好,尤其是在春、夏两季。

　　本章利用随机技术对季节尺度 SPI 进行了预测。特别是,从一个干旱等级到另一个等 级的转移概率以及从 SPI 的当前值到干旱等级到不同时期的转移概率是作为基础月降水量 的统计特性的函数来分析推导的。鉴于马尔可夫链方法似乎不足以模拟 SPI 值的转移概率 (Cancelliere 等,2007),上述分析推导方法对于预测转移概率显然是有用的。此外,分析方 法使人们能够克服与频率分析方法相关的困难,因为频率方法的可靠性会受到可用降水系 列长度的限制。

　　此外,本章还使用了一个基于过去降水量值进行 SPI 预测的模型。更具体地说,SPI 的 中短期预测值是根据一定数量的过去观测值得出的,可建立其之间的解析表达式。根据均 方误差 MSE 来评估模型预测的准确性（Brockwell and Davis,1996),并设置预测结果的置 信区间。通过条件期望的方法预测未来 SPI,可以确保预测结果具有最小的均方误差。根 据意大利西西里岛 40 个雨量站观测到的历史序列,对模型进行了验证,其中参数估计采用 移动窗口方案。

## 5.2　标准化降水指数 SPI

　　SPI 能够考虑干旱现象发生的不同时间尺度,由于其进行了标准化,特别适合用于比较 不同时间段和不同气候条件地区的干旱情况(Bonaccorso 等,2003)。

　　该指数基于将每月总降水量等概率转变为标准正态变量。在实践中,SPI 的计算需要 根据累计月降水量序列(例如 $k=3$、6、12、24 等),进行概率分布拟合,然后计算与这些累积值的非超越概率,并定义相应的标准正态分位数作为 SPI。McKee 等(1993)假设累积降水量服从 Gamma 分布,并使用最大似然法估计参数。

虽然 McKee 等(1993)最初提出的基于 SPI 的分类仅限于干旱期,但目前已经习惯于使用该指数对湿润期进行分类。表 5.1 展示了根据国家抗旱中心(NDMC)提供的 SPI 进行的气候分类,http://drought.unl.edu)。此外,还列出了 SPI 在每个区间下的概率 $p$。目前的工作重点是预测干旱状况,因此本章将接近正常的干旱以及湿润期情况均归为一类,即"无旱"。

表 5.1 基于 SPI 指数的干湿期划分

| 指标数值 | 干湿等级 | 概率 | $\Delta p$ | 备注 |
|---|---|---|---|---|
| SPI ≥ 2.00 | 极端湿润 | 0.977~1.000 | 0.023 | |
| 1.50 ≤ SPI < 2.00 | 严重湿润 | 0.933~0.977 | 0.044 | |
| 1.00 ≤ SPI < 1.50 | 轻度湿润 | 0.841~0.933 | 0.092 | 无旱 |
| −1.00 ≤ SPI < 1.00 | 几乎正常 | 0.159~0.841 | 0.682 | |
| −1.50 ≤ SPI < −1.00 | 轻度干旱 | 0.067~0.159 | 0.092 | |
| −2.00 ≤ SPI < −1.50 | 严重干旱 | 0.023~0.067 | 0.044 | |
| SPI < −2.00 | 极端干旱 | 0.000~0.023 | 0.023 | |

## 5.3 干旱等级转移概率的解析推导

### 5.3.1 干旱类别之间转变的概率

本章用 $Z_{v,\tau}^{(k)}$ 来表示第 $v$ 年第 $\tau$ 月的 SPI 值(时间尺度为 $k$),用 $C_i$ 来表示干旱等级,例如 $C_1$=极端干旱,$C_2$=严重干旱,$C_3$=中等干旱,$C_4$=无旱。如果当月的 SPI 值位于类别 $C_i$ 内,那么 $M$ 个月后的 SPI 值位于类别 $C_j$ 内的概率可以如下表示(Mood 等,1974):

$$P[Z_{v,\tau+M}^{(k)} \in C_j \mid Z_{v,\tau}^{(k)} \in C_i] = \frac{\iint_{C_i,C_j} f_{Z_{v,\tau}^{(k)},Z_{v,\tau+M}^{(k)}}(t,s)\,\mathrm{d}t\,\mathrm{d}s}{\int_{C_i} f_{Z_{v,\tau}^{(k)}}(t)\,\mathrm{d}t} \tag{5.1}$$

式中,$f_{Z_{v,\tau}^{(k)},Z_{v,\tau+M}^{(k)}}(\cdot)$ 是 $Z_{v,\tau}^{(k)}$ 和 $Z_{v,\tau+M}^{(k)}$ 的联合密度函数,$f_{Z_{v,\tau}^{(k)}}(\cdot)$ 是 $Z_{v,\tau}^{(k)}$ 的边缘密度函数。$t$ 和 $s$ 是积分虚拟变量。

因为,根据定义,SPI 作为标准正态变量具有边缘分布特征,因此假设等式(5.1)中的联合密度函数为二元正态,即:

$$f_{Z_{v,\tau}^{(k)},Z_{v,\tau+M}^{(k)}}(t,s) = \frac{1}{2\Pi|\Sigma|} \cdot \exp\left(-\frac{1}{2}X^{\mathrm{T}}\Sigma^{-1}X\right) \tag{5.2}$$

式中,$X=[t,s]^{\mathrm{T}}$,$\Sigma$ 代表协方差矩阵:

$$\Sigma = \begin{bmatrix} 1 & \mathrm{Cov}(Z_{v,\tau}^{(k)},Z_{v,\tau+M}^{(k)}) \\ \mathrm{Cov}(Z_{v,\tau}^{(k)},Z_{v,\tau+M}^{(k)}) & 1 \end{bmatrix} \tag{5.3}$$

因此,式(5.1)中 $\mathrm{Cov}(Z_{v,\tau}^{(k)},Z_{v,\tau+M}^{(k)})$ 为自协方差。这种自协方差可以经 SPI 系列的可用样本有效地估计出来。或者,在某些假设下,可以推导出自协方差的解析表达式,作为下垫面降水统计的函数。一般来说,由于 SPI 计算的等概率变换,这种推导并不简单,但是通过假设月降水量按时间尺度 $k$ 正态分布聚集,可以通过简单的标准化程序来计算 SPI:

$$Z_{v,\tau}^{(k)} = \frac{Y_{v,\tau}^{(k)} - \mu_\tau^{(k)}}{\sigma_\tau^{(k)}} \tag{5.4}$$

$Y_{v,\tau}^{(k)} = \sum\limits_{i=0}^{k=1} X_{v,\tau-i}$ 为 $k$ 月尺度累积降水量。

通过假设第 $\tau$ 月的累积降水量平均值为 $\mu_\tau$,则相应的 $Y_{v,\tau}^{(k)}$ 总降水量的平均值为:

$$\mu_\tau^{(k)} = \sum\limits_{i=0}^{k=1} \mu_{\tau-i} \tag{5.5a}$$

此外,如果 $\sigma_\tau^2$ 是第 $\tau$ 月降水量的方差,假设降水量值在时间上不相关,相应的累积降水量 $Y_{v,\tau}^{(k)}$ 的标准差是:

$$\sigma_\tau^k = \sqrt{\sum\limits_{i=1}^{k-1} \sigma_{\tau-i}^2(x)} \tag{5.5b}$$

替换式(5.4)得:

$$Z_{v,\tau}^{(k)} = \frac{\sum\limits_{i=0}^{k-1} X_{v,\tau-i} - \sum\limits_{i=0}^{k-1} \mu_{\tau-i}}{\sqrt{\sum\limits_{i=0}^{k-1} \sigma_{\tau-i}^2}} \tag{5.6}$$

因此,自协方差可表示为:

$$\mathrm{Cov}(Z_{v,\tau}^{(k)},Z_{v,\tau+M}^{(k)}) = \frac{1}{\sqrt{\sum\limits_{i=0}^{k-1}\sigma_{\tau+M-i}^2 \sum\limits_{j=0}^{k-1}\sigma_{\tau-i}^2}} \cdot \sum\limits_{i=0}^{k-1}\sum\limits_{j=0}^{k-1} \mathrm{Cov}(X_{v,\tau+M-i},X_{v,\tau-i}) =$$

$$\frac{1}{\sqrt{\sum\limits_{i=0}^{k-1}\sigma_{\tau+M-i}^2 \sum\limits_{j=0}^{k-1}\sigma_{\tau-i}^2}} \cdot \sum\limits_{i=0}^{k-M-1}\sigma_{\tau-i}^2 \tag{5.7}$$

通过替换方差—协方差矩阵中的式(5.7),则有:

$$\sum = \begin{bmatrix} 1 & \dfrac{\sum\limits_{i=0}^{k-M-1}\sigma_{\tau-i}^2}{\sqrt{\sum\limits_{i=0}^{k-1}\sigma_{\tau+M-i}^2 \sum\limits_{j=0}^{k-1}\sigma_{\tau-j}^2}} \\[3em] \dfrac{\sum\limits_{i=0}^{k-M-1}\sigma_{\tau-i}^2}{\sqrt{\sum\limits_{i=0}^{k-1}\sigma_{\tau+M-i}^2 \sum\limits_{j=0}^{k-1}\sigma_{\tau-j}^2}} & 1 \end{bmatrix} \tag{5.8}$$

最后,通过将式(5.8)与式(5.1)和式(5.2)相结合,就可以用月降水量的方差来表示 SPI 转移概率。尽管月降水量的正态性假设可能具有局限性,但值得注意的是,根据中心极限定理,这一假设被证明是合理的,尤其是当时间尺度 $k$ 值较高时。

## 5.3.2  从 SPI 值到干旱等级的转移概率

利用式(5.1)能够推导出未来从一个干旱等级到另一个干旱等级的转移概率。然而,这里的转移概率可能被认为应该受到 SPI 具体取值的影响,而不仅仅是干旱等级的影响。例如,从中等干旱($-1.5 <$ SPI $< -1$)转变到无旱( SPI-1)的概率,或多或少取决于 SPI 值更接近等级上限还是更接近等级下限。因此,为了计算从 SPI 的具体值到未来干旱等级的转移概率,有必要推导出一个解析表达式。相对于前一种仅考虑干旱等级的方法,该方法能够考虑特定过去值对预测结果的影响。

我们将随机变量定义为:

$$Z = Z_{v,\tau+M} \mid Z_{v,\tau}$$

根据 SPI 的定义,变量 $Z_{v,\tau}$ 和 $Z_{v,\tau+M}$ 服从均值为零、方差为 1 的正态分布,因此,根据多元正态分布众所周知的统计特性,可以假设 $Z$ 满足均值和方差的二元正态条件分布(Mood 等,1974)。

$$\mu_Z = \mu_{Z_{v,\tau+M}} + (\rho \cdot \sigma_{Z_{v,\tau+M}}/\sigma_{Z_{v,\tau}})(Z_{v,\tau} - \mu_{Z_{v,\tau+M}}) = \rho \cdot Z_{v,\tau} \tag{5.9}$$

$$\sigma_Z^2 = \sigma_{Z_{v,\tau+M}}^2 (1-\rho^2) = 1-\rho^2 \tag{5.10}$$

式中,$\rho$ 可以通过实测值序列直接计算(当前 $\tau$ 月和 $\tau + M$ 月 SPI 序列之间的相关系数),或者利用前面式(5.7)中的为自协方差方程。

接下来,从第 $\tau$ 月的 SPI 值 $Z_0$ 演变到未来 $M$ 个月后的干旱等级 $C_0$ 的转移概率,可由下式给出:

$$P[Z_{v,\tau+M} \in C_0 \mid Z_{v,\tau} = z_{v,\tau}] = \int_{C_{0i}}^{C_{0s}} \frac{1}{\sqrt{2\pi}\sigma_Z} \cdot e^{-\frac{1}{2}\left(\frac{x-\rho Z_{v,\tau}}{1-\rho^2}\right)^2} dx \tag{5.11}$$

式中,$C_{0i}$ 和 $C_{0s}$ 分别是所考虑的干旱等级 $C_0$ 的下限 SPI 值和上限 SPI 值。

尽管所提出的用于估计转移概率的分析方法明显复杂,但是应该指出,该方法得出的结果通常比其他方法获得的结果更可靠,例如针对历史样本中观测的干旱等级转变进行频率分析,或者在马尔可夫链方案中的应用(Cancelliere 等,2007)。

## 5.4  SPI 预测

从随机性的角度看,预测随机变量未来值的问题,相当于由过去的观测结果确定未来值的概率密度函数。一旦条件分布已知,预测值通常为这种分布的期望值或分位数,并且可以计算预测值的置信区间。

考虑一系列随机变量 $Y_1, Y_2, Y_t$，并确定一个函数 $f(Y_1, Y_2, Y_t)$，利用该函数可以最小的误差来预测未来值 $Y_{t+M}$，其中误差通常采用均方误差 MSE 来表示（Brockwell and Davis，1996），其公式如下：

$$\text{MSE} = E\left[Y_{t+M} - (f(Y_1, Y_2, \cdots, Y_t))^2\right] \tag{5.12}$$

可以看出，使 MSE 最小化的函数 $f(\cdot)$，是以 $Y_1, Y_2, Y_t$ 为预测条件的 $Y_{t+M}$ 的期望值，即：

$$f(Y_1, Y_2, \cdots, Y_t) = E[Y_{t+M} \mid Y_1, Y_2, \cdots, Y_t] \tag{5.13}$$

如果可以计算条件期望，那么上述公式可以导出预测的"最佳结果"。此外，值得注意的是，如果 $Y_{t+M}$ 独立于 $Y_1$、$Y_2$、$Y_t$，那么 $Y_{t+M}$ 的最佳预测值是其期望值，此外，预测的 MSE 仅仅是 $Y_{t+M}$ 的方差。

除了均方误差 MSE 外，提高量化预测准确性的另一个实用方法是估计预测的置信区间，即包含固定概率 $1-a$（例如 95%）的未来观测值的区间。显然，区间越宽，预测的准确性越低，反之亦然。SPI 预测的置信区间可以根据指数的内在正态性，结合实际观测数据来估计，由于预测方法是无偏的，其方差与均方误差 MSE 相一致。因此，包含固定概率 $1-a$ 的置信上限 $Y_1$ 和置信下限 $Y_2$，可通过下式计算：

$$Y_1, {}_2 = \tilde{Y} \pm \sqrt{\text{MSE}} \cdot \mu_{1-\frac{a}{2}} \tag{5.14}$$

式中，为简化起见，$\tilde{Y}$ 代表通用预测，$\mu(\cdot)$ 代表概率为 $1-a/2$ 的标准正态随机变量的分位数。

本章定义 $Z_{v,\tau}^{(k)}$ 为 $v$ 年 $\tau$ 月的 SPI 值，其中 $\tau = 1, 2, \cdots, 12$，$k$ 为分析的时间尺度。这里的分析主要是为了确定 $Z_1$ 之前 $M$ 个月的条件分布及其期望值，此处以过去观测值 $Z_2$ 为计算基础，即以下条件变量的分布：

$$Z_{1|2} = Z_{v,\tau+M}^{(k)} \mid Z_{v,\tau}^{(k)}, Z_{v,\tau-1}^{(k)}, \cdots, Z_{v,\tau-\theta+1}^{(k)} \tag{5.15}$$

条件概率密度函数 $Z_{1|2}$ 定义如下：

$$f_{Z_{1|2}}(Z_{1|2}) = \frac{f_Z(Z)}{f_{Z_2}(Z_2)} \tag{5.16}$$

式中，$f_Z(Z)$ 是随机变量的多元偏微分方程，$f_{Z_2}(Z_2)$ 是 $Z_2$ 的联合密度函数。

正如前文所提到的，根据定义，SPI 服从标准正态变量的边际分布，所以可以假设：$Z$ 是具有均值为零，方差—协方差矩阵为 $\sum$ 的多元正态变量。方差—协方差矩阵 $\sum$ 计算如下：

$$\sum = \begin{bmatrix} \sum_{11} & \sum_{12} \\ \sum_{21} & \sum_{22} \end{bmatrix} \tag{5.17}$$

其中：

$$\sum\nolimits_{11} = \text{Var}[Z_1] = 1 \tag{5.18}$$

$$\sum\nolimits_{12} = \sum\nolimits_{21}^{t} = \mathrm{Cov}[Z_1, Z_2] \qquad (5.19)$$

根据上述公式特点，$Z_{12}$ 的条件密度函数本身是正态的，而且 SPI 的平均值为零，由此得出 $Z_{12}$ 的期望值如下：

$$E[Z_{1|2}] = \sum\nolimits_{12} \cdot \sum\nolimits_{22}^{-1} Z \qquad (5.20)$$

式中，$Z$ 是过去观测值，式(5.19)给出了未来值的最佳预测结果。此外，可以看出上述估计是无偏的，因此此预测的均方误差与 $Z_{12}$ 的方差一致，$Z_{12}$ 的方差由下式给出（Kotz et al., 2000）：

$$\mathrm{MSE} = \mathrm{Var}[Z_{1|2}] = 1 - \sum\nolimits_{12} \cdot \sum\nolimits_{22}^{-1} \cdot \sum\nolimits_{21} \qquad (5.21)$$

显然，如果 $Z_{v,\tau+M}^{(k)}$ 与 $Z_{v,\tau}^{(k)}$，$Z_{v,\tau-1}^{(k)}$，$\cdots$，$Z_{v,\tau-\theta}^{(k)}$ 等序列不相关，那么 $Z_{v,\tau+M}^{(k)}$ 的最佳预测就是它的期望值，因此，预测的 MSE 只是 $Z_{v,\tau+M}^{(k)}$ 的方差。

如果 $\theta=1$，即预测仅仅基于当前值，那么式(5.19)可简化如下：

$$\tilde{Z}_{v,\tau+M}^{(k)} = E[Z_{v,\tau+M}^{(k)} \mid Z_{v,\tau}^{(k)} = Z_{v,\tau}^{(k)}] = \rho \cdot Z_{v,\tau}^{(k)} \qquad (5.22)$$

同时，均方误差变成为：

$$\mathrm{MSE} = \mathrm{Var}[Z_{v,\tau+M}^{(k)} \mid Z_{v,\tau}^{(k)} = Z_{v,\tau}^{(k)}] = 1 - \rho^2 \qquad (5.23)$$

式中，$\rho$ 为 $Z_{v,\tau}^{(k)}$ 和 $Z_{v,\tau+M}^{(k)}$ 的相关系数。

## 5.5 在西西里地区实测降水序列中的应用

上节提出的方法已被应用于西西里地区 40 个雨量站 1921—2003 年的月降水量数据分析中，选定的站点包含在西西里地区水文办公室网站上发布的干旱监测公告中。

### 5.5.1 转移概率的评估

通过固定预测时间范围 $M$（月）和分析尺度 $k$ 的几个组合，对于每个站，从第 $t$ 月 SPI 转变第 $t+M$ 月 SPI 的转移概率已经通过式(5.1)计算得出。本章采用 MULNOR 算法 (Schervish, 1984) 计算了式(5.1)中的二重积分，该二重积分表征了累积分布函数的正态联合分布。

图 5.1 给出了 40 个站在 $M=6$ 和 $k=24$ 时的转移概率平均值，来作为第 $t$ 月的函数。特别的是，本章考虑了初始和最终干旱条件(极端干旱、严重干旱、中等干旱、无旱)在不同组合下的转移概率。为了在图中显示不同站点之间转移概率的可变性，在相同的曲线图中，与 $\pm 1$ 个标准偏差相关的限值用虚线表示。可以看出，转移概率在月份之间有变化，在站点之间也有变化(如限值宽度所指示的)。由实线表示的保持在极端干旱等级(Ex / Ex)的平均概率值，从 60%(2—3 月的转变)到 25%(8—9 月的转变)不等。保持在无旱等级的平均概率值(N/N)在几个月中具有可变性，因为其范围从 95%(2—3 月的转变)到 90%(8—9 月的转变)不等。

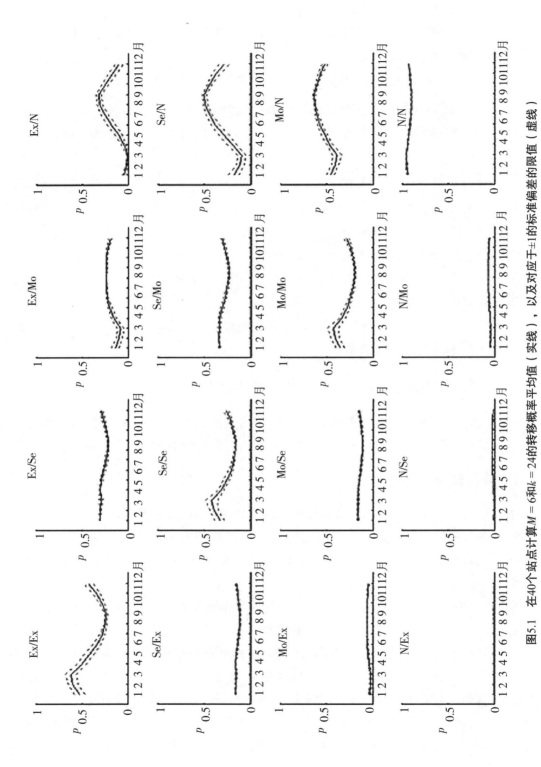

图5.1　在40个站点计算 $M=6$ 和 $k=24$ 的转移概率平均值（实线），以及对应于±1的标准偏差的限值（虚线）

在由图形构成的矩阵的下三角部分,从一类干旱到另一类干旱的转移概率非常低。可以得出如下结论:与从干旱月份开始相比,从湿润月份开始,未来 $M$ 个月(沿对角线绘制)保持相同干旱等级的概率更高,反之,保持正常状态的概率更低。

考虑到从湿润月份开始,当分析时间范围为 6 个月时,降水量能够恢复正常状态的概率是非常低的,这也证明了上述分析结果是合理的。相反,从干旱月份开始,则很有可能观测到在 6 个月内修复干旱的降水量正常值。

为了分析累积降水的时间尺度 $k$,以及预测时间范围 $M$ 对干旱转移概率的影响,对 40 个台站计算的转移概率进行了平均化处理,并作为最终类别和 $M$ 值的函数,在特定起始月份和特定类别的 3D 图上进行了展示。图 5.2 显示了与极端干旱相对应的情况,以 8 月作为开始月份,$k=6$、12 和 24。图 5.3 显示了 2 月作为开始月份的类似 3D 图。

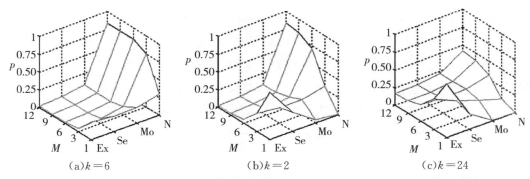

(a)$k=6$          (b)$k=2$          (c)$k=24$

**图 5.2  将在 40 个站点上计算得到的平均转移概率作为预测时间跨度 $M$ 的函数**
*(起始干旱类别为极端干旱,起始月份为 8 月)*

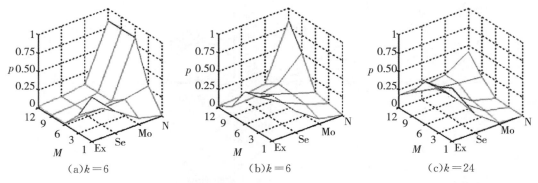

(a)$k=6$          (b)$k=6$          (c)$k=24$

**图 5.3  将在 40 个站点上计算得到的平均转移概率作为预测时间跨度 $M$ 的函数**
*(起始干旱类别为极端干旱,起始月份为 2 月)*

可以看出,随着预测时间跨度 $M$ 的增加,保持在同一类别干旱的概率通常会减少,而向无旱状态的转移概率则表现出相反的行为。此外,随着降水累积时间尺度 $k$ 的增加,保持在同一类别干旱的概率增加,而恢复到无旱状态的转移概率通常减少。最后,通过比较与 8 月相关的转移概率和与 2 月相关的转移概率,可以推断,从 8 月开始的干旱状态恢复,通常比从 2 月开始的更容易恢复为无旱。

　　当关注点转向计算从当前 SPI 的一个值到未来干旱等级的转移概率时,应用式(5.11)进行了计算。特别地,通过固定开始月份 $t$,降水累积时间尺度 $k$(3、6、9、12 和 24)、预测时间跨度 $M$(1、3、6、9、12 和 24)和未来的干旱等级 $C_0$,可以计算出相应的转变到不同 SPI 值的概率。

　　图 5.4 和图 5.5 展示了不同干旱等级(极端干旱、严重干旱、中等干旱、无旱)的平均转移概率,作为当前 SPI 值的函数,转移概率是基于所考虑的 40 个站的降水序列计算得到的。为清楚起见,仅绘制了对应于 $-3 \leqslant Z_\tau \leqslant 0$ 的部分图。此外,每个应用程序都是参照两个开始月份执行的,即 2 月和 8 月。

　　图 5.4 显示了降水累积时间尺度 $k=9$,分析了不同预测时间跨度 $M$(1、3、6 个月)下的转移概率。图 5.5 显示了对于固定时间跨度 $M=6$ 个月时,对应于降水累积时间尺度 $k$(9、12、24 个月)的转移概率。

　　从这两个图中,可以推导出类似于先前获得的从一个类别干旱到另一个类别干旱的转移概率的结果。事实上,随着预测时间范围 $M$ 的增加,保持在同一个类别中的概率降低,而向无干旱状态的转移概率表现出相反的行为。例如,图 5.4 左侧的第一个图表示向极端干旱等级的转变,可以清楚地观察到,对于一个当前极端干旱情况,即 SPI$<-2$,转移概率随着 $M$ 的增加而降低,而对于所有其他水文气象条件,即 SPI$>-2$,转移概率随着 $M$ 的增加而增加,即使在这种情况下,这些值都非常低(小于 0.20)。

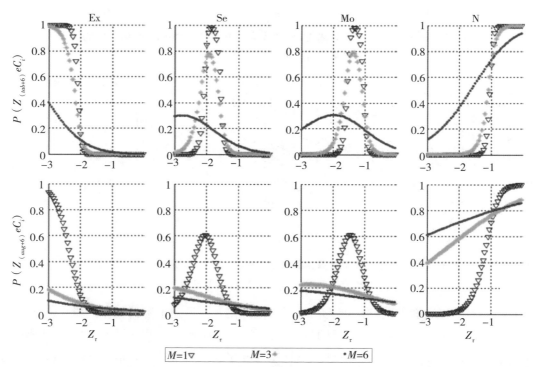

**图 5.4** 将在 **40** 个站点上计算的从 **SPI**$_{Zt}$ 到干旱等级 $C_i$ 的平均转移概率,作为预测时间 跨度 $M$ 的函数

(开始月份为 2 月和 8 月;时间尺度 $k=9$ 个月)

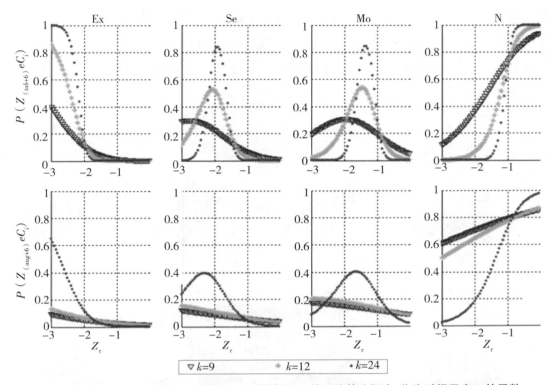

**图 5.5** 将在 **40** 个站上计算的从 $\mathbf{SPI}_{Zt}$ 到干旱等级 $\boldsymbol{C_i}$ 的平均转移概率,作为时间尺度 $\boldsymbol{k}$ 的函数

(起始月份为 2 月和 8 月)

右侧的最后一幅图代表向正常状态(无旱)的转变,可以看出,随着 $M$ 的增加,SPI$<-1$ 的概率增加,而 SPI$>-1$ 的概率减少。

图 5.5 显示了降水累积时间尺度 $k$ 对 $M=6$ 的转移概率的影响。正如预期的那样,可以看到,随着 $k$ 的增加,保持在同一类干旱的概率普遍增加,向不同类干旱的转移概率减少。

从这两个图可以看出,干旱转移概率几乎与 $M$ 和 $k$ 无关,因为当前 SPI 值接近未来转变类别的 SPI 下限。

另一个重要的结论是:同一个起始类的干旱中,干旱转移概率具有高度可变性。例如,在图 5.4 中,从 8 月开始(见第 2 行第 4 列中用三角形标记的线),1 个月后进入无旱状态的概率从 $Z_\tau=-1.5$ 的值 20% 增加到 $Z_\tau=-1$ 的值 70% 不等,这对于同一起始干旱等级,结果具有相当大的差异。

通过考虑图 5.5,从 2 月开始的 24 个月内(见第 1 行第 2 列中用圆圈标记的线)开始,在 6 个月后保持极端干旱的概率从 $Z_\tau=-2$ 的 80% 下降到 $Z_\tau=-1.5$ 的 20%。

为了强调这一特性,图 5.6 显示了同一干旱等级中两个不同 SPI 值的转移概率,即 $Z_t=-2.95$ 和 $-2.05$。特别地,三维图形表示不同累积时间尺度 $k$ 下转移概率($z$ 轴)相对于时间跨度 $M$($x$ 轴)和干旱等级 $C_i$($y$ 轴)的变化,并将 2 月固定为起始月份。例如,对于降水累

积时间尺度 $k=12$ 和预测时间跨度 $M=9$ 的情况,可以注意到转变到无旱的概率如何从 $Z_t=-2.95$ 的 $35\%$ 增加到 $Z_\tau=-2.05$ 的 $60\%$,该结果正如预期的那样,因为第二种状态(转变到无旱)比其他状态更不极端。对于其他降水累积时间尺度和预测时间跨度,也可以获得类似的特征。

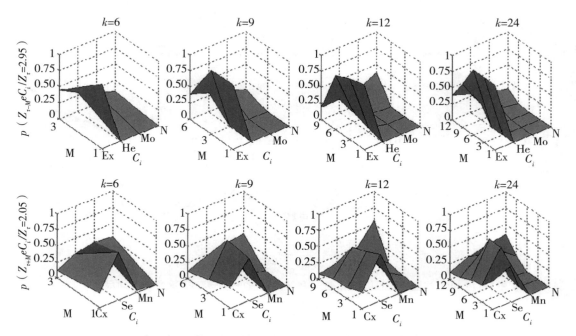

**图 5.6　将在 40 个点上计算的平均转移概率作为预测时间跨度 $M$ 和干旱等级 $C_i$ 的函数**

(起始 SPI:第一行为 $-2.95$,第二行为 $-2.05$;起始月份为 2 月)

### 5.5.2　SPI 预测

将不同的降水累积时间尺度 $k(k=6$、$9$、$12$ 和 $24)$,以及不同的预测时间跨度 $M(M=3$、$6$、$9$ 和 $12)$ 应用于所提出的预测模型。

首先,计算了所有 40 个站的理论 MSE 值[见式(5.20)]。特别地,对于每个可用的序列,计算了 SPI 值,并通过特定参数 $t$、$k$、$\theta$ 和 $m$ 的样本,估计了方差—协方差矩阵[见式(5.16)]。

图 5.7 展示了不同初始月份的月 MSE 值的箱线图,其中 MSE 值作为一定数量过去观测数据的函数,可用于计算预测值。

MSE 的计算考虑了降水累积时间尺度 $k=6$ 和预测时间跨度 $M=3$。每个箱线图的总高度表示不同站之间 MSE 的变化。正如预期的那样,由于采用了大量过去的观测数据,预测模型的性能通常会提高(降低 MSE),尽管 MSE 的降低会受到初始月份的影响。

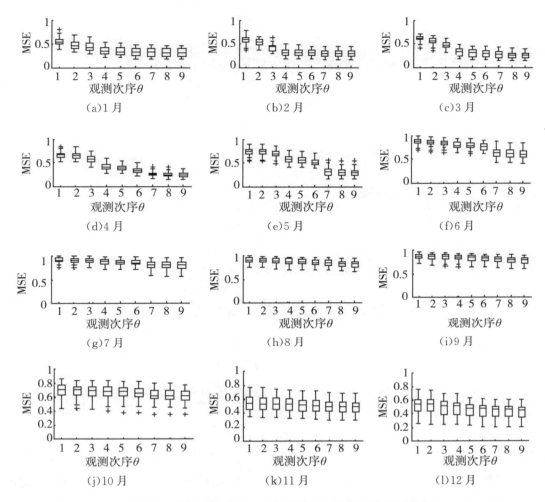

**图 5.7 MSE 预测值与不同初始月份过去观测次序 $\theta$ 之间的函数箱线图($k=6$,$M=3$)**

正如 Canceler 等(2005)指出的那样,这反映了 SPI 自协方差函数中固有的季节性。从图中可以推断,对于 $\theta > 7$ 的所有情况,预测的性能没有得到显著提高,因此这样的值似乎是优选的。$k$ 和 $M$ 的不同组合得出的结果类似,因此在下文中采用了 $\theta = 7$。

然后,通过比较 1921—2003 年通过式(5.19)计算的预测 SPI 与实测 SPI,对预测模型进行了检验。例如,图 5.8 显示了 40 个站中的 1 个站(Caltanissetta)的 SPI 观测值和预测值之间的比较,其中设置了降水累积时间尺度 $k$ 和预测时间跨度 $M=3$ 的不同组合。图 5.8 还显示了由式(5.14)估计的 95% 置信区间。

根据图 5.8 可以推断,SPI 观测值和预测值之间有较好的一致性,几乎所有观测值都在置信范围内。正如预期的那样,当固定参数 $M$ 时,随着 $k$ 值的增加,预测的准确性会下降。

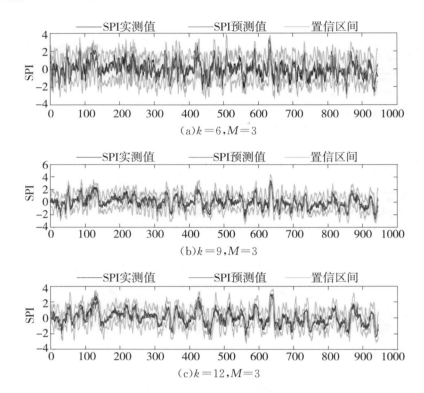

图 5.8　不同降水累积时间尺度 $k$ 下 Caltanissetta 站 SPI 实测值和预测值的比较

## 5.6　结论

干旱监测和预测是科学实施抗旱措施,减少干旱不利影响的重要工具。了解某一地区从一种干旱等级转变到另一干旱等级的概率,将干旱指数预测和相关置信区间结合进行分析,可为抗旱决策提供支持,因为可以根据当前干旱状况下的可能演变结果,选择合适的抗旱措施。

本章介绍了基于随机方法的干旱转移概率计算(从一个干旱等级到另一个干旱等级,从当前 SPI 值到某一干旱等级)。同时,还介绍了根据过去的降水预测未来 SPI 的方法,提出了预测均方误差的解析表达式,这使人们能够推导出预测值的置信区间。

通过固定干旱起始月份和干旱等级,将其作为干旱最终等级和 $M$ 值的函数,分析了 40 个站的参数 $k$ 和 $M$ 对干旱等级转移概率的影响。此外,固定 SPI 起始值进行的分析结果表明,计算转移概率时,重点在于考虑 SPI 的当前具体值,而不是当前的干旱等级。事实上,干旱转移概率受到同一起始月 SPI 取值的重要影响。因此,考虑起始 SPI 值而不是起始干旱等级可以显著改进未来干旱等级的预测结果。

由于实际观测到的 SPI 序列长度通常是有限的,应用频率分析的方法存在困难,即使在相对较长的 SPI 纪录上亦是如此。因此,从实际应用角度看,本章所提出的计算干旱转移概率的方法特别有价值。事实上,观测干旱等级转变次数时,通常其序列长度不足以进行可靠的频率计算,此外,在某些情况下,实际观测的干旱等级转变事件缺乏可能会导致错误的结论,即导致干旱转变的发生概率为零,这显然是不正确的。此外,分析方法的应用使人们能够始终估计转移概率,即使是从相对较短的实测纪录中也可以计算,这是因为研究人员采用整个降水序列,而不仅仅是少数观察到的干旱转变事件。关于马尔可夫链假设在 SPI 值干旱等级转变模型中的适用性,Cancellier 等(2007)的研究表明,这种假设通常是无效的。

本章比较西西里地区相同 40 个站,基于观测降水的 SPI 值与相应的预测值,对预测模型进行了验证。结果表明,观测值和预测值之间有较好的一致性,一些评价预测性能的指标值也证实了这一点,这表明该模型适用于干旱的中短期预测。目前研究人员正在研究通过考虑大规模气候指数等外部协变量,来提高模型的预测能力。

## 本章参考文献

Bonaccorso B,Bordi I,Cancelliere A,et al. Spatial variability of drought:an analysis of the SPI in Sicily[J]. Water resources management,2003,17:273-296.

Bordi I,Fraedrich K,Petitta M,et al. Methods for predicting drought occurrences [A]. Proceedings of the 6th International Conference of the European Water Resources Association[C]. Menton:[s. n.],2005.

Brockwell P J,Davis R A. Introduction to time series and forecasting[M]. New York:Springer,1996.

Cancelliere A,Mauro G D,Bonaccorso B,et al. Drought forecasting using the standardized precipitation index[J]. Water resources management,2007,21:801-819.

Cancelliere A,Di Mauro G,Bonaccorso B,et al. Stochastic forecasting of standardized precipitation index[A]. Proceedings of XXXI IAHR Congress Water Engineering for the future:Choice and Challenges[C]. Seoul:[s. n.],2005.

Cancelliere A,Rossi G,Ancarani A. Use of Palmer Index as drought indicator in Mediterranean regions[A]. Proceedings of XXXI IAHR Congress From flood to drought [C]Seoul:[s. n.],1996.

Guttman N B. Comparing the palmer drought index and the standardized precipitation index 1[J]. JAWRA Journal of the American Water Resources Association,1998,34(1):

113-121.

Guttman N B. Accepting the standardized precipitation index：a calculation algorithm 1[J]. Journal of the American Water Resources Association，1999，35(2)：311-323.

Hayes M J，Svoboda M D，Wiihite D A，et al. Monitoring the 1996 drought using the standardized precipitation index[J]. Bulletin of the American meteorological society，1999，80(3)：429-438.

Heim R R. Drought indices：a review[A]. Wilhite D A. Drought：a global assessment [C]. London：Routledge，2000.

**第 2 部分**

# 利用农业气象指数描述干旱特征

# 第 6 章　在区域干旱监测中采用新的农业干旱指标

A. Matera，G. Fontana，V. Marletto，F. Zinoni，

L. Botarelli，F. Tomei

意大利艾米利亚-罗马涅地区博洛尼亚环境保护署水文气象局

**摘要：**区域干旱管理必须使用合适的干旱监测、分析、决策工具。$DT_x$ 是一种新的农业干旱指标，该指标是从水量平衡模型计算出的每日蒸散发损耗中得来的，现已在 3 个地中海地区进行了测试，应用效果较好。CRITeRIA 水量平衡模型中既采用了 $DT_x$ 运算的新模块，还采用了 WOFOST 方法用于模拟谷物产量方法中的新算法。为了量化该指标在统计中显示的异常之处，还将 $DT_x$ 值与档期气候情况进行了对比分析。因此，$DT_x$ 可与雨量指标和水文指标结合使用，以更好地描述不同类型干旱的影响。为支持当地政府与供水部门确立水资源管理计划，将干旱信息收集在特定的数据库中，并通过专门网站实现信息传播共享。该计划的目标是确定示范区域，建立适当的监测和预警系统来帮助决策，提出积极的干旱应对措施，分享传播干旱有关知识，增强居民抗旱意识。

**关键词：**干旱指标；$DT_x$；干旱观测站；抗旱措施；艾米利亚-罗马涅地区

## 6.1　概论

过去几年，干旱的频发及其带来的巨大损失，促使艾米利亚-罗马涅地区的相关机构更加重视干旱现象。随着艾米利亚-罗马涅地区水资源保护计划（2006）的通过，根据国家 L. D. 152/99 和欧盟指令 2000/60，该地区现已有工具可以实现其内陆和沿海水域环境质量目标，并保证长期可持续供水。然而，从干旱层面讲，尚需要在制定抗旱指导政策前，起草一项干旱管理方案。目前方案所需要的相关工具已被确定，可实现干旱的监测、评估及抗旱应对。除了监测气象、水文和气压等参数外，干旱分析方法、干预的指标和阈值也已经或正在被确定。地区环境保护署 ARPA-SIM 不仅在各个行动和研究领域参与了该项目的起草工作，还致力于确立适合不同土壤、地域情况的新农业干旱指标（$DT_x$）。在 INTERREG 项目 SEDEMED II 期间，文献研究成果及建模领域的相关经验中已经详细阐述了 $DT_x$ 指标。

$DT_x$ 指数和监测网络数据的其他详细资料,可在"干旱观测站"网站上查阅,艾米利亚-罗马涅地区的干旱管理方案已将该数据资料作为干旱现状信息的第一来源。"干旱观测站"网站是基于区域间项目而开发的,其内容包括干旱应对措施,具体由各地区和各相关部门分别实施。

## 6.2 农业干旱的新指标

### 6.2.1 指标的说明

干旱并非一个表述明确的简单现象。事实上,在相关文献中,学者们(Boken 等,2005)对干旱的表述超过了 150 种。

根据美国国家干旱减灾中心 2003 年的定义(NDMC,2003),农业干旱是指降水缺乏或灌溉可用水量不足以及大气蒸发量高导致土壤水分不足的现象。农业干旱将气象干旱和水文干旱的特征与其对作物的影响联系在一起,主要发生在降雨量不足、实际蒸腾量和潜在蒸腾量间存在差异、土壤水分亏缺、地下水可用量下降等情况下(Byun and Wilhite,1999)。农作物对水分的需求取决于大气条件、农作物物种的生物学特性、作物生长阶段、土壤的物理和生物特性及其含水量等(De Wit,1986)。

与最大蒸腾量 $T_m$ 相比,土壤水分不足会导致农作物叶孔关闭,从而降低其有效蒸腾量 $T_e$,光合同化作用减少导致农作物的生长速度和最终产量显著下降(Zinoni and Marletto,2003)。只有在土壤含水量不会影响蒸腾作用,以及其他诸如营养不良、寄生虫、病害、杂草或其他不利气候现象等因素不会影响农作物生长时,才可以实现全部的有效生产潜力(De Wit,1958)。众所周知,最大蒸腾量取决于潜在蒸散发量和植物叶面的生长阶段,其中潜在蒸散发量取决于大气条件,叶面生长阶段可通过叶面积指数 LAI 进行测量。然而,有效蒸腾量 $T_e$ 取决于最大蒸腾量 $T_m$ 的强度、作物类型以及土壤中可供根系吸收的水量(Dorenboos and Kassam,1979)。

因此,对农业干旱而言,准确的定义要求呈现出从幼苗到成熟等不同生长阶段中下不同作物的干旱敏感性。关于蒸腾作用与干旱影响下产量之间的关系,许多长期的研究成果表明,在土壤湿度不足或者土壤湿度最佳的情况下,蒸腾作用和干旱影响的比例总是呈线性趋势(Steduto and Albrizio,2005)。

本章建议利用蒸散发亏缺来评估农业干旱。蒸散发亏缺是指有效蒸散发量 $T_e$ 与最大蒸散发量 $T_m$ 之间的差值,差值可用水量平衡模型,如 CRITeRIA 等进行计算(Zinoni and Marletto,2003)。

与其他农业干旱监测方法相比,这种方法在干旱刚开始产生负面影响时,即土壤中可供作物吸收的水分储备即将枯竭时(凋萎点),就可以敏感地察觉。实际上,随着土壤中的水分减少,蒸散造成的水分变化受到基质施加的吸力的影响,并且在数值上总是低于水分较大条件下相同 PET 效应引起的水分变化。但是这一基于土壤中水分变化的指数在水分较高时,变化幅度大,水分较低时,变化幅度小;而基于土壤中残余水分的指数没有考虑水分保持曲线,因此,在相同的土壤水分水平下,不同的土壤类型中水分的可用性不同。水量平衡模型计算的蒸散发亏缺将这些因素纳入考虑范围,并更加强调受干旱影响作物产量的有效风险(Zinoni and Marletto,2003)。如果蒸散发亏缺 DT 长期居高不下,那么计算的蒸散发亏缺对干旱的影响就会非常显著。

本书建议采用 $DT_x$,即过去长时间或短时间($x=30,60,\cdots,180d$)内总的蒸散发亏缺来表征农业干旱。$DT_x$ 表述如下:

$$DT_x = \sum_{today-x}^{today} (T_m - T_e) \tag{6.1}$$

式中,$T_m$ 为最大蒸散发量,$T_e$ 为有效蒸散发量,两个值均需逐日计算。

该指标曾用于描绘 2003 年夏季发生在意大利艾米利亚-罗马涅地区的干旱特征(Marletto 等,2005),并和 SPI(标准化降水指数)进行比较(McKee 等,1993),由于两个指标对干旱的各方面和各因素的考量不同,其比较结果差异明显。

$DT_x$ 指标通过水量平衡模型计算得到,该模型需要考虑土壤、农作物、天气状况以及任何温度异常及其对蒸散发带来的影响(Marletto 等,2005)。CRITeRIA 模型可以用于确定荒地和耕地的水量平衡,计算土壤剖面中含水量的变化,包括所有水分增加和流失,该模型使用 Driessen 法(1986)以及 Driessen-Konijn 法(1992)进行计算。

## 6.2.2　案例研究

为证明 $DT_x$ 指数对地中海其他地区的适用性,研究人员与欧盟联合研究中心(CCR)建立了合作关系。CCR 采用 WOFOST 模型(Supit 等,1994),在空间大尺度网格上,模拟预估欧洲国家和地中海广大地区的作物产量。通过计算最大蒸腾量和有效蒸腾量之间的差值,WOFOST 模型可以估计出与潜在作物产量有关的有效作物产量,这也是评估 $DT_x$ 指数所必需的。通过这一方法,研究人员得到了 1975—2005 年小麦和大麦的蒸散发和产量数据,该数据适用于地中海代表性地区的不同地点:阿拉戈纳(西班牙)、埃米利亚-罗马涅和西西里岛(意大利)。蒸腾量减少与作物产量减少之间存在直接的相关关系,因此,$DT_x$ 指数法是衡量干旱对农业生产影响的有效工具。在不考虑其他因素对模型结果的影响下,使用相同的 WOFOST 模型来比较作物的潜在产量与水分亏缺下的产量,并计算对应的 $DT_x$ 值,首先在研究区域内进行比较,然后扩展至地中海其他地区。结果表明,若蒸散发亏缺量增加,则作物产量就会降低。图 6.1 至图 6.3 显示了蒸散发量亏缺和产量损失之间的密切相关性。所选择的 $DT_x$ 指数覆盖了作物的整个生长期:小麦为 180d,大麦为 120d。

WOFOST 模型也被引入 CRITeRIA 建模系统,以便对作物产量进行定量模拟。在卡德里亚诺地区,利用 CRITeRIA-WOFOST 模型模拟分别针对潜在生产、水分亏缺两种情景下的小麦产量,分析了蒸腾作用与产量损失之间的相关性:得出的结果与 JRC 的 WOFOST 获得的结果相似(图 6.4)。本次还收集了卡德里亚诺(Emilia Romagna)地区 1975—1998 年小麦的实际产量数据,然后将其与模拟结果进行比较,以提高 CRITeRIA-FOST 模型的准确性(图 6.5)。1975—1998 年,不仅水资源亏缺对小麦产量产生了影响,虫害和极端天气条件也影响了小麦产量。

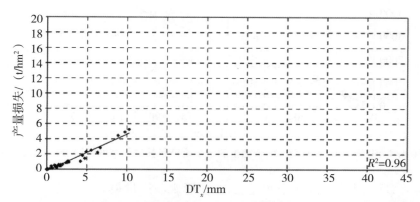

**图 6.1 1975—2005 年艾米利亚-罗马涅地区小麦产量损失与蒸发亏缺 $DT_x$ 之间的相关性**

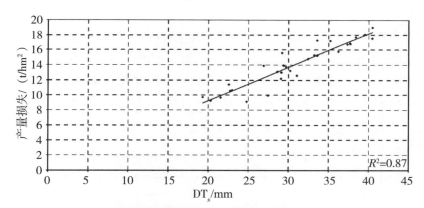

**图 6.2 1975—2005 年西西里岛小麦产量损失与蒸发亏缺 $DT_x$ 的相关性**

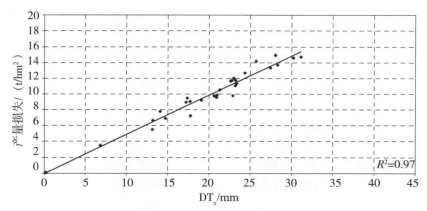

**图 6.3 1975—2005 年阿拉戈纳地区大麦产量损失和蒸发亏缺 $DT_x$ 的相关性**

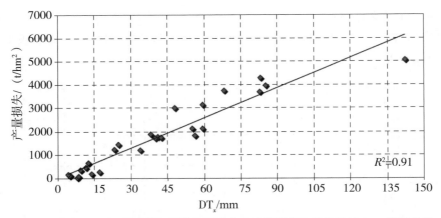

**图 6.4　艾米利亚-罗马涅地区卡德里亚诺小麦产量损失和蒸发亏缺 $DT_x$ 的相关性**

将每年的 $DT_{180}$ 与累积最大蒸腾量之比、实际观测产量损失与潜在作物产量之比进行比较。根据实测数据和相关文献记载，对虫害、极端天气条件等造成的产量损失也进行了估计，以评估总体产量损失。

以下年份为典型干旱年份：1975 年、1977 年、1978 年、1986 年、1988 年、1989 年、1990 年、1991 年、1995 年和 1998 年。图 6.5 显示了所有胁迫因子的累积百分比（作物虫害、极端事件等）与实测产量损失占潜在作物产量比例的相似性，尤其是在除了缺水之外，不存在其他影响产量的负面因素的年份。只有在上述年份，$DT_{180}/T_m$ 与实际观测产量损失占潜在作物产量的比例才有相关性。图 6.6 显示了这一相关性有多高（$R^2 = 0.66$）以及 CRITeRIA 模型描述这一现象的精确程度。

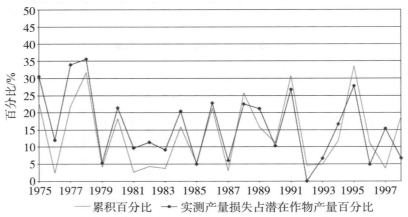

**图 6.5　各年份所有胁迫因子的累积百分比（虫害、极端事件等）**
**与实测产量损失占潜在作物产量百分比的比较**

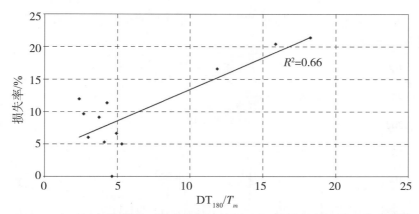

**图 6.6　未受到虫害、极端天气条件影响的年份中，DT$_{180}$ 占累积最大蒸发量的**
**比例与实测产量损失占潜在作物产量百分比之间的相关性**

在本章案例研究的所有的年份中，研究人员对虫害袭击、极端气象事件等其他胁迫因子相关性进行重复多次分析（图 6.7）。

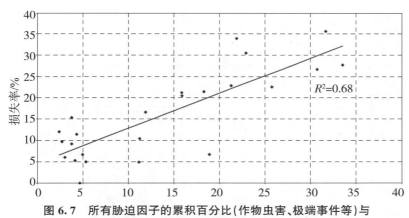

**图 6.7　所有胁迫因子的累积百分比（作物虫害、极端事件等）与**
**实测产量损失占潜在作物产量百分比之间的相关性**

然后，在 3 个地中海地区测试了 DT$_{180}$ 指数的性能，并将农业干旱指数的特定计算模块应用到 CRITeRIA 水量平衡模型中。西班牙的阿拉戈纳、意大利的艾米利亚-罗马涅地区和西西里岛是研究选定的代表性区域，对这些地区进行了区域典型土壤上草地和苜蓿水量平衡模拟。由图 6.8 至图 6.10 可以看出，DT$_{180}$ 呈现波动振荡特征，春季最低，夏末最高。1975—2005 年该指数在所有地区都呈现出明显的上升趋势。

西西里岛和阿拉戈纳地区的变化分别见图 6.9、图 6.10，结果显示，近年来，由于秋冬季降水稀少，这一指数在春季并没有回到零点。为量化该指数中的异常数据，本章将 DT$_x$ 值与当地气候情况进行比较。

通过计算百分位数，可以确定干旱事件发生的平均间隔时间。例如，第 75 百分位的 DT$_x$ 值表示干旱每 4 年发生一次，而第 90 百分位的 DT$_x$ 值表示干旱每 10 年发生一次，第

95 百分位的 $DT_x$ 值表示干旱每 20 年发生一次。第 100 百分位数表示在参考期内此类严重的干旱事件从不会发生。

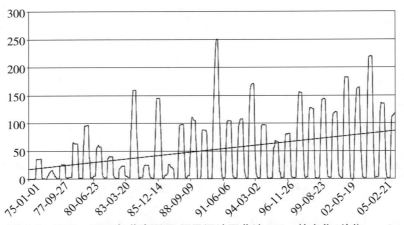

图 6.8　1975—2005 年艾米利亚-罗马涅地区草地 $DT_{180}$ 的变化（单位：mm）

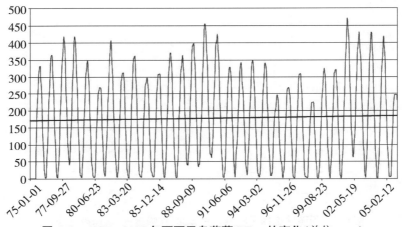

图 6.9　1975—2005 年西西里岛苜蓿 $DT_{180}$ 的变化（单位：mm）

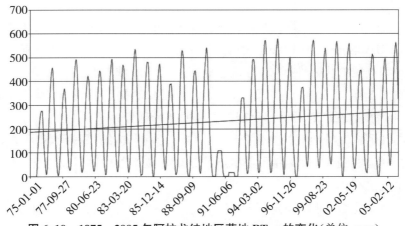

图 6.10　1975—2005 年阿拉戈纳地区草地 $DT_{180}$ 的变化（单位：mm）

百分位数法被用于具有不同气候条件的地区之间进行比较。

将用于计算 $DT_x$ 百分位数的模块应用到 CRITeRIA 系统中,以生成艾米利亚-罗马涅地区与参照气候有关的百分位值专题地图。

图 6.11 至图 6.13 显示的是采用 CRITeRIA 模型模拟得到的 $DT_{180}$ 区域地图,图像采集于 2003 年 7 月 20 日、2005 年 7 月 20 日以及 2006 年 7 月 20 日,参考作物为草地。

图 6.14 至图 6.16 为在同一年同一天,根据气候参照时期(1951—2001 年)计算得出的 $DT_{180}$ 百分位数图。图中只显示了代表正常情况和干旱异常的百分位数(从第 50 百分位数到第 100 百分位数)。

通过对这些图件的比较,可以准确地定位出 2003 年春、夏季发生在该地区的干旱事件;2003 年 $DT_{180}$ 指数图代表了该地区大片区域的蒸散发亏缺值偏大,百分位数值超过 95,也就是说干旱极有可能每 20 年发生一次。

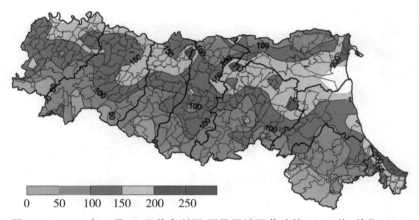

图 6.11　2003 年 7 月 20 日艾米利亚-罗马涅地区草地的 $DT_{180}$ 值(单位:mm)

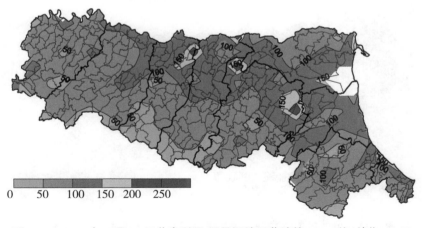

图 6.12　2005 年 7 月 20 日艾米利亚-罗马涅地区草地的 $DT_{180}$ 值(单位:mm)

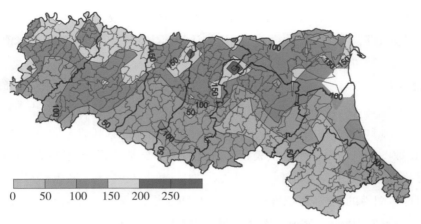

图 6.13　2006 年 7 月 20 日艾米利亚-罗马涅地区草地的 $DT_{180}$ 值（单位：mm）

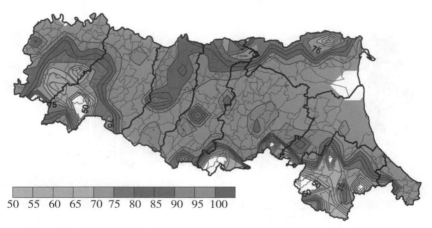

图 6.14　2003 年 7 月 20 日艾米利亚-罗马涅地区草地的 $DT_{180}$ 百分位数

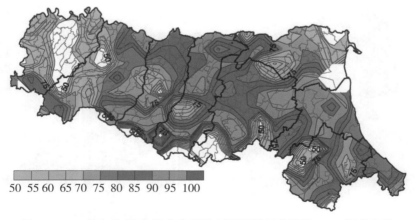

图 6.15　2005 年 7 月 20 日艾米利亚-罗马涅地区草地的 $DT_{180}$ 百分位数

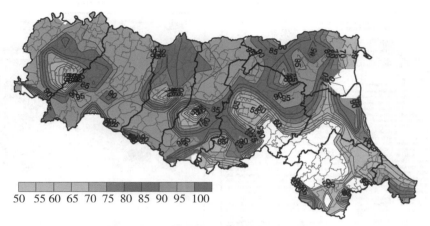

50 55 60 65 70 75 80 85 90 95 100

**图 6.16　2006 年 7 月 20 日艾米利亚-罗马涅地区草地的 $DT_{180}$ 百分位数**

案例研究的结果表明,考虑大气层、作物和土壤的相互作用,DT 方法似乎能够有效地针对农业领域,较好地识别和描述干旱状况。通过与正常状态参考期的对比分析(无旱状态),DT 方法既可用于评估干旱强度,也可以计算得出以往年份的 DT 值。

$DT_r$ 指数还适用于除实验以外的情况,因此该方法是一个合理实用的方法,利用该法可以得到关于地中海盆地农业干旱的完整且可比较的信息。

## 6.3　干旱监测站

如今,随着人们对干旱等气象灾害认识的不断提高,改进监测和评估技术、采取灾害预防和缓解措施就变得至关重要。

艾米利亚-罗马涅地区环境保护署(ARPA)水文气象局基于区域间合作项目建设的网站,开发整合了一个干旱监测信息系统。该网站目前已经成为该地区了解干旱信息的首选网站(www. arpa. emr. it/ia_siccita/osservatorio. htm),该信息系统能够选择合适的指标预测干旱缺水情况,并共享干旱影响的相关信息。

该网站的重点核心在于干旱监测站,这为在区域层面研究干旱现象提供了工具和数据支撑,并能收集整合有助于干旱评估的相关文件信息,向有关机构、企业和公民提供可靠信息。干旱监测站能够提供来自该地区水文气象监测网络上的所有信息以及地下水位状况。所有数据经过处理后,能够生成参考指数,并对当前干旱情况和预测进行简要评论。该网站还包括基于区域间合作项目研发的相关产品,以及与干旱监测、预防和抗旱工作相关的国家和国际网站的链接。除了干旱与沙漠化这一主题,该网站还提供供水保障、遥感技术、气候变化等相关主题的信息。干旱监测站的第一个产品是干旱监测公报(图 6.17)。

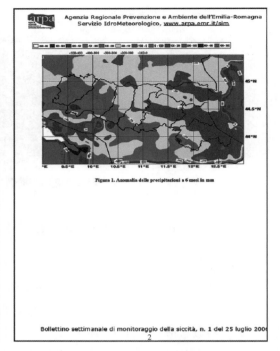

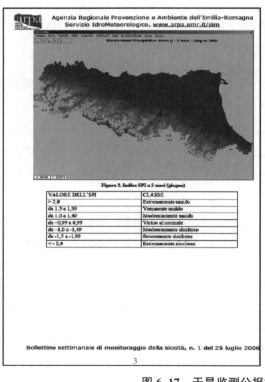

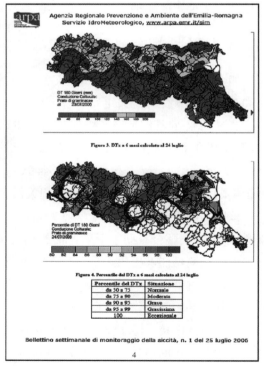

图 6.17　干旱监测公报样本(2006 年 7 月 25 日)

　　在干旱强度较高时期,该网站会每周直接发布公报,并发送给相关机构和媒体。公报内容包括了当前天气情况、降雨量、主要河流状况、农业状况、未来一周的天气预报以及对农业和水文的预期影响等。用于描述干旱事件的指标是由干旱管理部门制定的。公报的其余部分由两部分组成："数据和数据处理"以及"文档"。"数据和数据处理"报告了数据处理的结果，以及用于描述干旱现象的指数值；"文档"包含了观测记录，并深入阐述了为描述和评估干旱事件而选择的方法和指数，同时，案例研究和区域内的典型应用也包含在"文档"中。

具体而言，"数据和数据处理"的第一部分提供了有关水文气象监测的信息，并介绍了监测方法、站点位置、可用数据类型和采集方法；此外，还提供了数据来源的网络链接。第二部分包含了地图、参考指数表、主要区域河流的监测数据和农业土壤含水量模拟数据，其中参考指数包括标准化降水指数（SPI）、十分位数、$DT_x$ 和主要河流的流量状况。

"文档"部分包括了艾米利亚-罗马涅地区干旱现象管理计划内的几份报告、干旱指数的定义、相关背景和详细文件。这一部分也同样包含了对地区产生重要影响的严重干旱事件的数据。

当网站系统全面运行时，将根据以下几点记录地表水资源状况：

1）检查各个地区/流域、山地、丘陵和平原，以及整个 Po 河流域最近 1 个月、3 个月和 6 个月的平均累积降雨量，并与反映地区干湿水平的十分位数进行比较；

2）计算不同时间尺度的区域标准化降水指数（SPI）；

3）基于 SPI 指数模拟的假设未来情景；

4）分析温度数据和相关测量数据，例如 ETP（针对丘陵和平原地区计算农业干旱指数）、$DT_x$、与地下水位表的比较结果等；

5）分析 Po 河、Apennine 河等的实测径流量，将其与平均值或十分位数进行比较；

6）提出适用于中央和地方一级的干旱预防及应对措施；

7）平原地区地下水位的测压状态；

8）预报未来一个月或几个月的径流亏缺概率。

## 6.4    区域干旱管理计划的实施

APRA-SIM 参与了区域水资源保护计划中的"干旱管理计划"的实施，艾米利亚-罗马涅地区各省和其他地区机构也对该计划做出了贡献（艾米利亚-罗马涅地区，2006a）。第一份综合报告的起草开始了针对整个区域干旱管理计划的讨论。

该计划的目标如下：

1）界定参考区域或流域；

2）确定一个完善的干旱监测和预警系统，根据选定的阈值确定关注和预警级别，并能够对干旱事件的范围和强度进行评估，以便及时作出决定，实施相关抗旱措施。

3）指出应采取的积极抗旱措施，以增强地区的抗旱能力，降低干旱影响，并提醒相关机构做好紧急情况下的准备工作。

4）通过传播干旱相关知识，增强人们的抗旱意识，尤其是让干旱缺水高风险地区和行业可以时刻了解干旱的发展动态。

区域干旱管理计划确定了在区域层面开展的抗旱行动,并指出地方层面的干旱管理措施将由行政首长机构(ATOs)和供水联盟共同起草。干旱管理计划规定了地区层面的抗旱行动范围、干旱监测方法、用于估计当前和未来情况的关键因素、区域干旱风险等级以及对应的行动方针。

该计划的第一份草案针对预警准备和试验这一项目,制定了风险等级评估以及预防应对措施的规则,并通过 ATOs 和供水联盟公布的文件,强调了及时公开抗旱行动和抗旱成果信息的重要性。

区域层面的干旱管理,共确定了跨越东西的 8 个宏观区域,包括主要河流及其支流的流域。每一个宏观区域又被划分为基本的水文区域,包括流经 Po 河和 Adriatic 海的水文流域及其相关地区,以及引用该流域水资源灌溉的 Po 河漫滩地区。这一划分方案可以汇总气象监测网络中的数据(包括与主要流域径流有关的山区数据以及需要灌溉的平原不同区域的数据),但是又不会过多限制参考区域,并且能将每个区域的监测站点控制在可接受的数量范围内。因此,周边较小的集水区可以包含在较大的集水区中,这通常根据山区来划分。基本的水文区域还包括主要集水区以外的地区。

干旱管理所需监测的主要变量是降水量、温度、水位和流量,以及深层和浅层地下水的测压水位,前 3 个变量的有关信息必须实时更新。同样,主要水库的灌溉和渡槽也需要进行监测。

表 6.1 列出了相关监测站网。除了区域层面的监测外,省级、ATOs 和供水联盟还必须建立自己的监测站网,确定并更新当前可用水资源的具体综合指数,以及确定各项指标的临界阈值:首先确定预警指标临界值,其后确定实施抗旱措施对应的临界阈值。

监测开始之后,将对收集的数据进行处理,并与历史数据进行比较。针对不同的预警级别和干旱发展情况,会选取不同的指标,并构建完成气象和水文数据库,该数据库包括:整个 Po 河流域及其余相关地区的降水量、气温历史数据集,艾米利亚-罗马涅地区和伦巴第地区的径流数据集,以及区域河流数据以及地下水位测压数据集。

每一地区/流域的报告将会定期生成,报告将包括上个月、前 3 个月、6 个月、12 个月的降水总量,与相关气候数据和降水相关指数(如 SPI、十分位数等)进行比较。

| 表 6.1 | | 区域干旱监测站网 | | |
|---|---|---|---|---|
| 监测站网 | 数量规模 | 测站功能 | 站点分布 | 数据获取 |
| 气象测站 | 200 个有效站点 | 60 个干旱监测站点 | 每个区域 2/4 个站点 | 连续监测 |
| 水文测站 | 240 个站点 | 40 个主要测流量站点 | 整个 Po 河流域至少 5 个站点 | 连续监测 |
| 地下水压测站 | 470 个站点 | 未提供 | 主要分布在平原地区 | 每年监测 2 次 |
| 地下水位测站 | 113 个站点 | 未提供 | 主要分布在平原地区 | 变化监测 |

每天的温度将会与过去几十年所记录的温度数据和气候数据进行比较,由此生成农业气象数据,如潜在蒸散发量等;将其与相关历史数据进行比较,可以揭示热异常对干旱现象强度的影响,尤其是在农业领域。

主要河流的水位数据也将与历史数据进行比较,以此确定适当的预警临界阈值,并为关键因素设定评价指数。针对河漫滩地区是否存在降雨量或径流量不足的问题,可以通过同时检查不同地区/流域的降水量和河道流量数据,分别进行累积求和、平均值计算,并与历史数据相比等方法来完成。通过评估艾米利亚-罗马涅地区 Po 河漫滩地区月降雨量数据与其他相关区域之间的相关性,来确定基于降雨量观测的预报模型。

如果是在夏季,浅层地下水位的相关数据应至少每两周收集一次,这一数据可以实现根据土壤水分亏缺进行重要评估/校准,从而助于校准农业干旱指数(如 $DT_x$)。

以下指标是值得关注的:各地区、流域的气象干旱(如 SPI、十分位数),以及河道径流量;平原和丘陵地区的农业干旱(如作物水分平衡指数、$DT_x$);区域或次区域水资源的总体可用性(区域可用水资源量)。

对于主要河流而言,若河道流量低于设定的阈值($q_0$),那么该河被认为处于"干旱状态"中。根据对 11 年还原径流数据(1991—2001 年)的分析,较大河流的流量阈值为历史平均流量的 4.7%。在此阈值下,这些河流一年中有 7d 或更长时间处于干旱状态的平均次数只有 1.5 次甚至更少。罗马涅地区的河流有着显著的急流特征,因此其干旱次数调整为 2 次。因此,对于较小流域而言,假设一般河流干旱的流量阈值为 2%,这可以将发生长达 7d 或更长时间的干旱事件控制在 1.5~3 次。

上述 4.7% 和 2% 两个比例,会随着最小生态径流量 MVR 值的增加而增加,最小生态径流量 MVR 代表着除紧急情况外,不可被开发利用的河道最小径流量。在 2008 年之前,山区流域断面的生态流量低值在平均流量的 1/3 左右,而 2008 年之后,为 6%~7%。

在考虑平原地区地下含水层的压力测定时,有必要重点针对相比多年情况亏缺较多的情况及其逐年演变尤其是当年发生干旱,次年逐步恢复的情况。

最后,注意另外两个被认为有意思的测量:浅层地下水的温度和水位。温度异常偏高时会导致蒸散发速率变高,从而使得土壤中的水分含量迅速减少,由此导致浅层地下水位下降。

以干旱指数(SPI 和十分位数)的大小为基础,建立了不同层级的降雨预警临界值。在农业领域,$DT_x$ 指标及其阈值可以更好地描述干旱情况,一旦达到临界阈值,就会触发警报,如果在一段时间内持续出现降水亏缺,那么预示着该地区即将进入干旱危急状态。随后,在采取抗旱措施后,临界阈值可以根据抗旱效果进行更新调整。

通过对干旱指数模拟结果的不断更新,评估未来干旱水资源短缺风险的方法将会得到更好的发展。如果考虑干旱影响范围、干旱强度(主要针对干旱持续时间)以及供水系统的脆弱性,那么可以从区域层面划分干旱等级。表 6.2 列出了不同区域的干旱风险等级划分示例。

　　这些地区的干旱管理计划首先针对短期预防措施、具体抗旱措施以及中长期风险级别的缓解措施,确定了不同层级的行动。表 6.3a、表 6.3b、表 6.3c 分别显示了不同部门(A＝城市供水,U＝城区,I＝灌溉供水),以及不同决策者、执行者的主要抗旱任务。如果旱灾上升为区域重大事件,那么地区民防部门将负责协调抗旱措施。

**表 6.2**　　　　　　　　　　　**不同区域干旱风险等级划分**

| 干旱风险等级 | 低 | | 中 | | 高 | |
|---|---|---|---|---|---|---|
| 降水亏缺 | 单月降水低于平均值30% | | 3月尺度降水低于平均值30% | | 6月尺度降水低于平均值30% | |
| 径流亏缺(持续时间)/月 | <30 | | 30～40 | | >40 | |
| 干旱脆弱性 | 低 | 高 | 低 | 高 | 低 | 高 |
| 山地或丘陵区 | 局部干旱 | 局部干旱 | 局部干旱 | 区域性干旱 | 局部干旱 | 区域性干旱 |
| 整个流域 | 局部干旱 | 局部干旱 | 区域性干旱 | 区域性干旱 | 区域性干旱 | 区域性干旱 |
| 灌溉用地 | 局部干旱 | | 区域性干旱 | | 区域性干旱 | |

**表 6.3a**　　　　　　　　　　**短期抗旱措施的行动方针**

| 影响领域 | 抗旱措施描述(短期抗旱措施) | 抗旱决策者/实施方 |
|---|---|---|
| 城市供水 | 计算潜在区域水资源量,摸清水利工程设施现状,为抗旱措施制定提供支撑 | ATOs、水资源管理机构 |
| | 山区水库库容的调蓄 | 水资源管理机构 |
| | 水库水源的涵养及保护 | 水资源管理机构 |
| | 制定紧急情况下的调水协议 | ATOs、水资源管理机构 |
| | 提前制定应急抗旱的框架及应急措施流程 | ATOs、水资源管理机构、市政府 |
| | 告知用户干旱事件、缺水配置方案和节约用水措施 | ATOs、水资源管理机构、市政府 |
| 灌溉供水 | 计算潜在区域水资源量,摸清水利工程设施现状,突出关键需水期,满足最低灌溉需求 | 水资源联盟组织 |
| | 分析从 Po 河流域开采浅层地下水,向中低平原区域供水的可能性 | 各地区 |
| | 找出具有以下特征的区域:水量平衡亏缺、存在反复水资源短缺风险、其他面临水资源短缺风险的供水情景(与 MVR 的应用有关) | 各地区、水资源联盟组织 |

续表

| 影响领域 | 抗旱措施描述（短期抗旱措施） | 抗旱决策者/实施方 |
|---|---|---|
| 灌溉供水 | 针对最小化灌溉制度，基于研究区作物种植结构，重新确定干旱下的最大灌溉阈值 | 各地区、水资源联盟组织 |
| | 制定紧急情况下的调水协议 | 水资源联盟组织 |
| | 提前制定应急抗旱的框架及应急措施流程 | 水资源联盟组织 |
| | 告知用户干旱事件、缺水配置方案和节约用水措施 | 水资源联盟组织 |
| | 使用 CER-IRRINET 网站评估作物灌溉需水量 | 各地区、水资源联盟组织 |
| | 告知农民/农场主可通过旱灾保险降低旱灾损失 | 水资源联盟组织 |

**表 6.3b** 　　　　　　　　　　**干旱发生时应采取的抗旱措施**

| 影响领域 | 抗旱措施描述（干旱发生情景下的抗旱措施） | 抗旱决策者/实施方 |
|---|---|---|
| 城市供水 | 使用水罐车整合各类稀缺水资源，进行抗旱 | 省级部门、市级政府、水资源管理机构 |
| | 建设"移动式"蓄水池和补水池 | 省级部门、市级政府、水资源管理机构 |
| | 从外部水源补水 | 水资源管理机构 |
| | 临时从私人用水户征用水资源使用权 | 省级部门、市级政府 |
| | 通过条例禁止非必要私人用水户使用水资源 | 市级政府 |
| | 将处理后的废水用于非饮用的公共用途（如街道和污水管网清洁、公园绿化等） | 市级政府、水资源管理机构 |
| | 将供水水压降至最低可接受程度 | 水资源管理机构 |
| | 通过不同供水管网进行供水，并在夜间停止供水 | 水资源管理机构 |
| | 告知用户干旱事件后，及时更新各类供水限制措施 | 各地区 |
| | 当从外部水源调水时，减少或停止非居民用水 | 市级政府、水资源管理机构 |
| 灌溉供水 | 从外部水源调水 | 水资源联盟组织 |
| | 加大 Po 河流域浅层地下水的开采 | 水资源联盟组织 |
| | 加大中—高海拔平原地区浅层地下水开采 | 水资源联盟组织 |
| | 优先向具有中—高收益的灌溉系统提供水源 | 水资源联盟组织 |
| | 通过掌握有效灌溉面积、灌溉用水效率等内容，优化水资源管理 | 水资源联盟组织 |
| | 限制具有自备水源条件地区的灌溉用水量 | 省级部门、水资源联盟组织 |
| | 优先供给高附加值作物的灌溉水量 | 水资源联盟组织 |
| | 放宽对灌溉水源水质参数的要求 | 各地区 |
| 城区 | 增加街道清洁频次以减少灰尘 | 市级政府 |

表 6.3c　　　　　　　　　　　应对中长期干旱风险的抗旱措施

| 影响领域 | 抗旱措施描述（降低中长期干旱风险的措施） | 抗旱决策者/实施方 |
|---|---|---|
| 城市供水 | 加强储水设施建设 | ATOs、水资源管理机构 |
| | 降低主供水管网的漏损率 | ATOs、水资源管理机构 |
| | 推行鼓励用水户节约用水的政策、广泛宣传节约用水、提高水资源利用效率 | 各地区、省级部门、市级政府、ATOs、水资源管理机构 |
| | 将供水网络进行分区管理，适时灵活调整供水压力 | ATOs、水资源管理机构 |
| | 寻找替代/应急水源，并将其接入供水干管 | ATOs、水资源管理机构 |
| | 增加应急供水条件下供水管网互通能力 | ATOs、水资源管理机构 |
| | 额外增加供水能力，满足高峰期（如夏季）供水需求 | ATOs |
| 灌溉供水 | 建设具有最小化环境影响的蓄水设施，用于补偿最小下泄流量、降低干旱损失 | 省级部门、水资源联盟组织 |
| | 通过灌溉池塘回灌地下水 | 省级部门、水资源联盟组织 |
| | 减少供水管网漏损 | 水资源联盟组织 |
| | 建设分区联合供水系统，推广节约用水灌溉技术 | 水资源联盟组织 |
| | 针对经常性缺水地区，优化作物种植结构，完善干旱下应急灌溉的基础设施建设 | 各地区、省级部门 |
| 城区 | 增加水源涵养和绿化区域延至城市周边 | 市级政府 |
| | 增加树木（非常青树）的覆盖率 | 市级政府 |

# 本章参考文献

Boken V K，Cracknell A P，Heathcote R L. Monitoring and predicting agricultural drought：a global study[M]. New York：Oxford University Press，2005.

Byun H，Wilhite D A. Objective quantification of drought severity and duration[J]. Journal of climate，1999，12：2747-2756.

Byun H R，Wilhite D A. Objective quantification of drought severity and duration[J]. Journal of climate，1999，12(9)：2747-2756.

De Wit C T. Transpiration and Crop Yields[J]. Versl Landbouwk Onderz，1958，64(6)：1-88.

Doorenbos J，Kassam A H. Yield response to water[R]. Roma：FAO Irrigation and drainage paper，1979.

Driessen P M. The water balance of the soil[A]. Van keulen H，Wolf J. Modeling of Agricultural Production：Weather，soil and crops[C]. Wageningen：Pudoc，1986.

Driessen P M，Konijn N T. Land-use systems analysis[D]. Wageningen：Wageningen

University,1992.

Marletto V，Zinoni F，Botarelli L，et al. Studio dei fenomeni siccitosi in Emilia-Romagna con il modello di bilancio idrico CRITERIA[J]. RIAM，2005，9：32-33.

McKee T B，Doesken N J，Kleist J. The relationship of drought frequency and duration to time scales[A]. Proceedings of the 8th Conference on Applied Climatology[C]. Boston：Am. Meteor. Soc. ,1993.

Regione Emilia Romagna. Piano regionale di Tutela delle Acque[R]. Bologna：BUR n. 20 del 13/2/2006a.

Regione Emilia Romagna. Prime linee del Programma per la gestione del fenomenodella siccità[A]. Assessorato all Ambiente ed allo Sviluppo Sostenibile[C]. Bologna：[s. n. ],2006b.

Steduto P，Albrizio R. Resource use efficiency of field-grown sunflower，sorghum，wheat and chickpea：Ⅱ. Water use efficiency and comparison with radiation use efficiency [J]. Agricultural and Forest Meteorology，2005，130(3-4)：269-281.

Supit L，Hooijer A A，Van Diepen C A. System description of the WOFOST 6. 0 crop simulation model implemented in CGMS[A]. Theory and algorithms[C]. Luxembourg：JRC European Commission,1994.

Zinoni F，Marletto V. Prime valutazioni di un nuovo indice di siccità agricola[J]. Atti convegno Aiam，2003,24-25:232-238.

# 第 7 章　利用遥感技术对实际蒸散发量进行分布式估计

G. Calcagno[1], G. Mendicino[1], G. Monacelli[2], A. Senatore[1], P. Versace[1]

1. 意大利科森扎卡拉布里亚大学水土保持系
2. 意大利罗马环境保护和技术服务机构

**摘要:** 蒸散发 ET 是水循环的重要组成部分,其实际值难以直接测量。因此,选择可靠的模型来预测 ET 值的空间分布是干旱监测的重点。本章简要介绍了估计蒸散发的主要遥感方法,在意大利南部三个地区采用涡动协方差系统技术对地面蒸散发量 ET 进行了测量,另外在不同地形和植被条件地区,使用中分辨率成像光谱仪显示的图像,对陆面能量平衡方法(SEBAL)模型的性能进行了分析。从 2004 年夏季到 2006 年夏季,在意大利南部地区观测得出的分布结果表明,在采用涡动协方差系统技术的地区,蒸散发 ET 预测结果总体较好,但当植被类型和密度不同时,也会出现一定偏差。

**关键词:** 蒸散发;能量平衡;遥感技术;陆面能量平衡方法(SEBAL);涡动协方差系统

## 7.1　概述

根据联合国政府间气候变化专门委员会(Intergovernmental Panel on Climate Change,简称 IPCC)的最近报告(Houghton 等,2001),在 20 世纪,由于人类活动的加剧,大气层中 $CO_2$ 的含量大幅增加,地球的平均温度上升了约 0.6℃。温度上升使蒸散发量在总体上呈增加态势,这又导致北半球的降水量增加了 10%～20%。

从水文学的角度来看,气候变暖导致向大气层输送的能量增多,极端天气发生的概率也会大幅上升。Brunetti 等(2004)发现雨季天数不断减少,尤其是在意大利南部;而 Xie 等(2003)对地中海地区进行的 1986—2002 年雨量数据分析表明,与该时期的平均值相比,降水序列的波动变化很大,这证明了标准偏差值较高的地区(包括意大利南部地区)容易遭受经常性、突发性、长期性干旱的影响。

干旱是一个很难定义的现象（Dracup 等，1980；Wilhite and Glantz，1985），虽然干旱是一种极端天气事件，其受灾人数众多，对全球绝大多数地区都由影响，造成的经济损失也最为惨重，为 50 亿～70 亿€/a（Keyantash and Dracup，2002）。充分了解水文循环的机制对干旱监测是至关重要的，同时也是保证水资源可持续利用以及水量平衡的基础，尽管对水量平衡主要变量的估计经常出现偏差。尤其是对于蒸散发量 ET 的估计，仪器测量难以实现，加之间接估计方法的可靠性不高，因此对于蒸散发量 ET 的可靠估计就显得尤为重要。

尽管常规的或最新的技术提供了更精确的蒸散发量 ET 测量方法，但这只能代表局部规模。实际上，热量传递过程中的地表非均匀性和动态性使记录的数据只能代表面积较小的区域，针对更广泛的区域，一般采取普遍推荐的 FAO56 方法（Allen 等，1998）。该方法主要将作物系数 $K_c$ 乘以参考蒸散发量 $ET_r$ 来估算作物冠层的蒸散发量 $ET_c$，其中 $ET_r$ 可以通过 Penman-Monteith 公式计算得到，这种作物表面具有恒定阻力值。作物表面的这种阻力值会随着日期和气象条件的变化而变化，因此作物系数 $K_c$ 的空间和时间估计也是存在疑问的（Neale 等，2005）。

过去几年，遥感技术让使用较长数据序列成为可能，这为对蒸散发量 ET 进行分布估计打开了前景光明的新局面。分布估计可以跨越不同层级，从小块区域层级或较小流域层级到区域层级、洲际层级。在卫星图像的基础上，开发了各种方法和程序（Kustas 和 Norman 于 1996 年提出了更详细的综述）。Courault 等（2005）提议将这些方法归为四大类：第一类是经验模型法，该方法的特征是用净辐射 $R_n$ 和累积温度差异（$T_s - T_a$）之间的半经验关系，来估计蒸散发量 ET，其中地表温度 $T_s$ 可从卫星图像获取，而空气温度 $T_a$ 可从地面观测站获取。第二类是植被指数或参数模型法，一旦地面测量得出 $ET_r$ 值，则可以采用遥感技术计算缩减因子（与估算作物系数 $K_c$ 类似）估计蒸散发量 ET。第三类则是利用遥感技术直接计算输入参数，将经验关系和物理模型相结合，估计出除蒸散发量 ET 以外的能量守恒成分，蒸散发量 ET 是能量守恒方程中的剩余成分（因此，这些方法也常被称为能量剩余模型法）。最后一类则是确定模型法，该方法常以复杂的土壤—植被—大气传输模型 SVAT 为基础，直接计算出能量守恒的所有成分，在该模型中，遥感数据既可以用作区分不同地表的输入参数，也可以用于数据同化过程中校准或检验蒸散发量 ET 估计的特定参数。

所有遥感模型都有几组近似值，需要进行实验验证。为此，有必要对蒸发通量进行精确测量，涡动协方差技术常被认为是分析该现象最可靠的方法之一（Kanda 等，2004）。涡动协方差技术可以沿着水平风向直接测量湍流通量（Swinbank，1951，1955）。过去几年中，利用这项技术研究热量和 $CO_2$ 通量在世界各地得到广泛应用（Baldocchi and Meyers，1988；Baldocchi 等，1996；Wilson 等，2002；Valentini，2003），这是因为该技术有几个重要优势：在没有参数校准的情况下，可以直接在大面积区域进行空间分布的通量测量；可同时测量蒸发、热量和 $CO_2$ 通量。

下一部分内容中，对能量守恒进行简要的理论讨论，旨在说明蒸散发量 ET 与其相关变量之间的关系。在这之后会介绍四种遥感方法，本章将重点关注第三种方法和第四种方法。

从操作应用方面来说,第三种方法非常有趣;第四种方法由于运用了数据同化技术,可以获取蒸散发量(ET)以及其他的能量守恒成分高分辨率的分布估计,是前景最为光明的方法。最后将介绍一些能量剩余模型法的应用示例,即由 Bastiaanssen 等(1998)和 Bastiaanssen(2000)提出的陆面能量平衡方法(SEBAL)。该方法已开始应用于中分辨率成像光谱仪的可见光、近红外波段和热红外波段的图像,从而确定意大利南部蒸散发量 ET 的空间分布。湍流通量(潜热通量 $\lambda E$ 和感热通量 $H$)以及可用能量($R_n - G$,$G$ 代表土壤热通量)的分布式估计已经在局部地区得到了验证,时间范围为 2004 年夏季至 2006 年夏季,数据由 3 个地理特征和植被情况(植被稀少、作物冠层以及高山植被)不同的站点记录。

获取的结果普遍较为准确,尽管因为陆面能量平衡方法得出的是近似值,而且遥感估计值(1km 像素分辨率)和观测值(取决于足迹)的衡量标准不同,导致对能量守恒中某单一成分的估计有一些偏差。为克服这一问题,并让蒸散发量(ET)估计有更高的空间分辨率,本章提出了一种同时使用高级星载热辐射图像和反射仪(ASTER)图像的降尺度方法。最终,研究结果表明,为了在一些特定地区获取可信的估计结果,将此程序应用于整个意大利南部是不恰当的,这是因为应用陆面能量平衡方法(SEBAL)要求图像具有相对稳定的大气条件。

## 7.2　能量平衡和蒸散发量估计

根据待检验的有限量,地表能量平衡涉及不同的项。考虑到大气层—地表交界面无植被覆盖的极小土层,瞬时间和平均时间的能量守恒如下列方程所示:

$$R_n - G = \lambda E + H \tag{7.1}$$

在许多实际情况中,式(7.1)完全能描述其能量平衡情况,其项以 $W/m^2$ 表示,有时其他附加项也必须引起注意(例如在高大植被存在的情况下,应考虑表示树冠单位面积储能的项,而在某些特定情况下,引入平流项可能非常重要)。此外,若观测的表面是单层或双源,如裸地、植被以及多植被层等,辐射通量和对流通量也可以描述出来。

净辐射 $R_n$ 可由全球短波辐射通量 $R_t$,下行长波通量 $L_{in}$ 以及上行长波通量 $L_{out}$ 三种通量平衡得出:

$$R_n = (1-a)R_t + \varepsilon_s L_{in} - L_{out} = (1-a)R_t + \varepsilon_s L_{in} - \varepsilon_s \sigma T_s^4 \tag{7.2}$$

式中,$\alpha$ 为地表短波辐射,$\varepsilon_s$ 为长波反射率,$\sigma = 5.67 \times 10^{-8} W/(m^2 \cdot K^4)$,是斯特潘-玻尔兹曼常数,$T_s$ 是开氏温标。上行长波通量 $L_{out}$ 可直接从普朗克黑体公式中得出,非常接近地球表面。

交界面或浅层的土壤能量通量值由许多因素决定,包括太阳能辐射强度、土壤类型和性质、土壤含水量等(Garratt,1992)。一般来说,所有程度上的 $z'$ 土壤热通量 $G$ 都可以进行描述,这需要离散傅立叶定律中同个物体的热传导:

$$G(z') = -k_s \partial T_s / \partial z' \approx k_s \frac{T_s - T'}{\Delta z'} \tag{7.3}$$

式中，$k_s$ 是热导率，温度 $T'$ 与程度 $z'$ 相关。

在单层方法中，感热通量 $H$ 可以从以下复杂的空气动力学方程中得出：

$$H = \frac{\rho c_p (T_0 - T_a)}{r_a + r_{ex}} = \frac{\rho c_p (T_0 - T_a)}{r_{ah}} \qquad (7.4)$$

式中，$\rho(\text{kg/m}^3)$ 是空气密度，$c_p[\text{J}/(\text{kg} \cdot \text{K})]$ 是在稳定气压下特定的热量值，$T_0$ 即地表的"空气动力学温度"（与 $T_S$ 相近），$r_{ah}(\text{s/m})$ 为感热交换的大部分空气动力阻力，$r_{ex}(\text{s/m})$ 是热传输过程中产生的额外阻力，$r_a(\text{s/m})$ 代表地面和较低大气层参考高度 $z_a$ 之间的空气动力阻力，详见下列方程（Brutsaert，1982）：

$$r_a = \frac{\left[\ln\left(\frac{z_a - d_0}{z_{0m}}\right) - \Psi_m\right]\left[\ln\left(\frac{z_a - d_0}{z_{0m}}\right) - \Psi_h\right]}{k^2 u_a} \qquad (7.5)$$

式中，$d_0$ 是位移高度，$u_a$ 是在高度 $z_a$ 处测量的风速，$k$ 是冯卡门常数（$\approx 0.4$），$\Psi_m$ 和 $\Psi_h$ 分别代表莫奥稳定函数中的动量和热量，$z_{0m}$ 是动力传输的大致长度。额外的阻力往往与热量大致长度有关：

$$r_{ex} = \frac{\ln(z_{0m}/z_{0h})}{ku^*} \qquad (7.6)$$

式中，$z_{0h}$（根据 Kustas 等，1989，该值为 $1/10 z_{0m}$ 至 $1/5 z_{0m}$）代表热传输的大致长度，$u^*$ 为摩擦速度：

$$u^* = \frac{u_a k}{\ln\left(\frac{z_a - d_0}{z_{0m}}\right) - \Psi_m} \qquad (7.7)$$

如果能量平衡公式中的其他三项已知，那么可以通过下列公式所示的能量剩余模型法计算潜热通量 $\lambda E$：

$$\lambda E = R_n - G - \rho c_p (T_0 - T_a)/r_{ah} \qquad (7.8)$$

式（7.8）被广泛用于估计 $\lambda E$ 的瞬时值，如果是在中午时分计算得出 $\lambda E$，那么该值可用于确定植被的水分胁迫。考虑到一天中蒸发阶段 $\Lambda$：

$$\Lambda = \frac{\lambda E}{R_n - G} \qquad (7.9)$$

$\Lambda$ 是最稳定的。通过瞬时测量 $\Lambda$ 和 $\lambda E$ 值，采用几种方法估计蒸散发量的日值 $\text{ET}_{24}$。若在更长的时期内，则必须使用基于地面的 ET 测量来进行时间插值。

在单层方法中，潜热通量 $\lambda E$ 也可以用一个复杂方程算出。在饱和的表面，$\lambda E$ 等于潜在量 $\lambda E_p$：

$$\lambda E \equiv \lambda E_p = \frac{\rho\lambda(q^*(T_0) - q_a)}{r_{av}} \qquad (7.10)$$

式中，$\lambda(\text{J/kg})$ 是水量蒸发的潜热，$q^*(T_0)$ 是 $T_0$ 下的饱和湿度，$q_a$ 是在参考高度 $z_a$ 下的特定湿度。$r_{av}(\text{s/m})(\approx r_{ah})$ 为潜热交换的大部分空气动力阻力。

如果表面湿度小于在现有表面温度下计算的饱和值,那么蒸发会减少。若是在叶子表面,则无论植被是否有细微或严重的水分胁迫,通过叶子气孔进行水汽转移的表面阻力都会存在(Garratt,1992)。植物表面部分或完全的阻力 $r_s$ 可定义如下:

$$r_s = \frac{\rho(q^*(T_{\mathrm{eff}}) - q_0)}{E} \tag{7.11}$$

式中,$T_{\mathrm{eff}}$ 是表面的有效温度(在稀疏冠层地区,$T_{\mathrm{eff}}$ 值是叶面温度和地面温度的中间值),$q_0$ 是未知的表面特定湿度,可忽略不计,从而可以计算得出:

$$\lambda E = \frac{\rho\lambda(q^*(T_{\mathrm{eff}}) - q_a)}{r_{\mathrm{av}} + r_s} \tag{7.12}$$

阻力 $r_s$ 在物理上还不能解释,因为不仅蒸腾作用会影响 $E$,土壤蒸腾也会对其有一定影响。如果表面完全是植被,整个冠层可以被表述为单个假设的"叶子",引入"大叶"模型,模型使用冠层 $r_{\mathrm{st}}$ 大气泡阻力:

$$r_{\mathrm{st}} = \frac{\rho(q^*(T_f) - q_0)}{E} \tag{7.13}$$

式中,$T_f$ 是树叶温度。

式(7.4)中引入的温度 $T_0$ 和 $T_s$ 非常相似,因为它是通过将空气温度剖面外推到 $Z_{0h}$ 水平来定义的,这和表面水平非常相近。$T_0$ 和 $T_s$ 都无法测量出来,因此二者常常由辐射测量的表面温度 $T_R$ 观测值替代,观测值可从遥感图像获取。但是,在稀疏冠层中,$T_0$ 和 $T_R$ 可以相差 10℃ 以上(Kustas 等,2004)。这使许多研究者对单源方法调整 $Z_{0h}$ 值或者 $Z_{0m}/Z_{0h}$ 的比率,以获得与能量平衡分量实测值的良好一致性,同时促进了双源模型的发展,从而获得从地面植物系统到大气的垂直通量的真实表达式。在这些模型中,地表温度 $T_g$ 可以与叶面温度 $T_f$ 不同,这会对地下与大气层之间、叶面与大气层之间的通量产生一定影响(Deardorff,1978)。总的通量如下列方程所示:

$$H = H_f + H_g = [\rho c_p(T_0 - T_a)/r_{\mathrm{ah}}] \tag{7.14}$$

$$E = E_f + E_g = [\rho(q_0 - q_a)/r_{\mathrm{av}}] \tag{7.15}$$

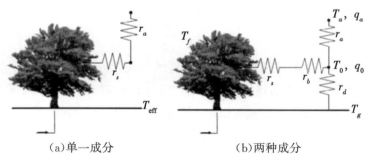

(a)单一成分　　　　　　　(b)两种成分

**图 7.1　冠层模型的主要元素示意图**

式中,每一个通量可表述为下列方程:

$$H_f = \rho c_p(T_f - T_0)/r_b \tag{7.16}$$

$$H_g = \rho c_p (T_g - T_0)/r_d \qquad\qquad (7.17)$$

$$E_f = \rho (q_f - q_0)/r_b \qquad\qquad (7.18)$$

$$E_g = \rho (q_g - q_0)/r_d \qquad\qquad (7.19)$$

式中，$r_b$ 代表树叶与树叶之间的边界层阻力，$r_d$ 代表地面与冠层之间的阻力。$r_b$ 和 $r_d$ 都近似于 $r_a$ 值，或比 $r_a$ 值大（Deardorff，1978）。图 7.1(a) 和图 7.1(b) 为单一成分和两种成分冠层模型主要元素的示意图。

# 7.3　用于蒸散发量 ET 估计的遥感方法

本章将简要介绍一些用于蒸散发量 ET 估计的遥感方法，然后再根据 Courault 等（2005）提出的分类进行细分。

## 7.3.1　经验公式法

经验公式法以两个理论假设为基础，一是 $H/R_n$ 的比率每天恒定，二是 $G$ 的每日量值为空值。从根本而言，这些方法都是基于简化的关系。不同作者（如 Jackson 等，1977；Lagouarde，1991；Courault 等，1994）提出的这些关系都有以下典型公式：

$$\mathrm{ET}_{24} = R_{n24} + A - B(T_s - T_a) \qquad\qquad (7.20)$$

式中，$\mathrm{ET}_{24}$ 和 $R_{n24}$ 是日蒸散发量和日净辐射量，$(T_s - T_a)$ 是中午时分测量的瞬时温度差异，$A$ 和 $B$ 为待校准的参数。在区域尺度上，此方法的准确性可达到 $10\% \sim 15\%$（Seguin 等，1982），但除了模型校准引起的误差外，空间插值点的数量问题也必须考虑。实际上，假设可以通过遥感技术对太阳辐射进行空间估计，用于插值 $T_a$ 的地质统计模型将精确度降低了 $20\% \sim 30\%$。

由于植被指数和地表温度有相关性（通常情况下，地表温度越低，ET 值越高），Carlson 等（1995）和 Moran 等（1994）发现了累积温度差异（$T_s - T_a$）和归一化植被指数（NDVI）之间的关系，并绘制了一个梯形图案，通过该图案可以得出不同土壤水分条件的分类。

## 7.3.2　理论推理法

红色或近红外波段中的反射率可以估计不同的植被指数。这些指数与植物覆盖参数或叶面积指数 LAI 紧密相关，对作物系数 $K_c$ 有着巨大影响。考虑到上述因素，Heilman 等（1982）研究了苜蓿的覆盖率和基于反射率的垂直植被指数 PVI 之间的相关性。在这之后进行的许多研究，都特别考虑了归一化植被指数（NDVI）（Neale 等，1989；Choudhury 等，1994；Bausch，1995；Allen 等，2005）、加权差分植被指数（Consoli 等，2006）、土壤调整植被指数（Garatuza-Payan 等，1998；Neale 等，2005）等相似的指数，各种各样的经验公式建立了这些指数与作物系数之间的联系。然而，作物系数 $K_c$ 和植被指数的关系并不是单一的，特别是由于灌溉对土壤湿度和水分胁迫条件的影响。

将作物系数 $K_c$ 和植被指数联系起来的方程对于灌溉规划可能非常有用,尤其是在相对干旱的土壤中对 $K_c$ 进行估计。但迄今为止得出的结果都是经验性的,因此为了找出更普遍的联系,研究人员仍需努力。

### 7.3.3 能量剩余模型法

式(20)是由能量守恒方程的一种简化方法得来的,其中将蒸散发项作为公式里的剩余项。更加复杂但也更加可信的剩余方法是陆面能量平衡方法(SEBAL)、SEBI、S-SEBI、SEBS 和 T-SEB 等,这些都不是经验性方法,并且在操作应用中也被广泛采用。这些方法都利用了卫星图像的辐射率和反射率的空间变化特征。

陆面能量平衡方法(SEBAL)是 Bastiaanssen 等(1998)和 Bastiaanssen(2000)提出的,是一种既使用了经验关系又使用了物理参数的方法。该方法一经提出,就被灵活使用,因为它可以在地面数据极少的情况下在区域尺度上估计能量通量,该方法已在多个应用中被采用(Bastiaanssen,2000;Jacob 等,2002;Bastiaanssen and Chandrapala,2003;Mohamed 等,2004;French 等,2005;Patel 等,2006)。

SEBAL 方法以式(7.8)和蒸发阶 $\Lambda$ 恒定的假设为基础。净辐射和土壤热通量可以通过遥感图像(提供反射率信息)进行估计,这是 $R_n$ 和 NDVI 的函数。估算的空气动力阻力为摩擦速度 $u^*$ 的函数(摩擦速度 $u^*$ 可以在研究区域进行一次简单的风速测量即可得到),并通过迭代程序校正大气稳定性。同时,粗糙度也通过经验函数与植被指数相联系。SEBAL 的独特之处在于 $T_s - T_a$ 空间分布估计,如果分析区域内由两个特殊像素,那么可根据空间分布决定"干旱"像素和"湿润"像素。在第一个像素上,潜热通量 $\lambda E$ 可以被视为空值,可用能量 $(R_n - G)$ 即可完全转换为感热通量 $H$,转换公式(7.4)可以得出同一像素下的 $\Delta T$ 差异。在第二个像素上,感热通量可假设接近于 0,因此,地表温度和空气温度一致($\Delta T = 0$)。对于这两个像素,一旦知道这组值$(T_s, \Delta T)$,便可以由此估计 $T_s$ 和 $\Delta T$ 的线性关系,从遥感图像上获取 $T_s$ 的空间分布后,就可以估计 $\Delta T$(也可由此估计 $H$)的空间分布。

同样,基于湿润地区和干旱地区的对比,S-SEBI 方法(简化陆面能量平衡指数 Simplified Surface Energy Balance Index;Roerink 等,2000)明确了干旱条件下最高温度时的反射率和湿润条件下最低温度时的反射率,并根据地表实际温度区分了感热通量和潜热通量。该方法的主要优点是如果有地面水文极值,就不需要额外的气象数据来计算通量,并且湿润和干旱条件下,极端气温是随反射率的改变而变化的。

S-SEBI 方法是 SEBI 方法的一种简化方式(Menenti and Choudhury,1993)。后者是从外界数据源获得的湿润和干旱条件下的极端气温值,即使在分析区域内没有出现这样的温度时,该方法也具备可操作性(只能采用 SEBI 方法,而不能采用 S-SEBI 方法的典型案例有英国的图像,因为英国没有干旱地带;还有撒哈拉沙漠的图像,因为撒哈拉沙漠没有湿润地带;另外还有像欧洲一样幅员辽阔的地方,因为这里大气状况不稳定)。

地面能量平衡系统(SEBS；Su,2002)需要输入三组信息：第一组信息包括地表反射率、辐射率、温度、部分植被覆盖率、叶面积指数以及植被高度(或者粗略高度)，这些都可以从遥感数据以及其他与地表有关的信息中获取；第二组信息包括指定高度的气压、温度、湿度以及风速；第三组信息包括向下的太阳能辐射和向下的长波辐射，向下的长波辐射可以通过直接测量、模型输出或参数化得出。和 SEBAL 方法不同，SEBS 方法中，湿润地带像素中的感热通量 $H$ 为有效值，可以通过与 Penman-Monteith 公式类似的一系列方程进行推导。蒸发部分虽然不能直接得出，但作为相对蒸发 $\Lambda_r$ 的一个函数值，可按以下公式进行评估：

$$\Lambda_r = \frac{\lambda E}{\lambda E_{\text{wet}}} = 1 - \frac{H - H_{\text{wet}}}{H_{\text{dry}} - H_{\text{wet}}} \tag{7.21}$$

式中，$\Lambda_r$ 与土壤饱和度 $\theta/\theta_s$(Su 等,2003)直接相关，且可用作土壤湿度指数。同样，$\Lambda$ 和 $\theta/\theta_s$ 相关，但并不是直接相关，还需要其他参数校准。

目前提到的方法都将观测的地表作为一个单层的表面，TSEB 是一个双源方法，它基于地表分割为两个不同但有联系的部分(土壤表面和植被冠层)，致力于从偏物理角度模拟地表阻力特征。通过将土地模拟为土壤、植被能源与大气层之间的阻力网络，TSEB 可以得出能量通量估计值。TSEB 主要有两种变体，一种只能运用在区域尺度上(Norman 等,1995)，而另一种则是广为人知的 DisAlexi(Anderson 等,1997；Mecikalski 等,1999)，它模拟了大气边界层的能量交换，因此在区域尺度也非常有用。TSEB 有三个关键假设：近地面层的湍流通量恒定(用莫宁-奥布霍夫相似理论校正稳定性)，辐射温度可以被土壤和植被部分重新吸收，Priestley-Taylor 蒸腾(Priestey and Taylor,1972)适用于无应力植被。

各种能量剩余模型法之间的比较相对较少。从 Timmermans 等(2005)在 SPARC2004 上进行比较可以看出，尽管在所有干旱地区，TESB 方法中感热通量值偏高，但四种通量成分的模式与 SEBAL、SEBS 和 TSEB 非常相似。French 等(2005)发现 TSEB 和 SEBAL 方法都显示出与地表温度的空间变化和植被密度有着系统的一致性，同时，如果直接比较结果与地面涡动协方差数据不符，表明 TSEB 方法更适用于植被稀疏的地区。最后，Melesse 和 Nangia(2005)采用了混合模型，其中由 SEBAL 确定净辐射，采用 TSEB 来区分地表温度、潜热通量和显热通量。

除了单源模型和双源模型的不同之处，剩余能量模型法还需考虑一些常见因素。第一个问题与蒸发阶段有关：一天都是恒定的吗？Crago(1996)认为，天气状况、土壤湿度、地形地势、生物物理条件等一系列复杂条件综合起来，可以让同一天 $\Lambda$ 保持稳定，同样，如果是变化无常的多云天气和崎岖不平的地势，那么有可能会导致显著的变化。

另一个重要的因素是根据检索算法的运行结果来估计地表温度的精确性。经计算(Norman 等,1995)，如果$(T_s - T_a)$的估计偏差为 1℃，则会导致 $H$ 的估计出现 8W/(m² · C)(冠层高度为 1m，风速为 1m/s)至 87W/(m² · C)(冠层高度为 10m，风速为 5m/s)的误差。

ET 估计所需的空间和时间分辨率会影响遥感图像来源的选择。表 7.1 为一些常用于

NDVI 和 $T_s$ 估计的卫星的主要特征。过去几年中，一些研究人员尝试提出低空间分辨率数据的分解程序(Kustas 等,2003)。

局部测量的 $T_a$ 值的空间插值或许是能量剩余模型法出现误差的原因。有时，$T_a$ 会通过模拟地球边界层演进的模型采用各种方式进行测量(Carlson 等,1995)。不直接使用 $T_a$ 测量结果的模型(SEBAL、S-SEBI)需要图像中含有"干旱"像素和"湿润"像素。

最后，必须考虑到能量剩余方法在测量粗略植被高度时非常敏感，粗略植被高度是一个分布式参数，由于只使用了 NDVI 的经验性参数以及涉及地域广泛，参数估计的精确性不高。目前估计粗略植被高度前景最为光明的遥感方法是采用 LIDAR 技术。

**表 7.1**　　　　　　　　　　　用于 NDVI 和 $T_s$ 估计的最常用卫星的主要特征

| 卫星 | 重复周期 | NDVI 像素分辨率/m | $T_s$ 像素分辨率/m |
|------|---------|-----------------|------------------|
| ASTER | 16d | 15 | 90 |
| AVHRR | 2 im/d | 1100 | 1100 |
| LANDSAT 5 | 16d | 30 | 120 |
| MODIS | 2 im/d | 250 | 1000 |

## 7.3.4　确定性模型方法

只有当所分析区域的遥感图像可用时，才能采用能量剩余方法来估计 ET 值。在没有图像的时候(例如阴云天气)，需要时间插值，时间插值可从局部地区地面测量获得。确定性模型方法(SVAT 模型)也可以在没有遥感数据的情况下使用，因为这些方法只是将遥感数据作为辅助性输入参数或者只是在数据同化过程中使用。因此，SVAT 模型非常适用于在没有遥感数据的情况下估计能量交换。此外，SVAT 模型也有可能获取能量平衡成分以及许多与物理、水文过程密切相关的中间变量(如 LAI、土壤湿度)。

SVAT 模型明确的以能量和质量守恒原理为基础。它们可以只是用"大叶"方案(例如，基于蒙特斯公式的 0 维模型,1965;Priestley and Taylor,1972;Shuttleworth and Wallace,1985)；通过太阳能辐射转移和湍流交换(例如 Seller 等,1996)，考虑到隐含的垂直维度，选择中级"大叶"方案(Raupach and Finnigan,1986)和植被层；或者多层方案(例如 Baldocchi and Wilson,2001)。许多 SVAT 模型将物理和生物物理过程结合起来模拟植被的光合作用、蒸腾作用和衰变，并应用于生态系统动力学模型、水文模型和气候模型的地表方案。

相比其他模型，"大叶"模型更依赖于集中参数。当运算时间成为一个重要因素时，"大叶"模型就会被专门用于一些长期或大规模的应用。多层模型可以对能量交换过程作更深层次的分析，但是需要大量的先验模型参数。模型的复杂程度常常与参数的数量多少有关。例如，法国气象局使用的 ISBA 模型(Interactions Soil Biosphere Atmosphere,Noilhan and Mahfouf,1996)有 10 个参数，因此可以轻松应用于不同的空间尺度，而由一所研究机构研发的 SiSPAT 方案(Simple Soil-Plant-Atmosphere Transfers,Braud 等,1995)在许多物理和生物物理过程的基础之上,还需要 60 个参数和变量进行初始化。许多参数在时间和空间上会有所不同,因此常常通过原地试验进行评估。参数的清晰度极大地影响了 SVAT 方案的效果,这表明该方案需要校准或定期修正。模型结构中的误差和参数的不确定性,通常无法获得单个"最佳"校准参数集,因此研发了多重目标的方法(Yapo 等,1998;Gupta 等,1998;Demarty 等,2004),致力于确定从模型性能方面不能区分的参数集。

SVAT 模型所需的部分参数可以从遥感图像中估计,并在模型中通过数据同化技术进行假设。为完成数据同化程序,SVAT 采用了许多方法论和数学工具(例如卡尔曼滤波),但从本质上看可划分为三类(Olioso 等,2005):强制模型直接输入遥感测量结果的方法(有了这些方法,研究人员就可以不再模拟植被参数,直接从遥感图像中获取);在可获得遥感数据的情况下,对变量进行修正(序列同化);运用几天或几周的连续时间段内获取的数据集,重新初始化或改变未知参数的方法,并采用迭代或随机算法(变分同化)。

总体而言,Olioso 等(2005 年)强调了使用 SVAT 模型和遥感数据来获得 ET 的各种优势:可以连续监测 ET;该方法不需要热红外遥感数据,因为和剩余能量模型法不同,此方法中 $T_s$ 不是必须输入的参数,且可以通过求解能量平衡方程进行估计;可以估计很多辅助性参数的变化,如植被指数或土壤湿度。

当然,SVAT 模型也有一些缺点是不容忽视的:需要很多分布参数,并不是所有参数都可以通过数据同化获得;需要连续输入气象数据,因为 SVAT 模型时间间隔很短;需要土壤的水力特性和植被生理状况信息,在地域广泛的地区很少能够获取这些信息;若将 SVAT 模型运用于地域广泛的地区,会需要更多的运算费用(使用其他相似的运算可以部分克服这一缺点;Mendicino 等,2006)

尽管 SVAT 模型具有诸多缺点,但是应注意 SVAT 模型根据同化程序进行模拟还处于起步阶段,这些方法发展的机会还是非常可观的。

## 7.4 SEBAL 模型在意大利南部的应用

SEBAL 已开始应用于中分辨率成像光谱仪(MODIS)的可见光、近红外波段和红外波段的图像,从而确定意大利南部的湍流通量 $\lambda E$、$H$、可用能量 $R_n - G$ 以及 ET 的分布估计。

SEBAL 的应用效果在局部地区得到了验证,时间范围为 2004 年夏季至 2006 年夏季,数据由具有 3 个地理特征和植被情况(植被稀少、作物冠层以及高山植被)不同的涡动协方差站点记录。

确切地说,一个涡动协方差站点位于山地森林,在 Longobucco-CS 城镇(具体细节见 Marinao 等,2005),而另一站点在 2004—2005 年位于平原上,靠近 Sibari-CS 城镇,这里植被稀疏,但 2006 年,该城镇迁移到 Paglialonga-Bisignano-CS 的一片苜蓿地上(图 7.2)。

涡动协方差站点平均每 30 分钟就会持续测量能量平衡的主要成分,同时测量其他微气象变量(如风速和风向、空气湿度、地表温度、空气温度、土壤温度、土壤水分含量以及大气层

$CO_2$ 含量)。记录的 $R_n$、$G$、$\lambda E$、$H$ 和每日累积的 ET 数据将会用于分析 SEBAL 的应用效果。

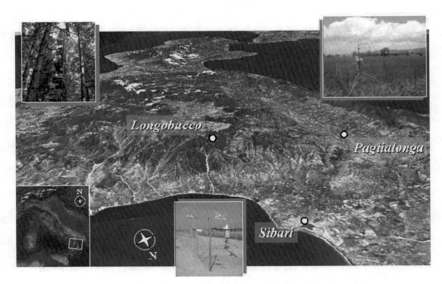

**图 7.2　意大利南部(卡拉布里亚)涡动协方差站点的位置**

2004 年 8 月 18—20 日,将 Sibari 和 Longobucco 站点测量的数据进行了第一次比较。图 7.3(a)和图 7.3(b)为测量的 $\lambda E$ 和 $H$ 值与估计的 $\lambda E$ 和 $H$ 值的差异。即使分析时间段较短,但仍可以指出一些共性。具体而言,可以看出农业区(Sibari)的估计值比山区(Longobucco)的估计值更加可信。这种差异主要是由于式(7.5)对空气动力阻力定义太过严格,高大植被很难确定。在这种情况下,植被高度和植被密度若突然在平均值的基础上发生变化,这将对卫星估计产生巨大影响。因此,除了实际密度和物候特征的详细信息,还需要卫星图像有合适的空间分辨率,以捕捉植被空间分布的异质性。为了增加卫星图像的空间信息内容,可以通过多重传感器方法应用一套降尺度程序(提高分辨率)。该套程序仅在 Sibari 站点监测的地域进行过测试,因为该程序只在该地区才会发挥作用,同时,由传感器记录的图像其空间分辨率不同。

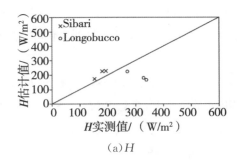

(a) $H$

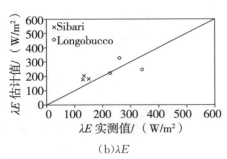

(b) $\lambda E$

**图 7.3　2004 年 8 月 18—20 日 Sibari 和 Longobucco 两个站点 $H$ 和 $\lambda E$ 的实测值与估计值之间的差异对比**

在 2005 年 6 月 22 日至 7 月 8 日,1km 空间分辨率 MODIS 图像与高级星载热能辐射反射仪(ASTER)的 90m 空间分辨率图像集成。MODIS 图像的每一帧像素都会应用分解程序,将由 121 个单元组成的 90m 规则子网格细分为单个的 1km² 像素,像素值作为输入变量可以从以下公式得出:

$$T_{s,\text{MODIS-90m}}(i,j) = T_{s,\text{MODIS-1km}} \cdot \frac{T_{s,\text{ASTER}}(i,j)}{\overline{T_{s,\text{ASTER}}}} \tag{7.22}$$

$$a_{\text{MODIS-90m}}(i,j) = a_{\text{MODIS-1km}} \cdot \frac{a_{\text{ASTER}}(i,j)}{\overline{a_{\text{ASTER}}}} \tag{7.23}$$

$$\text{NDVI}_{\text{MODIS-90m}}(i,j) = \text{NDVI}_{\text{MODIS-1km}} \cdot \frac{\text{NDVI}_{\text{ASTER}}(i,j)}{\overline{\text{NDVI}_{\text{ASTER}}}} \tag{7.24}$$

式中,带符号的项是从高级星载热能辐射反射仪(ASTER)子网格开始估计的变量平均值,覆盖了 MODIS 像素同样关注的区域。

图 7.4 显示了 2005 年 6 月 22 日 ET 值空间分布的比较,该数据由 MODIS、ASTER 和 MODIS 高分辨率图像提供。在分析区域的山区中,降尺度程序对 ET 估计发挥的积极作用尤为明显(ET 值较高);若考虑同样图像的频率分布,也可以得出这一结论(图 7.5),其中,与原有的 MODIS 图像相比,MODIS 高分辨率图像可以获得更符合实际的 ET 估计,现场测量也可以确定。

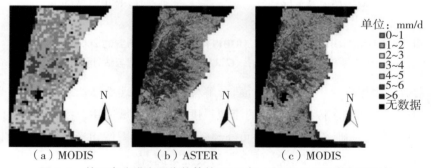

（a）MODIS　　　　　（b）ASTER　　　　　（c）MODIS

图 7.4　基于高分辨率图像估算的 2005 年 6 月 22 日 ET 值空间分布

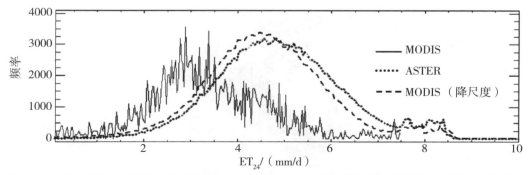

图 7.5　在同一地区和时期内,从 MODIS、ASTER 和 MODIS 高分辨率图像获得的 ET 值频率空间分布

　　分解过程给能量平衡的每一成分带来的影响见图 7.6。尽管通过降尺度程序获得的均方根误差值优于从 MODIS 原始图像获得的值,但对于 Sibari 站的山谷站点,这些影响不是太大(MODIS 原图均方根误差:$R_n = 36.4 \text{W/m}^2$,$G = 20.4 \text{W/m}^2$,$\lambda E = 28.6 \text{W/m}^2$,$H = 49.5 \text{W/m}^2$;MODIS 高分辨率图的均方根误差:$R_n = 37.5 \text{W/m}^2$,$G = 20.8 \text{W/m}^2$,$\lambda E = 24.1 \text{W/m}^2$,$H = 34.4 \text{Wm}^2$)。

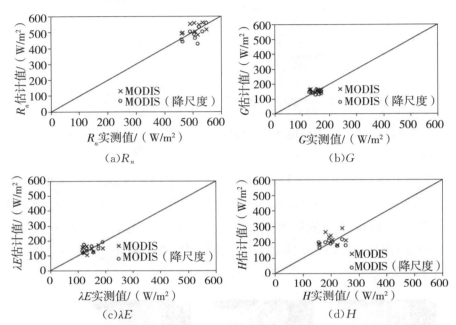

图 7.6　使用 MODIS 原始图像和 MODIS 高分辨率图像得到的 2005 年 6 月 22 日至 7 月 8 日 Sibari 地区 $R_n$、$G$、$\lambda E$ 和 $H$ 的实测值与估计值比较

　　在此,对分解程序作以下描述:一方面,分解程序可以实现更贴切地描述 ET 现象;另一方面,分解程序只能在有多传感器图像的流域尺度或限制区域使用。因此,区域 ET 的估计必须以更大的规模为基础,要和 1km 空间分辨率的 MODIS 图像相当。图 7.7 为以 MODIS 为基础的每日实际蒸散发量的区域空间分布的典型案例,在 2005 年 7 月 8 日几乎没有云层(云层出现会对 ET 估计产生影响)。

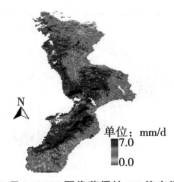

图 7.7　利用 2005 年 7 月 8 日 MODIS 图像获得的 ET 值空间分布,白色部分为多云区域

最后,有趣的是 2006 年 6 月 20—30 日,在第 3 个站点(Paglialonga-Bisignano-CS)进行的最新比较,其特点是土壤用途不同(苜蓿田),且土壤水源供应良好。这一特点使涡动协方差方法的 $\lambda E$ 值偏高,结果造成 $H$ 值偏低。这种情况意味着在 SEBAL 模型中应该更谨慎地选择"湿润"像素,不能在整个意大利南部地区不加选择地使用该像素,而应该在地表温度高的地区使用。这种选择可以避免低估 $\lambda E$。在某些情况下,低估 $\lambda E$ 会使大片分析区域的值不可信。在本章案例中,正确选择"湿润"像素,可以得到每日 ET 的可靠结果(图 7.8),为分析周期提供 0.38mm 的均方根误差。

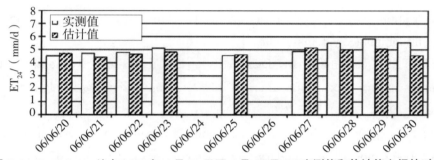

图 7.8　Paglialonga 站点 2006 年 6 月 20 日至 6 月 30 日 ET 实测值和估计值之间的对比

## 7.5　结论

上述内容已对能量守恒进行了简要的理论讨论,并且介绍了 ET 估计采用的主要遥感方法,在这之后,针对意大利南部的 3 个地形和植被条件不同(植被稀疏、作物冠层和高山植被)的站点,通过涡动协方差系统采用地面 ET 测量方法,对陆面能量平衡模型(SEBAL)的应用效果进行了分析,陆面能量平衡模型使用了中分辨率成像光谱仪(MODIS)图像。

得到的结果似乎是可以接受的,尽管出现了一些差异,特别是由于方法的近似以及遥感估计值(1 km 像素分辨率)和观测值(取决于足迹)之间的不同尺度,导致对能量守恒中某单一成分的估计有一些偏差。为克服这一问题并让蒸散发量(ET)估计有更高的空间分辨率,本书建议使用降尺度程序并配合使用高级星载热能辐射反射仪(ASTER)提供的图像。

除此之外,对于土壤水分充足的地表进行分析,结果表明,当卫星图像上的地表和大气条件相对稳定时,诸如 SEBAL 之类的简要方法能够发挥作用,相反,非稳定地区则要求在确定空气动力学参数和选择地表水文极值上("干旱"像素和"湿润"像素)有更多的细节信息。

在意大利南部的分析案例中,ET 的估计值和记录值之间的差异非常小,这说明 ET 估计采用的程序非常有效。

# 本章参考文献

Allen R G，Pereira L S，Raes D，et al. Crop evapotranspiration-Guidelines for computing crop water requirements-FAO Irrigation and drainage paper 56［R］. Rome：FAO，1998.

Allen R G，Tasumi M，Morse A，et al. A Landsat-based energy balance and evapotranspiration model in Western US water rights regulation and planning［J］. Irrigation and Drainage systems，2005，19：251-268.

Anderson M C，Norman J M，Diak G R，et al. A two-source time-integrated model for estimating surface fluxes using thermal infrared remote sensing［J］. Remote sensing of environment，1997，60(2)：195-216.

Baldocchi D D，Meyers T P. A spectral and lag-correlation analysis of turbulence in a deciduous forest canopy［J］. Boundary-Layer Meteorology，1988，45：31-58.

Baldocchi D D，Wilson K B. Modeling $CO_2$ and water vapor exchange of a temperate broadleaved forest across hourly to decadal time scales［J］. Ecological Modelling，2001，142(1-2)：155-184.

Baldocchi D，Valentini R，Running S，et al. Strategies for measuring and modelling carbon dioxide and water vapour fluxes over terrestrial ecosystems［J］. Global change biology，1996，2(3)：159-168.

Bastiaanssen W G M，Chandrapala L. Water balance variability across Sri Lanka for assessing agricultural and environmental water use［J］. Agricultural water management，2003，58(2)：171-192.

Bastiaanssen W G M. SEBAL-based sensible and latent heat fluxes in the irrigated Gediz Basin，Turkey［J］. Journal of hydrology，2000，229(1-2)：87-100.

Bastiaanssen W G M，Menenti M，Feddes R A，et al. A remote sensing surface energy balance algorithm for land (SEBAL). 1. Formulation［J］. Journal of hydrology，1998，212-213：198-212.

Bausch W C. Remote sensing of crop coefficients for improving the irrigation scheduling of corn［J］. Agricultural Water Management，1995，27(1)：55-68.

Braud I，Dantas-Antonino A C，Vauclin M，et al. A simple soil-plant-atmosphere transfer model (SiSPAT) development and field verification［J］. Journal of hydrology，1995，166(3-4)：213-250.

Brunetti M，Buffoni L，Mangianti F，et al. Temperature，precipitation and extreme events during the last century in Italy[J]. Global and planetary change, 2004, 40(1-2): 141-149.

Brutsaert W. Evaporation into the atmosphere: Theory, history, and applications [M]. Dordrecht: D. Reidel Publishing Company, 1982: 299.

Carlson T N, Gillies R R, Schmugge T J. An interpretation of methodologies for indirect measurement of soil water content[J]. Agricultural and forest meteorology, 1995, 77(3-4): 191-205.

Choudhury B J, Ahmed N U, Idso S B, et al. Relations between evaporation coefficients and vegetation indices studied by model simulations[J]. Remote sensing of environment, 1994, 50(1): 1-17.

Consoli S, D'Urso G, Toscano A. Remote sensing to estimate ET-fluxes and the performance of an irrigation district in southern Italy [J]. Agricultural Water Management, 2006, 81(3): 295-314.

Courault D, Clastre P H, Guinot J P, et al. Analyse des sécheresses de 1988 à 1990 en France à partir de l'analyse combinée de données satellitaires NOAA-AVHRR et d'un modèle agrométéorologique[J]. Agronomie, 1994, 14(1): 41-56.

Courault D, Seguin B, Olioso A. Review on estimation of evapotranspiration from remote sensing data: From empirical to numerical modeling approaches[J]. Irrigation and Drainage systems, 2005, 19: 223-249.

Crago R D. Conservation and variability of the evaporative fraction during the daytime [J]. Journal of Hydrology, 1996, 180(1-4): 173-194.

Deardorff J W. Efficient prediction of ground surface temperature and moisture, with inclusion of a layer of vegetation[J]. Journal of Geophysical Research: Oceans, 1978, 83 (C4): 1889-1903.

Demarty J, Ottlé C, Braud I, et al. Using a multiobjective approach to retrieve information on surface properties used in a SVAT model[J]. Journal of Hydrology, 2004, 287(1-4): 214-236.

Dracup J A, Lee K S, Paulson Jr E G. On the definition of droughts[J]. Water resources research, 1980, 16(2): 297-302.

French A N, Jacob F, Anderson M C, et al. Surface energy fluxes with the Advanced Spaceborne Thermal Emission and Reflection radiometer (ASTER) at the Iowa 2002 SMACEX site (USA)[J]. Remote sensing of environment, 2005, 99(1-2): 55-65.

Garatuza-Payan J, Shuttleworth W J, Encinas D, et al. Measurement and modelling evaporation for irrigated crops in north-west Mexico[J]. Hydrological processes, 1998, 12 (9): 1397-1418.

Garratt J R. The atmospheric boundary layer[M]. Cambridge：Cambridge University Press，1992.

Gupta H V，Sorooshian S，Yapo P O. Toward improved calibration of hydrologic models：Multiple and noncommensurable measures of information[J]. Water Resources Research，1998，34(3)：751-763.

Heilman J L，Heilman W E，Moore D G. Evaluating the crop coefficient using spectral reflectance[J]. Agronomy Journal，1982，74(6)：967-971.

Houghton J T，Ding，Y，Griggs，D J. et al. Climate change 2001：the scientific basis [M]. Cambridge：Cambridge University Press，2001.

Jackson R D，Reginato R J，Idso S B. Wheat canopy temperature：a practical tool for evaluating water requirements[J]. Water resources research，1977，13(3)：651-656.

Jacob F，Olioso A，Gu X F，et al. Mapping surface fluxes using airborne visible，near infrared，thermal infrared remote sensing data and a spatialized surface energy balance model[J]. Agronomie，2002，22(5)：669-680.

Kanda M，Inagaki A，Letzel M O，et al. LES study of the energy imbalance problem with eddy covariance fluxes[J]. Boundary-Layer Meteorology，2004，110：381-404.

Keyantash J，Dracup J A. The quantification of drought：an evaluation of drought indices[J]. Bulletin of the American Meteorological Society，2002，83(8)：1167-1180.

Kustas W P，Jackson R D，Asrar G. Estimating surface energy-balance components from remotely sensed data[J]. Theory and applications of optical remote sensing，1989 (1)：743.

Kustas W P，Norman J M，Anderson M C，et al. Estimating subpixel surface temperatures and energy fluxes from the vegetation index-radiometric temperature relationship[J]. Remote sensing of environment，2003，85(4)：429-440.

Kustas W P，Norman J M，Schmugge T J，et al. Mapping surface energy fluxes with radiometric temperature[A]. Thermal Remote Sensing in Land Surface Processes[C]. Boca Raton：CRC Press，2004.

Kustas W P，Norman J M. Use of remote sensing for evapotranspiration monitoring over land surfaces[J]. Hydrological Sciences Journal，1996，41(3)：495-516.

Lagouarde J P. Use of NOAA-AVHRR data combined with an agrometeorological model for evaporation mapping [J]. International Journal of Remote Sensing，1991，12 (9)：1853-1864.

Marino C，Manca G，Matteucci G，et al. Cambiamenti climatici nel mediterraneo：un caso di studio sul ciclo del carbonio in una pineta della Sila，Calabria[J]. Forest@-Journal of Silviculture and Forest Ecology，2005，2(1)：52-65.

Mecikalski J R，Diak G R，Anderson M C，et al. Estimating fluxes on continental scales using remotely sensed data in an atmospheric-land exchange model[J]. Journal of Applied Meteorology，1999，38(8)：1352-1369.

Melesse A M，Nangia V. Estimation of spatially distributed surface energy fluxes using remotely-sensed data for agricultural fields [J]. Hydrological Processes：An International Journal，2005，19(14)：2653-2670.

Mendicino G，Senatore A. Analysis of mass and energy fluxes in southern Italy[A]. Integrated Land and Water Resources Management：towards sustainable rural development [C]. Frankfurt：[s. n. ]，2005.

Mendicino G，Senatore A，Versace P. Un modello per la stima dei processi di trasferimento di energia e massa tra suolo，vegetazione ed atmosfera[A]. Atti XXX Convegno di Idraulica e Costruzioni Idrauliche[C]. Rome：[s. n. ]，2006.

Menenti M，Choudhury B J. Parameterization of land surface evapotranspiration using a location dependent potential evapotranspiration and surface temperature range[J]. Exchange processes at the land surface for a range of space and time scales，1993，212：561-568.

Mohamed Y A，Bastiaanssen W G M，Savenije H H G. Spatial variability of evaporation and moisture storage in the swamps of the upper Nile studied by remote sensing techniques[J]. Journal of hydrology，2004，289(1-4)：145-164.

Monteith J L. Evaporation and environment [A]. Symposia of the society for experimental biology[C]. Cambridge：Cambridge University Press (CUP)，1965.

Moran M S，Clarke T R，Inoue Y，et al. Estimating crop water deficit using the relation between surface-air temperature and spectral vegetation index[J]. Remote sensing of environment，1994，49(3)：246-263.

Neale C M U，Jayanthi H，Wright J L. Irrigation water management using high resolution airborne remote sensing[J]. Irrigation and Drainage Systems，2005，19(3/4)：321-336.

Neale C M U，Bausch W C，Heermann D F. Development of reflectance-based crop coefficients for corn[J]. Transactions of the ASAE，1989，32(5)：1891-1899.

Noilhan J，Mahfouf J F. The ISBA land surface parameterisation scheme[J]. Global and planetary Change，1996，13(1-4)：145-159.

Norman J M，Kustas W P，Humes K S. A two-source approach for estimating soil and vegetation energy fluxes in observations of directional radiometric surface temperature [J]. Agricultural and Forest Meteorology，1995，77(3-4)：263-293.

Olioso A，Inoue Y，Ortega-Farias S，et al. Future directions for advanced evapotranspiration modeling: Assimilation of remote sensing data into crop simulation models and SVAT models[J]. Irrigation and Drainage Systems, 2005, 19: 377-412.

Patel N R, Rakhesh D, Mohammed A J. Mapping of regional evapotranspiration in wheat using Terra/MODIS satellite data[J]. Hydrological sciences journal, 2006, 51(2): 325-335.

Priestley C H B, Taylor R J. On the assessment of surface heat flux and evaporation using large-scale parameters[J]. Monthly weather review, 1972, 100(2): 81-92.

Raupach M R, Finnigan J J. Single-layer models of evaporation from plant canopy are incorrect but useful, whereas multilayer models are correct but useless: discuss[J]. Australian Journal of Plant Physiology, 1986, 15: 705-716.

Roerink G J, Su Z, Menenti M. S-SEBI: A simple remote sensing algorithm to estimate the surface energy balance[J]. Physics and Chemistry of the Earth, Part B: Hydrology, Oceans and Atmosphere, 2000, 25(2): 147-157.

Scott C A, Bastiaanssen W G M, Ahmad M D. Mapping root zone soil moisture using remotely sensed optical imagery[J]. Journal of Irrigation and Drainage Engineering, 2003, 129(4): 326-335.

Seguin B, Baelz S, Monget J M, et al. Utilisation de la thermographie IR pour l'estimation de l'évaporation régionale II. -Résultats obtenus à partir des données de satellite [J]. Agronomie, 1982, 2(2): 113-118.

Sellers P J, Randall D A, Collatz G J, et al. A revised land surface parameterization (SiB2) for atmospheric GCMs. Part I: Model formulation[J]. Journal of climate, 1996, 9(4): 676-705.

Shuttleworth W J, Wallace J S. Evaporation from sparse crops—an energy combination theory[J]. Quarterly Journal of the Royal Meteorological Society, 1985, 111(469): 839-855.

Su Z. The Surface Energy Balance System (SEBS) for estimation of turbulent heat fluxes[J]. Hydrology and earth system sciences, 2002, 6(1): 85-99.

Su Z, Yacob A, Wen J, et al. Assessing relative soil moisture with remote sensing data: theory, experimental validation, and application to drought monitoring over the North China Plain[J]. Physics and Chemistry of the Earth (B),2003, 28(1-3): 89-101.

Swinbank W C. The measurement of vertical transfer of heat and water vapor by eddies in the lower atmosphere[J]. Journal of Meteorology, 1951, 8(3): 135-145.

Swinbank W C. Eddy Transports in the Lower Atmosphere[A]. Tech. Paper No. 2, Division of Meteorological Physics, Commonwealth Scientific and Industrial Research Organization[C]. Melbourne:[s. n.],1955.

Timmermans W J，Van Der Kwast J，Gieske A S M，et al. Intercomparison of energy flux models using ASTER imagery at the SPARC 2004 site（Barrax，Spain）［A］. Proceedings of the ESA WPP-250：SPARC final workshop［C］. Enschede：ITC,2005.

Valentini R. Water and energy of European forests［M］. Heidelberg：Springer,2003.

Wilhite D A，Glantz M H. Understanding：the drought phenomenon：the role of definitions［J］. Water international，1985，10(3)：111-120.

Wilson K，Goldstein A，Falge E，et al. Energy balance closure at FLUXNET sites ［J］. Agricultural and forest meteorology，2002，113(1-4)：223-243.

Xie，P，Janowiak，J E，Arkin，P A，et al. GPCP pentad precipitation analyses：an experimental dataset based on gauge observations and satellite estimates［J］. Journal of Climate，2003，16：2197-2214.

Yapo P O，Gupta H V，Sorooshian S. Multi-objective global optimization for hydrologic models［J］. Journal of hydrology，1998，204(1-4)：83-97.

# 第 8 章　改进的帕尔默干旱强度指数及在地中海地区的应用

L. S. Pereira，R. D. Rosa，A. A. Paulo

葡萄牙里斯本技术大学农学院

**摘要**：针对美国大平原的环境条件和农作物状况，帕尔默干旱强度指数 PDSI 应运而生。在葡萄牙南部测试了 PDSI 的适应性以后，假定旱地橄榄为干旱参照作物，使用联合国粮农组织推荐的 FAO 方法计算作物蒸散发量，对水量平衡方程进行了改进修改，并保留了帕尔默方法的所有基本程序。研究结果表明，改进后的 PDSI 和原有 PDSI 的结果特征一致，但改进后对观测到的干旱条件响应更好，具备了标准化降水指数 SPI 的特征。特别是与原有 PDSI 相比，改进后的 PDSI 对不同的土壤持水能力的响应更加一致。

**关键词**：干旱指数；PDSI；干旱参照作物；水量平衡；橄榄作物

## 8.1　概述

　　针对美国大平原的环境条件和农作物状况，帕尔默干旱强度指数（PDSI）应运而生，该指数假定冬小麦为干旱参照作物。它是根据广义连续土壤水量平衡计算的，其中作物蒸腾（ET）可以从 Thornthwaite 方程估算得出（帕尔默，1965）。世界大多数地区都是按 PDSI 指标现有步骤来计算，或者仅对 ET 公式略加改变，因此对水量平衡计算这一基本假设并未质疑。然而，一些学者质疑该方法在不同环境下的有效性，包括地中海地区（Cancelliere 等，1996）。尽管 PDSI 的结果与 SPI 的结果一致，但之前的研究已经明确需要改进 PDSI 方法，以让其适应地中海的环境条件（Paulo and Pereira，2006）。因此，Pereira 等（2005）开始测试适用于橄榄作物的土壤水量平衡方法。

　　选择橄榄作物是因为它是地中海环境中一种典型的多年生作物，其对水的需求已有充分的研究成果（Fernández 等，2003；Moriana 等，2003），相关研究也已经相当完善（Moreno 等，1996；Orgaz and Fereres，1997；Villalobos 等，2000；Palomo 等，2002；Nuberg and

Yunusa,2003)。采用联合国粮农组织推荐的 FAO 方法计算作物蒸散发量(Allen 等,1998)是因为在不考虑特定作物模型的情况下,普遍认为该方法最为合适(Burt 等,2005)。在帕尔默提出自己的方法之后,在建模方面取得进步,又出现了更强大的模拟工具,比如 ISAREG 模型(Teixeira and Pereira,1992;Pereira 等,2003),这些工具在水量平衡方法方面进行了改进。此外,与在地中海地区获得的几种作物的水量平衡条件相比,使用 Palmer 方法获得的一些水量平衡条件的结果更差(Rossi 等,2003)。

本章利用葡萄牙南部埃武拉气象站(北纬 38.57°,海拔高度 309m)的相关数据,对改进后的 PDSI 指标进行校准和测试。该地区具有地中海地区典型环境,经常研究干旱相关问题(Paulo 等,2003,2005;Paulo and Pereira,2006)。同时,这篇论文中,采用双重作物系数 $K_c$ 方法对 ET 方法也进行了改进(Allen 等,1998,2005),双重作物系数 $K_c$ 方法可以估算土壤表面蒸发对作物蒸腾的贡献(Pereira,2004)。这个方法让土壤水量平衡更加可信,这一点非常重要,因为土壤水量平衡是计算 PDSI 的基础(Alley,1984),会影响 PDISI 最终的指数值。在蒸发蒸腾量、土壤含水量、土壤水分消耗、土壤水分补给和径流方面,对应用于橄榄作物的 ISAREG 获得的值与使用标准 Palmer 程序获得的相应值进行了比较分析。关于水分异常指数值 $Z_i$,会分别用改进后的 PDSI 和标准帕尔默方法进行计算,然后再将两个值与改进的 PDSI 和原有 PDSI 的指数进行比较。同时,测试了可用土壤有效含水量对原有 PDSI 值和改进后 PDSI 值的影响。另外,本章还将改进后 PDSI 和原有 PDSI 分别与同一地区 9 个月和 12 个月时间尺度的标准化降水指数 SPI 进行比较。

## 8.2　土壤水量平衡计算:比较改进后 PDSI 和原有 PDSI 的计算流程

### 8.2.1　水量平衡模型

如前所述,橄榄作物的水量平衡是用 ISAREG 模型计算的,该模型是一种旨在研究作物水分和灌溉需求的水分平衡模拟模型(Teixeira and Pereira,1992;Pereira 等,2003)。虽然该模型主要用于灌溉规划,但在本次研究中,该模型只用于不同降水情景下的土壤水量平衡监测。为了模拟土壤水量平衡,该模型使用了多种气象、作物和土壤数据。

不考虑灌溉和地下水向上通量的情况下,ISAREG 使用的土壤水量平衡的通用公式为:

$$\Delta R = (P - \mathrm{ET}_a - E_s - D_r)\Delta t \tag{8.1}$$

式中,$\Delta R$ 是土壤水储量(mm)的变量,$P$ 是降水量(mm);$E_s$ 是不可渗透降水导致的径流量(mm),$\mathrm{ET}_a$ 是实际作物蒸腾量(mm),$D_r$ 是深层渗漏量(mm),$\Delta t$ 是计算的时间长(d),从一天到一个月不等。考虑到有效降水 $P_e = P - E_s$,式(8.1)可以简化为:

$$\Delta R = (P_e - \mathrm{ET}_a - D_r)\Delta t \tag{8.2}$$

式中,除了有效降水之外的项,其他项会根据土壤水量储存空间的不同而有不同的表现

(Pereira 等,2003)。

1)深层渗漏空间。多出田间持水量的额外水量空间,与重力水相对应,无法立即被植被吸收。

2)无压力空间。在田间持水量 $\theta_{FC}$ 和植物仍可轻松无压力地吸收水分的最低限度 $\theta_p$ 之间。

3)水分胁迫空间。在 $\theta_p$ 和凋萎点 $\theta_{wp}$ 之间,植物仍可从这里吸收水分,但根部在吸收时要消耗能量。

当第 $j$ 日土壤含水量高于田间持水量,第 $j+1$ 日的降水量超过同一日的最大蒸散发量时,则要考虑深层渗漏。因此

$$\Delta R = (P_e - ET_m - D_r)\Delta t \tag{8.3}$$

式中,$ET_a = ET_m$。最大作物蒸腾 $ET_m = K_c ET_0$,其中 $K_c$ 是作物系数,$ET_0$ 是参照蒸腾,目前用彭曼-蒙特斯公式(Allen 等,1998)。当土壤水处于最优空间时,就不用考虑深层渗漏,$ET_a = ET_m$,因此

$$\Delta R = (P_e - ET_m)\Delta t \tag{8.4}$$

当存在水分胁迫,例如土壤含水量低于 $\theta_p$ 时,$ET_a < ET_m$,土壤缓慢释放水,因此

$$ET_{a(i+1)} = \frac{ET_{m(i+1)}}{R_{\min}} \cdot R_{(i)} \tag{8.5}$$

并且

$$\Delta R = \left[ P_{e(i+1)} - \frac{ET_{m(i+1)}}{R_{\min}} \cdot R_{(i)} \right] \cdot \Delta t \tag{8.6}$$

式中,$ET_{a(i+1)}$ 是第 $i+1$ 日的实际蒸腾量;$R_{\min}$ 是水量储存,与最优空间的最低限度对应;$R_{(i)}$ 是 $i$ 日结束时的水量储存。

## 8.2.2　橄榄作物的作物系数

在第一批致力于改进 PDSI 的研究中(Pereira 等,2005),采用的橄榄作物系数 $K_c$ 是 Orgaz 和 Fereres(1997)从一个果实成熟、种植密集(覆盖面积达到 60%)的橄榄果园中得出的,该果园位于西班牙南部城市科尔多瓦,那里的气候与阿连特茹地区相似。实地研究的结果表明,要计算橄榄作物的 ET,必须分别考虑 ET 的两个组成部分,即蒸腾作用和土壤水分蒸发,因为后者可能占总 ET 的 30% 左右,这也是未被树木覆盖的土壤部分,从而暴露于辐射种(Bonachela 等,1999,2001)。因此,本章采用双重作物系数方法(Allen 等,1998,2005)来估算土壤水量平衡中橄榄作物的 ET。

双重作物系数方法包括采用基本的作物系数 $K_{cb}$ 来代表作物蒸腾作用,以及计算土壤蒸发系数 $K_e$ 来代表土壤蒸发。因此,最大潜在作物蒸散发量为

$$ET_m = (K_{cb} + K_e)ET_0 \tag{8.7}$$

$K_e$ 值由 0.15m 土壤蒸发层的每日水量平衡计算得出,这就要求 $ET_0$ 也要采用以日为步长。每月的 $K_{cb}$ 值可以从文献中估计得到(Orgaz and Fereres,1997;Testi 等,2006),计算阶段为 1965—2000 年。

以月为步长,根据 $K_e$ 日值数据,计算各月份的 $K_e$ 平均值,然后将其与相应月份的 $K_{cb}$ 值相加,即可得出该月的 $K_c$ 值,再用 ISAREG 计算出每月的作物蒸散发量。因为 PDSI 的水量平衡计算是以月为计算步长的,所以根据日值数据计算月平均值的方法是合理的。

表 8.1 列出了的 $K_{cb}$、$K_e$ 和 $K_c$ 在 1965—2000 年的月均值。可以看出,在雨季,当土壤蒸发不可忽略时,$K_e$ 值越高,$K_c$ 值越大。最终,$K_c$ 值的变化趋势与 Testi 等(2006)提出的变化趋势相似。

上述方法计算蒸发系数 $K_e$,要求有逐日的降雨和参考蒸散发数据。但是大多数地区或更长的数据集中,都不能获取这种逐日数据,因此需要一个仅使用月度数据来估算 $K_c$ 的程序方法。该程序方法包括确定每月的降水量阈值,当降水量高于该阈值时,土壤湿度应足以得出一个与当月 $K_e$ 平均值相应的蒸发率(表 8.1)。当任一月份降水低于土壤蒸发最高值时,$K_e$ 值就会降低。因此,通过区分阈值和无效降水之间的差异,并给每个类别分配一个单独的 $K_e$ 值,可以得出上个月和当月任一级别的降水量。

为测试上述程序方法,将使用月数据计算的橄榄作物 ET 值、作物系数,与使用日数据计算的值进行比较。结果见图 8.1,可以看出,采用校正后的 $K_e$ 值对橄榄作物 ET 进行的每月估计,与使用同一月的每日天气数据计算的结果很接近,即穿过原点的回归系数接近 1.0,决定系数 $R^2$ 高于 0.96。

表 8.1            1965—2000 年 $K_{cb}$、$K_e$ 和 $K_c$ 的月平均值

| 月份 | $K_{cb}$ | $K_e$ | $K_c$ |
|---|---|---|---|
| 1 | 0.50 | 0.31 | 0.81 |
| 2 | 0.50 | 0.30 | 0.80 |
| 3 | 0.65 | 0.19 | 0.84 |
| 4 | 0.60 | 0.19 | 0.79 |
| 5 | 0.55 | 0.14 | 0.69 |
| 6 | 0.55 | 0.07 | 0.62 |
| 7 | 0.50 | 0.01 | 0.51 |
| 8 | 0.50 | 0.01 | 0.51 |
| 9 | 0.55 | 0.07 | 0.62 |
| 10 | 0.60 | 0.21 | 0.81 |
| 11 | 0.65 | 0.27 | 0.92 |
| 12 | 0.50 | 0.31 | 0.81 |

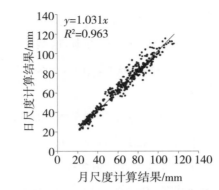

**图 8.1　使用每日和每月数据计算的埃武拉地区橄榄作物蒸散发量月值的比较**

*（根据降雨后土壤湿度的蒸散发系数 $K_e$ 进行校正）*

### 8.2.3　基于原有和改进 PDSI 的水量平衡项计算与比较

针对土壤水量平衡项的计算方法，帕尔默（Palmer，1965；Alley，1984）所提出的方法，与上述为橄榄作物计算所采用的方法是不相同的，因此必然也会产生不同的结果，尽管两种方法均使用了相同的月度天气数据，土壤水分特征也相同（TAW＝150mm）。因此，非常有必要分析这些结果的差异，以下以埃武拉地区为例。

通常情况下，在土壤水分较多时，采用 ISAREG 模型计算的橄榄作物（ISAREG-Olive）的实际蒸散发值 $ET_a$，较采用帕尔默方法计算的值要小；而在土壤干旱时，前者又略高于后者（图 8.2）。将帕尔默方法与 FAO-PM 推荐的蒸散发计算方法（Allen 等，1998）相结合，取代原来的 Thornthwaite 方程。与帕尔默采用的参照作物冬小麦相比，橄榄作物非常适应地中海气候，可以更好地利用土壤水分，因此帕尔默采用的参考作物更代表美国高原的条件。

图 8.3 显示了用两种方法计算的每月末的土壤蓄水量（SWR）。结果表明，当计算涉及橄榄作物时，SWR 较高，尤其是 1980—1983 年、1991—1993 年、1995 年和 1998—2000 年发生重大干旱时，这可以解释为原有帕尔默方法中的潜在 ET 被橄榄作物中的潜在 ET 所取代，且使用 ISAREG 和帕尔默方法计算的土壤渗流量和地表径流量也不同。同时，结果也反映了橄榄非常适应当地气候，这与帕尔默水量平衡的结果是不同的。

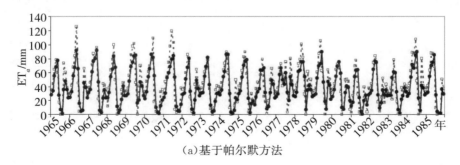

(a)基于帕尔默方法

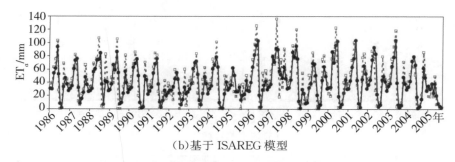

（b）基于 ISAREG 模型

**图 8.2  埃武拉地区橄榄作物的月尺度实际蒸散发量 $ET_a$ 的时间序列**

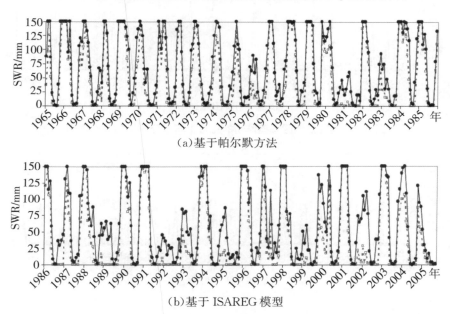

（a）基于帕尔默方法

（b）基于 ISAREG 模型

**图 8.3  埃武拉地区橄榄作物的月末土壤蓄水量的时间序列**

分别用两种方法计算土壤水分补给量，结果证明，两种方法存在明显差异（图 8.4），差异之处体现在补给峰值以及土壤水分补给发生的月份，这些差异是土壤水量平衡方法所固有的。

实际土壤水分消耗（图 8.5）代表着植被的用水，而当前月份降雨不是植被用水的来源，这表明，土壤水分消耗的峰值首先出现在原有帕尔默方法中，主要是春季，然后出现在与橄榄作物相关的 ISAREG 模拟中。出现这一结果的部分原因是：前一月末 $ET_a$ 和 SWR 之间的显著差异以及运算程序的差异。帕尔默方法中的运算程序非常简单，而 ISAREG 的运算程序则比较复杂。

关于径流量值，图 8.6 显示同时期的径流峰值大致相符，但径流常常用 ISAREG 进行计算，其计算的峰值更高。图 8.6 显示了应用于橄榄作物的 ISAREG 模型结果中，出现的峰值及其发生频率。

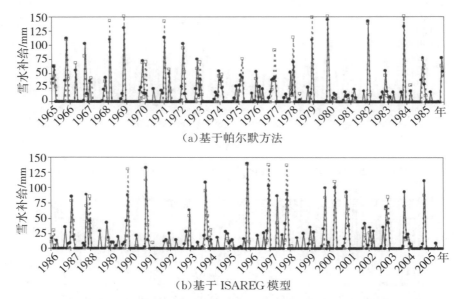

(a)基于帕尔默方法

(b)基于 ISAREG 模型

**图 8.4　埃武拉地区橄榄作物的每月土壤水分补给的时间序列**

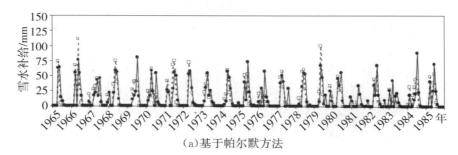

(a)基于帕尔默方法

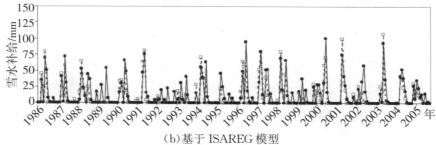

(b)基于 ISAREG 模型

**图 8.5　埃武拉地区橄榄作物的每月土壤水分消耗的时间序列**

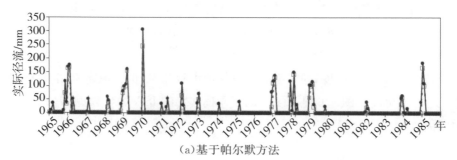

(a)基于帕尔默方法

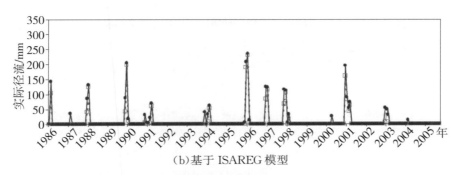

（b）基于 ISAREG 模型

**图 8.6　埃武拉地区橄榄作物的每月径流深的时间序列**

## 8.3　水分异常指数

橄榄作物是地中海地区的特征作物,除了采用与其相适应的土壤水量平衡程序外,还引入了一种改进的方法来计算潜在径流量 PRO。帕尔默方程中使用 PRO 来计算水分偏差 $d_i$,即实际降水 $P_i$ 和平均气候条件下降水量 $P_i'$ 之间的偏差,若以一个月为计算步长,则偏差可以按以下公式进行计算:

$$d_i = P_i - P_i' = P_i - (a_i \cdot \text{ETP}_i + \beta_i \cdot \text{PR}_i + \gamma_i \cdot \text{PRO}_i + \delta_i \cdot \text{PL}_i) \qquad (8.8)$$

式中,$\text{ETP}_i$ 是潜在蒸散发量(mm),$\text{PR}_i$ 是潜在土壤水分补给量(mm),$\text{PRO}_i$ 是潜在径流量(mm),$\text{PL}_i$ 是潜在土壤水分消耗量(mm),所有的时间间隔长度为 $i$。系数 $a_i$、$\beta_i$、$\gamma_i$ 和 $\delta_i$ 分别是校准期内 ET、土壤水分补给、径流和土壤水分消耗的实际平均值与对应潜在值(ETP、PR、RPO 和 PL)的平均值之间的比率。下标 $j$ 是一年中的月份。

如帕尔默的定义所描述,潜在径流量,对应于任一潜在降水 PP 和潜在补给之间的差异。帕尔默最初采用土壤有效含水量 TAW 的值作为 PP 值,然而,他随后意识到,这一选择也许不太“精准”,因为降水和 TAW 之间可能存在某种联系,所以对于改进后的 PDSI,就像帕尔默后来提出的那样(Alley,1984),PP 采用的值是分析期间每个月平均降水量的 3 倍。

表 8.2 所示为气候系数的月值,式(8.8)已对 $a_i$、$\beta_i$、$\gamma_i$ 和 $\delta_i$ 进行定义,这些值需要经过校正,然后再计算出水分流失 $d_i$。改进后 PDSI 和原有 PDSI 中的上述系数都经过校对,后者通过 FAO-PM 方法计算 $\text{ET}_0$,并进行水量平衡计算。可以看出,当采用适用于橄榄作物的 ISAREG 计算土壤水量平衡时,$a_i$ 和 $\beta_i$ 普遍偏高,春夏季差异明显。考虑到系数 $a_i$ 是 ET 实际值的平均值与校准期间对应 ET 潜在值(从 $\text{ET}_m$ 估计)之间的比率,该系数值越高意味着实际值越稳定。这也许表明,较原有方法而言,改进后的方法也许更接近实际情况。相反的是,除了 7 月,在采用原有帕尔默方法的情况下,$\delta_i$(与土壤水分消耗相关)的值往往偏高。参数 $\gamma_i$ 在原有帕尔默方法中偏高是因为采用改进后的方法估计潜在径流量值要比用原有帕尔默方法估计的径流量值高,该径流量值是比率 $\gamma_i$ 的分母。

表 8.2　　基于原始 Palmer 和 ISAREG 改进模型计算的阿连特茹地区橄榄作物气候系数

| 月份 | 基于 ISAREG 改进模型的计算结果 | | | | 基于原始 Palmer 模型的计算结果 | | | |
|------|------|------|------|------|------|------|------|------|
| | $\alpha_i$ | $\beta_i$ | $\delta_i$ | $\gamma_i$ | $\alpha_i$ | $\beta_i$ | $\delta_i$ | $\gamma_i$ |
| 1 | 0.983 | 0.377 | 0.092 | 0.208 | 0.927 | 0.273 | 0.144 | 0.386 |
| 2 | 0.987 | 0.289 | 0.156 | 0.198 | 0.916 | 0.249 | 0.250 | 0.275 |
| 3 | 0.982 | 0.188 | 0.304 | 0.137 | 0.870 | 0.118 | 0.353 | 0.196 |
| 4 | 0.955 | 0.158 | 0.348 | 0.037 | 0.829 | 0.084 | 0.482 | 0.014 |
| 5 | 0.913 | 0.081 | 0.526 | 0.039 | 0.661 | 0.017 | 0.639 | 0.025 |
| 6 | 0.666 | 0.019 | 0.744 | 0 | 0.341 | 0 | 0.785 | 0 |
| 7 | 0.300 | 0.005 | 0.899 | 0 | 0.077 | 0 | 0.805 | 0 |
| 8 | 0.115 | 0.009 | 0.873 | 0 | 0.030 | 0 | 0.921 | 0 |
| 9 | 0.233 | 0.082 | 0.209 | 0 | 0.224 | 0.004 | 1.000 | 0 |
| 10 | 0.563 | 0.26 | 0.169 | 0.012 | 0.577 | 0.147 | 0.994 | 0.061 |
| 11 | 0.808 | 0.359 | 0.096 | 0.089 | 0.811 | 0.289 | 0.130 | 0.255 |
| 12 | 0.935 | 0.449 | 0.062 | 0.181 | 0.939 | 0.374 | 0.131 | 0.413 |

　　两种方法的水量平衡项存在的明显差异导致气候系数也产生了差异,得出的水分异常指数 $Z_i$ 也产生类似的差异。水分异常指数计算如下:

$$Z_i = k_j d_i \tag{8.9}$$

式中,$k_j$ 是 $j$ 月的气候特征,$d_i$ 是式(8.8)提及的水分流失。由图 8.7 可知,埃武拉地区的应用结果与原有帕尔默方法结果相比,采用改进方法估计的异常值往往会偏高。

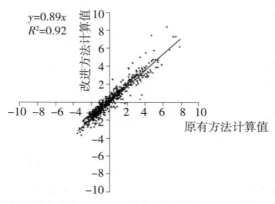

图 8.7　分别采用原有帕尔默方法和 ISAREG 改进模型计算的水分异常指数之间的线性回归

## 8.4　校准 PDSI 以适应地区天气状况

　　根据 Heddinghaus and Sabol(1991)的提议,通过确定干旱最严重时水分异常指数 $Z_i$ 累积值和其对应受灾时间的关系(图 8.8),对原有 PDSI 和改进后 PDSI 进行了校准,以适应葡萄牙南部的天气状况。1942—2005 年发生了 7 次严重干旱,受灾地区为阿连特茹、埃武拉、贝贾、埃尔瓦什和阿尔瓦拉迪(后者为 1942—2000 年)。然后将回归线调整至对应于 PDSI<−4 对应的值。再将得到的回归方程转换为计算 PDSI 最终值的方程:

$$X_i = pX_{i-1} + qZ_i \qquad (8.10)$$

式中,$p$ 是指数先前值的系数,用于维持干旱的严重程度,$q$ 是水分异常指数的系数。

如果 $m$ 和 $b$ 分别是各自回归线中纵坐标的斜率和截距,那么可以通过以下公式算出 $p$ 和 $q$:

$$p = 1 - \frac{m}{m+b} \qquad (8.11)$$

$$q = \frac{c}{m+b} \qquad (8.12)$$

式中,$c = -4.00$。

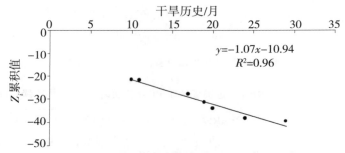

**图 8.8** 最严重干旱事件的水分异常指数 $Z_i$ 累积值与其持续时间的关系

应用在葡萄牙地区的改进后 PDSI 公式:

$$X_i = 0.911X_{i-1} + 0.33Z_i \qquad (8.13)$$

帕尔默方法针对美国天气状况的 PDSI 公式:

$$X_i = 0.897X_{i-1} + Z_i/3 \qquad (8.14)$$

式(8.13)和式(8.14)非常相似。该研究中的干旱分析使用了帕尔默方法得出的公式。

## 8.5  改进后 PDSI 和原有 PDSI 的比较

图 8.9 所示为埃武拉站点通过原有帕尔默方法和改进后的帕尔默方法获得 PDSI 序列的相似性结果。两种方法都能够明确识别相同重大干旱,但在严重干旱的月数上却出现了相对较大的差异(表 8.3),改进后 PDSI 出现负值的倾向非常明显。这与上述分析的异常指数出现的趋势一致。

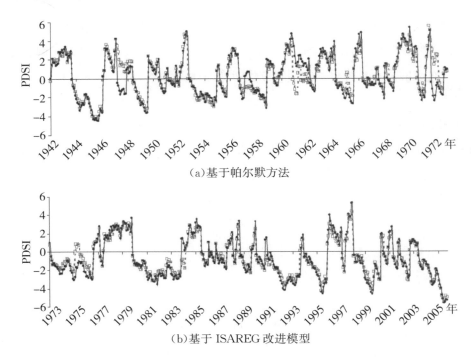

（a）基于帕尔默方法

（b）基于 ISAREG 改进模型

**图 8.9 埃武拉地区计算的 PDSI 时间序列**

**表 8.3 当采用帕尔默方法和 ISAREG 改进模型计算 PDSI 指数时，每个干旱等级对应的月份数**

| 研究区 | 干旱等级 | 基于 ISAREG 改进模型计算的 PDSI | 基于 FAO-PM 计算潜在蒸发的原始 PDSI | 基于 Thornthwaite 计算潜在蒸发的原始 PDSI |
|---|---|---|---|---|
| 埃武拉地区 | 轻度干旱 | 172 | 174 | 179 |
| | 中等干旱 | 103 | 91 | 75 |
| | 严重干旱 | 51 | 40 | 41 |
| | 极端干旱 | 20 | 17 | 13 |

图 8.9 中的结果表明，改进后 PDSI 和原有 PDSI 的结果与研究阶段保持一致。阿连特茹其他站点的结果与埃武拉站相似。

通过原点回归来比较结果（图 8.10），能够确定的是两种方法的结果非常相似。然而，就湿度异常而言，改进后的方法往往会把严重程度指数高估 15%，干旱越严重，这种倾向就越明显。确定系数高（>0.85）的正值区域，回归线附近的离散度更大，特别是在无干旱情况下。

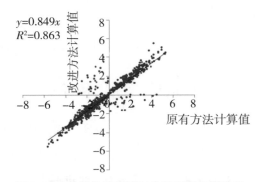

$y=0.849x$
$R^2=0.863$

**图 8.10 埃武拉地区通过改进后帕尔默方法和原有帕尔默方法得到的 PDSI 值的线性回归**

## 8.6　PDSI 对土壤有效含水量的敏感性

先前的研究(Paulo 等,2003)表明,土壤有效含水量(TAW)增加时,中等、严重和极端干旱发生的频率也会增加。这一现象无法解释,因为土壤有效含水量较大的地区和土壤有效含水量较小的地区都难以对干旱做出反应。因此,对几个 TAW 值:100mm、150mm、200mm 和 250mm(图 8.11),分别采用改进后 PDI 和原有 PDI 程序进行计算。

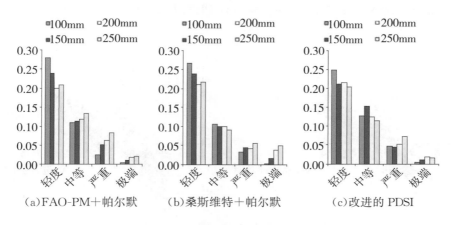

图 8.11　不同 TAW 值下,特定干旱等级发生的月数频率

注:图(a)通过 FAO-PM 方程算出 ET。,再采用帕尔默方法计算;图(b)通过桑斯维特方程计算出 ET。,再采用帕尔默方法计算;图(c)采用改进的 PDSI 方法计算。

较使用帕尔默方法得到的结果而言,采用改进后的方法尤其是采用了 FAO-PM 方程以后得到的结果更好。该地区其他站点的结果相似。通过改进后的方法得到的结果[(图 8.11(c)]表明,有 TAW 值时,干旱频率略有增加,尤其是严重和极端严重干旱事件。相反,对于较严重的干旱等级,当 PDSI 与原有帕尔默方法或与通过 FAO-PM 方程[图 8.11(a)]、桑斯维特方程[(图 8.11(b)]计算出的 ET。一起运算,且采用较高的 TAW 值来计算时,这些频率会急剧增加。

## 8.7　改进后 PDSI 和标准化降水指数(SPI)的比较

在先前的研究中,将 PDSI(其中 ET。采用 FAO-PM 公式计算)和标准化降水指数 SPI(Paulo 等,2003;Paulo and Pereira,2006)进行了比较。可以发现,二者之间存在非常合理的关系,两种指数表现相似,结果也具有一致性。然而,与 SPI 指标相比,PDSI 指标往往会将干旱程度严重化(Paulo and Pereira,2006)。尽管 PDSI 和 SPI 的理论基础不同,但两种指数的表现具有一致性是非常重要的,因为干旱研究往往需要用多种指数进行求证(Guttman,1998)。本章研究的重点在于验证改进后 PDSI 是否与 SPI 具有可比性,从而为研究结果增加验证信息,因此分别在 9 个月和 12 个月的时间尺度上,将改进后 PDSI 与 SPI 的结果进行了比较,结果见图 8.12、表 8.4 和图 8.13。

图 8.12 中的结果表明,在 9 个月和 12 个月时间尺度上,改进后 PDSI 与 SPI 之间存在合理的对应关系。SPI 严重等级量表只有 PDSI 的一半,因此,为更好地与 PDSI 进行比较,将 SPI 的值增加 1 倍。两种指数之间存在一定差异是很正常的,因为对一种指数来说某些月份是干旱时期,而对另一种指数来说却不是干旱时期,这种现象可通过回归线周围的离散度来解释和证明。表 8.4 中的结果说明,与原有 PDSI 相比,改进后的 PDSI,其分布的离散度略小。

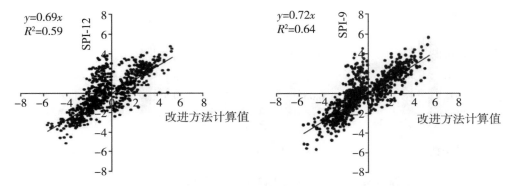

图 8.12　埃武拉地区基于 ISAREG 改进模型计算的 PDSI(适用于橄榄作物)
与 SPI-12 和 SPI-9 之间的线性回归(SPI 值放大 1 倍展示)

表 8.4　　　　　　　　SPI-9 和 SPI-12 与改进的 PDSI 值之间的线性回归结果

| 方法 | SPI-9 | | SPI-12 | |
|---|---|---|---|---|
| | 回归系数 | 决定系数 | 回归系数 | 决定系数 |
| 改进的 PDSI | 0.72 | 0.64 | 0.69 | 0.59 |
| 原始的 PDSI | 0.77 | 0.61 | 0.73 | 0.56 |

在 9 个月和 12 个月时间尺度上,与 SPI 相比,改进后 PDSI 在确定干旱程度时往往会将情况估计得相对严重,这一现象在该地区的其他站点也有所发现。除此之外,改进后 PDSI 倾向于在 SPI 之前识别干旱事件的发生(图 8.13),然而相对于原有 PDSI 指标,这一状况已有所改进。在埃武拉地区这一现象非常典型,改进后 PDSI 显示出明显的趋势,在有纪录的重大干旱事件中,改进后 PDSI 评估的干旱事件比 SPI-12 严重。

当与 9 个月时间尺度的 SPI 进行比较时,可以看出,在埃武拉地区,改进后的 PDSI 倾向于将分析期后半段发生的干旱评估得更严重;相反,SPI-9 则倾向于将第一段分析期的干旱事件评估得更严重。其他研究站点的结果与此类似。

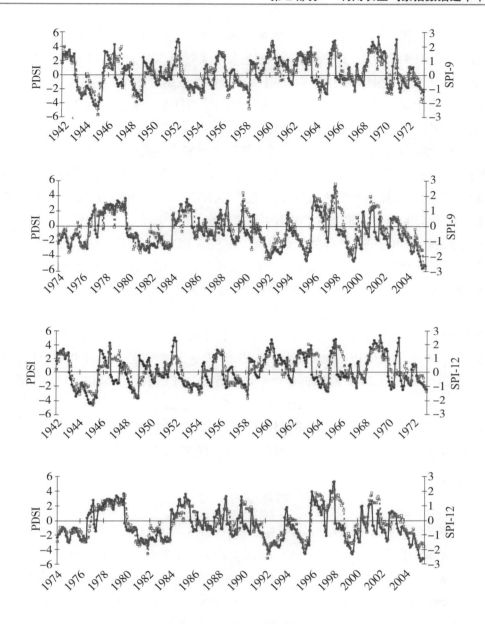

**图 8.13　SPI-9 和 SPI-12 与改进的 PDSI 值之间的比较**

## 8.8　结论

　　本章研究结果表明,改进后 PDSI 可以更好地适用于地中海地区干旱识别及评估。与原有 PDSI 方法相比,改进后 PDSI 对土壤水量平衡计算进行了改进,并选取了地中海多年生且研究成熟的作物——橄榄作物作为研究典型,同时,改进后 PDSI 沿用了帕尔默提出的干旱严重程度分类的基本特征。

　　结果表明,将橄榄作物而不是美国中部平原的小麦类作物作为干旱参照作物时,水量平衡项更接近实际情况。除此之外,选择橄榄作物为典型,还可以更好地参数化作物蒸腾作用,并且通过水量平衡方法,更好地估计蒸散发量的实际值。当土壤水分补给量小于平均值时,将土壤蒸发及其水分流失信息考虑到作物系数中,这也是 PDSI 指标改进的重点部分。实际上,与原有 PDSI 指标相比,改进后,水量平衡项的月度校准参数(蒸散发、土壤水分消耗、土壤水分补给和径流等)变化幅度将会变小。

在分析土壤有效含水量对极端或严重干旱发生频率的影响时,改进后的 PDSI 方法与实际结果更为一致,这是因为使用原有 PDSI 方法时,往往会得出严重干旱事件发生频率会随着土壤有效含水量增加而增加的结果,而这是与事实不符的。因此,改进后 PDSI 表现出的一致性结果,可以看作对帕尔默方法的重大改进。

水量平衡程序和干旱参照作物的改变将使改进后 PDSI 方法显示的湿度异常值比原有方法的值要高,这也导致 PDSI 值更高。因此,改进后,识别出的中等、严重和极端严重干旱的频率,将与基于 SPI-12 确定的频率更加接近,这也使得两个指数的联合使用变得简单而连贯。

当土壤的 TAW 值为 150mm 时,将改进后的 PDSI 和 SPI-12 相比较,结果显示,最好选择改进后 PDSI 而非原有 PDSI,因为改进后 PDSI 识别出的中等、严重和极端严重干旱的频率,较原有 PDSI 识别出的频率增加,这也更加接近于 SPI 识别的干旱相应频率。通过将改进后 PDSI 和不同时间尺度的 SPI 相比,发现在 9 个月和 12 个月的时间尺度上,两者间的一致性最好。只有在具有不同气候的地区测试所提出的改进 PDSI 方法,PDSI 方法才能取得更多的进步,这就要求研究人员在研究水量平衡时,仔细确定作物和土壤的参数。

# 本章参考文献

Alley W M. The Palmer drought severity index:limitations and assumptions[J]. Journal of Applied Meteorology and Climatology,1984,23(7):1100-1109.

Allen R G,Pereira L S,Raes D,et al. Crop evapotranspiration-Guidelines for computing crop water requirements-FAO Irrigation and drainage paper 56[R]. Rome:FAO,1998.

Allen R G,Pereira L S,Smith M,et al. FAO-56 dual crop coefficient method for estimating evaporation from soil and application extensions[J]. Journal of irrigation and drainage engineering,2005,131(1):2-13.

Bonachela S,Orgaz F,Villalobos F J,et al. Measurement and simulation of evaporation from soil in olive orchards[J]. Irrigation Science,1999,18:205-211.

Bonachela S,Orgaz F,Villalobos F J,et al. Soil evaporation from drip-irrigated olive orchards[J]. Irrigation Science,2001,20:65-71.

Burt C M,Mutziger A J,Allen R G,et al. Evaporation research:Review and interpretation[J]. Journal of irrigation and drainage engineering，2005，131(1)：37-58.

Cancelliere A，Rossi G，Ancarani A. Use of Palmer Index as drought indicator in Mediterranean regions[A]. Proc. IAHR Congress from flood to drought[C]. Cape Town：[s. n.]，1996.

Fernández J E，Palomo M J，Díaz-Espejo A，et al. Influence of partial soil wetting on water relation parameters of the olive tree[J]. Agronomie，2003，23(7)：545-552.

Guttman N B. Comparing the Palmer Drought Index and the Standardized Precipitation Index[J]. JAWRA J. Am. Water Resour Assoc.，1998，34：113-121.

Heddinghaus T R，Sabol P M. A review of the Palmer Drought Severity Index and where do we go from here[A]. Proc. 7th Conf. on Applied Climatology[C]. Boston：American Meteorological Society，1991.

Moriana A，Orgaz F，Pastor M，et al. Yield responses of a mature olive orchard to water deficits[J]. Journal of the American Society for Horticultural Science，2003，123(3)：425-431.

Moreno F，Fernández J E，Clothier B E，et al. Transpiration and root water uptake by olive trees[J]. Plant and soil，1996，184：85-96.

Nuberg I K，Yunusa I A M. Olive water use and yield：monitoring the relationship [M]. Rural Industries Research and Development Corporation，2003.

Orgaz F，Riego E F. El Cultivo del Olivo[M]. Madrid：Mundi Prensa，1997.

Palmer W C. Meteorological drought[R]. Washington D. C.：US Department of Commerce，Weather Bureau，1965.

Palomo.M J，Moreno F，Fernández J E，et al. Determining water consumption in olive orchards using the water balance approach[J]. Agricultural Water Management，2002，55(1)：15-35.

Paulo A A，Pereira L S. Drought concepts and characterization：comparing drought indices applied at local and regional scales[J]. Water International，2006，31(1)：37-49.

Paulo A A，Pereira L S，Ferreira E. O índice de Palmer eo índice normalizado de precipitação na identificação de períodos secos[J]. JPL Ferreira，2003，31(1)：293-307.

Paulo A A，Ferreira E，Coelho C，et al. Drought class transition analysis through Markov and Loglinear models，an approach to early warning[J]. Agricultural water management，2005，77(1-3)：59-81.

Pereira L S. Necessidades de água e métodos de rega[M]. Lisboa：Publ. Europa-América，2004.

Pereira L S，Teodoro P R，Rodrigues P N，et al. Irrigation scheduling simulation：the model ISAREG[A]. Rossi G，Cancelliere A，Pereira L S，et al. Tools for drought mitigation in mediterranean regions[C]. Dordrecht:Kluwer，2003.

Pereira L S, Paulo A A, Rosa R D. A modification of the Palmer drought stress index for Mediterranean environments[A]. ICID 21st European Regional Conference[C]. Frankfurt:ICID German Nat. Com. ,2005.

Rossi，G，Cancelliere，A，Pereira，L S，et al. Tools for drought mitigation in Mediterranean Regions[M]. Heidelberg:Springer,2003.

Teixeira J L, Pereira L S. ISAREG, an irrigation scheduling model[J]. ICID bulletin，1992，41(2)：29-48.

Testi L，Villalobos F J，Orgaz F，et al. Water requirements of olive orchards：I simulation of daily evapotranspiration for scenario analysis[J]. Irrigation Science，2006，24：69-76.

Villalobos F J，Orgaz F，Testi L，et al. Measurement and modeling of evapotranspiration of olive (Olea europaea L. ) orchards[J]. European Journal of Agronomy，2000，13(2-3)：155-163.

# 第 9 章　区域干旱识别和评估——以克里特岛为例

G. Tsakiris，D. Tigkas，H. Vangelis，D. Pangalou

希腊雅典国家技术大学填海工程与水资源管理实验室

**摘要：**本章分析了气象干旱的两个基本特征，即干旱的严重程度和影响范围。干旱严重程度通过两种常见干旱指数表示，即标准化降水指数和干旱侦测指数。以距离平方的倒数为基础，采用空间分布式模型，来模拟干旱的空间影响范围。通过离散化平台，以克里特岛东部地区为典型案例，绘制了年度干旱地图。克里特岛东部是希腊的干旱易发区，由伊拉克里翁和拉西提两个行政区组成。研究结果表明，估计每一种干旱等级影响范围的有效方法，是使用累积曲线或"更多"的曲线，然后在曲线上标出此次干旱等级及影响范围。

**关键词：**区域干旱；干旱评估；干旱指数；SPI；RDI

## 9.1　概述

通常认为，干旱是一种自然现象，当在给定时间段和区域范围内，观察到降水量相对正常值显著减少时，表明这种现象发生。很难确定干旱何时开始，何时结束。事实上，在干旱发生很长一段时间后，人们才意识到干旱发生了。因此，一些学者将干旱描述为"爬行"现象（Wilhite，2000）。

从更广义的角度讲，干旱是降水不足造成的。干旱也有可能是其他因素造成的，如过度开采现有水资源等。因此，有必要区分气象干旱、社会经济干旱、水文干旱和农业干旱。

本书致力于识别和评估克里特岛东部地区的气象干旱，因为干旱是一种区域现象，因此应该特别关注其影响的空间范围（Rossi 等，1992）。

使用干旱指数可以识别干旱过程，本次研究采用了两种干旱指数：一种是 SPI，该指数以降水为基础；另一种是 RDI，该指数以降水和潜在蒸散发为基础。为使干旱指数能够快速高效地计算，研究人员还采用了新研发的软件包 DrinC。

关于区域层面的干旱评估，本章基于 GIS 平台生成网格系统，并针对每个网格区域进行干旱指数评估，并采用了两种呈现方式：历史纪录中的每一年都绘制了该地区的说明性虚拟-3D 地图;绘制了累积或"更多"曲线,用于直接评估不同干旱等级下的影响范围。结果表明,克里特岛东部非常容易受到干旱的侵害以及气象或气候变化的影响。

## 9.2　干旱指数

在研究区域内,为监测干旱采用了两种指数:标准化降水指数 SPI 和干旱侦测指数 RDI。本章介绍了这些指数的基本特征。这些指数是通过 DrinC 软件包估算的,DrinC 是在 SEDEMED Ⅱ项目框架内研发的软件包。本章末将介绍其主要功能。

### 9.2.1　标准化降水指数 SPI

标准化降水指数 SPI 是为确定和监测干旱而提出的(McKee 等,1993)。任何地点的 SPI 估计都是以一段时间内的长期降水观测数据为基础的。这个长期观测数据服从概率分布,然后将其转换为正态分布,以便使该地区的 SPI 均值为零(Edwards and McKee,1997)。正 SPI 值表示实际降水量大于平均降水量,负 SPI 值表示降水量少于平均降水量。SPI 值是标准化后的指标,因此潮湿天气和干燥天气都可以用 SPI 指标进行监测。

Thom(1958)发现,伽马分布与降水时间序列非常吻合。伽马分布由概率密度函数确定:

$$g(x) = \frac{1}{\beta^{\alpha}\,\Gamma(\alpha)}x^{\alpha-1}\mathrm{e}^{-x/\beta} \qquad x > 0 \tag{9.1}$$

式中,$\alpha$ 和 $\beta$ 分别是形状参数和尺度参数,$x$ 是降水总量,$\Gamma(\alpha)$ 是伽马函数。SPI 的计算,需要利用伽马概率密度函数,来拟合已知某一站点降水总量的频率分布。在每一个站点、每一关注时间段(1 个月、3 个月、6 个月、9 个月、12 个月等)甚至一年的每一个月,都估计了伽马概率密度函数中 $\alpha$ 和 $\beta$ 参数。用最大似然估计法估计参数 $\alpha$ 和 $\beta$

$$a = \frac{1}{4A}\left(1 + \sqrt{1 + \frac{4A}{3}}\right), \beta = \frac{\bar{x}}{\alpha}, A = \ln(\bar{x}) - \frac{\sum \ln(x)}{n} \tag{9.2}$$

式中,$n$ 为观测站数量。

然后,将所得参数用于确定所述站点,在给定月份和时间尺度内观测到的降水事件的累积概率。当 $x = 0$ 时伽马函数未定义,且降水分布可能包含 0,因此累积概率变为:

$$H(x) = q + (1-q)G(x) \tag{9.3}$$

式中,$q$ 是 0 的概率,$G(x)$ 是不完全伽马函数的累积概率。若 $m$ 是降水时间序列中降水值为 0 的次数,则 $q$ 可以用 $m/n$ 来估计。然后将累积概率 $H(x)$ 转变为标准正态随机变量 $z$,其平均值为 0,方差为 1,即 SPI 的值。干旱等级可按表 9.1 进行分类。表 9.1 还包含了由正常概率密度函数衍生的每种等级干旱的相应发生概率。因此,在给定地点的某一月份,中等干旱($-1.5 < \mathrm{SPI} \leqslant -1$)发生的概率为 15.9%,而极端干旱($\mathrm{SPI} \leqslant -2$)发生的概率为 2.3%。

SPI 可在多个时间尺度上追踪干旱事件。美国国家干旱减灾中心(NDMC)给定了 5 个不同的时间尺度,即 1 个月、3 个月、6 个月、9 个月和 12 个月。但该指数在时间尺度的选择上是很灵活的。这一特点使研究人员得以获取大量信息,除非研究者明确仅想知道特定时间尺度的 SPI。

表 9.1　　　　　　　　　　基于 SPI 指数的干旱等级划分及对应的频率

| SPI 值 | 干旱等级划分 | 概率/% |
|---|---|---|
| $\geqslant 2$ | 极端湿润 | 2.3 |
| $[1.5, 2)$ | 严重湿润 | 4.4 |
| $[1, 1.5)$ | 中等湿润 | 9.2 |
| $[0, 1)$ | 轻微湿润 | 34.1 |
| $(-1, 0)$ | 轻微干旱 | 34.1 |
| $(1.5, -1]$ | 中等干旱 | 9.2 |
| $(-2, -1.5]$ | 严重干旱 | 4.4 |
| $\leqslant -2$ | 极端干旱 | 2.3 |

评估方法包括以下步骤:

1)数据准备。选择所关注时间段的降水序列,至少需要 30 年的数据。

2)估计概率分布参数,该参数在统计上符合有效降水量序列的特征。

3)计算累积降水量值的非超越概率。

4)计算与非超越概率对应的标准正态分位数,这样的分位数与 SPI 值对应。

## 9.2.2　干旱侦测指数 RDI

干旱侦测指数 RDI 是后来引入的。Tsakiris 和 Vangelis(2005)以及 Tsakiris 等(2006)对 RDI 有详细介绍。年尺度的 RDI 值,可以用以下两个公式进行计算:

归一化的 RDI:

$$\mathrm{RDI}_n^{(i)} = \frac{a_0^{(i)}}{\overline{a_0}} - 1 \tag{9.4}$$

标准化的 RDI:

$$\mathrm{RDI}_{st}^{(i)} = \frac{y_i - \overline{y}}{\hat{\sigma}} \tag{9.5}$$

式中,$a_0^{(i)}$ 为第 $i$ 年 RDI 的初始值,$\overline{a_0}$ 为 $N$ 年序列种 $a_0$ 的平均值,$y_i$ 为 $\ln a_0^{(i)}$,$\overline{y}$ 为 $y_i$ 的算数平均值,$\hat{\sigma}$ 是 $y_i$ 的标准差。

计算 $a_0^{(i)}$ 在第 $i$ 年 RDI 的初始值公式为:

$$a_0^{(i)} = \frac{\sum_{j=1}^{12} P_{ij}}{\sum_{j=1}^{12} \mathrm{PET}_{ij}} \tag{9.6}$$

式中，$P_{ij}$ 和 $\text{PET}_{ij}$ 分别表示第 $i$ 年 $j$ 月的降水和潜在蒸散发，通常情况下，地中海地区从十月份开始计算，$N$ 表示数据的年数。

上述公式以假设 $a_0$ 值服从对数正态分布为基础。标准化 RDI 与 SPI 表现一样，呈现的结果也相似。因此，表 9.1 所述 SPI 也同样适用于标准化 RDI。

值得注意的是，RDI 的基础是降水和潜在蒸散发。$a_0$ 的平均值（$\overline{a_0}$）对应该地区正常的天气状况，其值等于 FAO 提出的干燥指数。

可以在一个月到一年的任何时间段内计算 RDI。例如，如果研究干旱对农业生产的影响，可以计算该地区主要作物生长季节的 RDI，这使得 RDI 与预期的雨养作物产量建立了联系，从而与农业干旱损失也有关联。

一年中某一月份的 RDI 初始值，可以用下式计算：

$$a_0^{jk} = \frac{\sum_{j=1}^{k} P_{ij}}{\sum_{j=1}^{k} \text{PET}_{ij}} \tag{9.7}$$

式中，考虑应用于地中海地区的情况，$k$ 是 10 月开始的月份数（针对地中海地区）。

与 SPI 相比，RDI 的主要优势在于：

1）它具有物理意义，因为它估算出了降水和蒸发之间的累积差值；

2）它可以在任一时间段进行估计（如 1 个月、2 个月）；

3）估计结果是合理可信的；

4）它可以和 FAO 提出的干燥指数比较，因此，该指标可以直接反映该地区的气候条件

5）它可以用于天气不稳定的情况，以检验气候因素的各种变化对干旱和沙漠化的影响。

鉴于上述情况，可以得出结论，RDI 是对干旱严重程度进行侦查、评估的一种有力工具。同时，它也在较大的地理范围内（如地中海地区）进行比较。

通常情况下，干旱伴随着高温天气，进而导致蒸发率变高。因此，与其他只关注降水的指数相比，RDI 应该是更灵敏的指数。

前期相关研究表明，仅使用降水（SPI）作为农业干旱评估的变量是远远不够的。然而，将潜在蒸散发纳入 RDI 估算，得到了 RDI 值，并证明 RDI 是农业干旱风险评估的适宜指标。

同理，潜在蒸散发也可能反映了除农业领域以外其他活动的水量消耗。因此，RDI 有望成为干旱时期对供水、生产活动进行风险评估的合适指数。如果要将 RDI 应用于除农业以外的其他领域，还需要对 RDI 指标进行改进，因为需要考虑该领域的空间分布特征。旅游业就是一个典型例子，在旅游业用水优先于其他用途的地区，用于计算 $a_0$ 的潜在蒸散发值，可以用反映旅游用水需求的标准化值代替。

### 9.2.3　DrinC 软件包

考虑到对干旱指数的空间分布进行评估时存在困难，因此干旱指数计算可能会很复杂。

为此,开发了 DrinC 软件包(干旱指数计算器,Drought Indices Calculator),以便于估计干旱指数(十分位数,SPI 和 RDI 等),它的研发是 SEDEMED Ⅱ 项目的一部分。

DrinC 是一个独立的电脑软件,要在 Windows 平台上进行操作,采用 Visual Basic 6 编程。估算十分位数和 SPI 的输入数据为年或月降水量,而在估算 RDI 时,还需要增加潜在蒸散发数据(PET),或者通过 Thornthwaite 方法使用温度数据来计算 PET。软件界面的主窗口见图 9.1。

该软件可以处理很多数据序列。为了改进软件界面,输入和输出文件采用 MS Excel 工作表格式。对于每年的指数估计,输入数据可以是年或月度数据,而在估计季节指数时(1 个月、3 个月、6 个月),则需要月度数据。

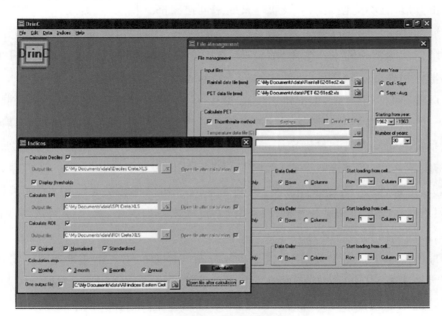

图 9.1　DrinC 软件的主窗口

## 9.3　空间分布模型

空间分布模型以地理信息系统(GIS)概念为基础,由图形环境和信息库两部分组成。这两部分都是在模型的应用过程中研发的。

图形环境分为两部分:第一部分由线性元素和点元素组成,这两种元素既可以确定研究的区域,也可以描述区域的水文、地貌等主要特征,这些数据通常以 GIS 或 CAD 格式保存。在本章中,这两种元素需要根据希腊军事地理服务处提供的栅格地图,进行数字化处理得到。数字化的要素包括海岸线、等高线、水文网络以及气象站和水文站的位置。除此之外,其他元素,如井、泉和水库等的位置、生态敏感区及自然保护区分布等,也需要进行数字化。

数字化过程中一个重要的问题是,数字化元素需要精确的地理坐标系统。采用可在全球参照系统中转换的坐标系统是非常重要的,因为这将使得出的结果可与其他方法得出的结果进行比较。本章案例研究采用了 1987 年希腊地理参照系统 EGSA,它是希腊用于大多数测绘任务的最新参照系统,与全球参照系统非常吻合。数字化过程中,另一个重要的问题是等高线之间的间隔。间隔应该大小合适,一方面间隔应足够小,这样才能确保有较高的数据分辨率,另一方面间隔应足够大,这样才能确保数字化过程中的时间效率。此外,流域的边界信息也需要从数字化等高线中提取生成。

图形环境的第二部分包括构成最终网格单元的元素,该网格是绘制干旱专题地图和干旱易发地区地图的基础。为了将数据库和地理环境联系起来,研究人员创建了图形拓扑关系——不是为整个网格创建拓扑,而是分别为网格的每个单元创建拓扑。因此,这些单元格被设计成正方形,且不能使用水平线或垂直线来创建栅格。相反,它是使用网格中彼此相连的小正方形创建的。删除重叠的方形边缘以校正网格,同时,如果不删除重叠部分,则无法创建拓扑结构。网格中的每一个单元格都有其中心附加的唯一代码值。此外,每个网格单元中心的坐标和高度,都是根据所使用的参考系从图形环境中导出的。

尽管该程序似乎很复杂,但提供了使用该模型的工具。在程序的末尾,每个网格单元都有一个唯一的引用代码,将其链接到下一步创建的数据库,每一单元格的坐标和高度都必须知道。该系统的研发人员一旦确定了网格的大小,就决定了专题地图的空间比例。网格越小,网格密度越大,空间呈现效果也更好,每一单元格代表了数据库中的一条纪录,因此,网格密度越大,纪录越多。纪录的增加与网格密度的增加呈指数关系。因此,如果数据库过大,可能很难对数据库纪录进行准确性评估。在此次案例研究中,为了使网格密度较高且数据库较小,最优网格大小确定为 2km×2km。

该程序的下一步是创建数据库,这是空间分布式模型的第二个主要组件。数据库可被视为一个大型矩阵,其中行对应于网格中每个单元格纪录,列对应于专题地图中呈现的各种元素。矩阵的第一列有一个特殊的条目,这对系统结构非常重要。该条目是"钥匙",对每一条记录每个网格单元都是唯一的,它是矩阵中每个网格单元的标识码,只有通过该代码才能实现数据库和图形环境之间的链接。为了实现此链接,将图形环境中的一个点直接连接到对应数据库中的"钥匙",该点就是网格单元的中心。此外,该系统需要网格正方形的中心和数据库之间的链接,以及网格正方形和它们的中心之间的图形拓扑。这个复杂的任务再一次需要该模型完成。因此,网格的每个单元格表示每个纪录(行)的一列中的一个值。但是,必须手动将"钥匙"分配给单元中心,因为模型无法检测图形环境中的正方形序列。在此实施阶段,可能会发生重大错误,若方块代码分配错误,这可能会导致空白点,这只能通过一种方式避免此错误,即重新分配代码。假设所设计的系统满足设定要求,数据可以以多种不同的方式插入矩阵,最有用的两种方法是数值表示法和选定数值范围的色度表示法。

显然,如果没有适当的数据,上述模型就毫无价值。本章这些数据是干旱指数的值,或者只是空间上表示的气象数据。子数据库也很有用,例如:可以将程序中使用的水平坐标和网格点高程,或者其他常量变量,存储在单独的子数据库中。系统中的数据存储在单元格中,因此,必须在所有单元格中分配从点源获取的数据值(例如雨量站数据)。

这种分配是通过估计所得数据的加权平均值来进行的。在此数据分配中使用的加权"权重"是一个重要问题。本章使用的"权重"是网格单元和每个测量站之间距离的平方。这是基于每个站点都会影响其周围区域的假设。显然,与距离较远的气象站相比,距离越近的气象站会对该地区的气象条件产生更大的影响。然而,距离关注点较远的站点也会在一定程度上对气象条件产生影响,应该被包括在参数估计中以增加结果的准确性。距离是一个可以精确测量的参数(Tsakiris and Vangelis,2004)。图 9.2 是对该方法的示例,而详细计算见本章附录。

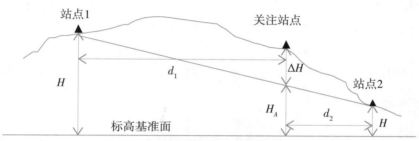

**图 9.2 数据空间分布模型方法**

根据上述步骤,气象数据可以输入到网格中的所有单元格。在对气象数据进行空间分布之后,可以利用研发的 DrinC 软件来估算干旱指数。干旱指数估计的结果储存在数据库中,系统可以访问这些结果以制作专题地图。每个专题地图上的每种颜色代表着相关属性的一系列值(储存在数据库中)。利用上述展示方法实现了该地区整体状况的全面而生动的视觉效果(图 9.3)。

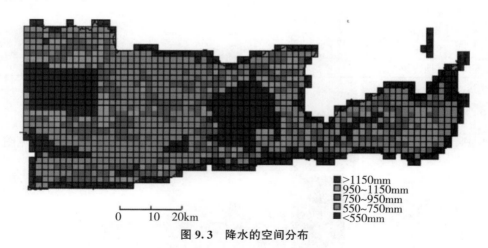

>1150mm
950~1150mm
750~950mm
550~750mm
<550mm

0  10  20km

**图 9.3 降水的空间分布**

专题地图是每年以不同的时间尺度制作的。这些专题地图的整合不仅可以监测干旱状况,还可以确定干旱易发区。通过设定干旱严重程度阈值,可以创建不同严重程度的干旱易发地区专题地图。同时,使用脆弱生态地区或用水消耗大的区域(如灌溉地区)的数据,会进一步改进对受干旱影响地区的评估。

## 9.4　案例研究地区：克里特岛

### 9.4.1　岛屿概况

克里特岛岛屿面积为 8336km²，平均海拔 460m，总人口约 60 万。岛屿由 4 个地区组成，从西到东分别为：哈尼亚（Chania）、雷斯蒙（Rethymnon）、伊拉克里翁（Heraklio）和拉西提（Lassithi）。气候介于地中海半湿润气候和半干旱气候之间，年平均降水约为 750mm，水资源可利用量为 26.5 亿 m³。实际用水量为 4.85 亿 m³/year（工业、能源和技术部，1989 年）。克里特岛地区用水主要是用于灌溉，占总用水量的 83.3%。居民生活用水（含旅游用水）、工业用水分别占用水总量的 15.6% 和 1%。在克里特岛，水资源可利用量的区域差异很大，东部和南部比西部和北部更加干旱缺水，据估计，仅约 1/3 的耕地进行了有效灌溉。

### 9.4.2　农业现状

农业是克里特岛当地经济的重要领域，占克里特岛 GDP 的 13%，而服务业和旅游业占 77%，工业占 10%。岛上月 6.7% 的劳动力工作在农业领域。

橄榄油生产是该岛上农业发展的最重要领域，表 9.2 展示了克里特岛种植的主要作物。

表 9.2　　　　　　　　　　　　　　　　克里特岛种植的作物

| 作物 | 耕地面积/km² | 占总数的百分比/% |
| --- | --- | --- |
| 粮食作物 | 320.0 | 9.9 |
| 蔬菜作物 | 80.0 | 2.7 |
| 葡萄园 | 309.5 | 9.6 |
| 水果作物 | 1850.2 | 57.4 |
| 休耕田 | 653.5 | 20.4 |
| 总耕地面积 | 3223.2 | 100.0 |

### 9.4.3　研究区选择

为干旱识别研究所选择的区域为克里特岛的东部，包括伊拉克里翁和拉西提，见图 9.4。

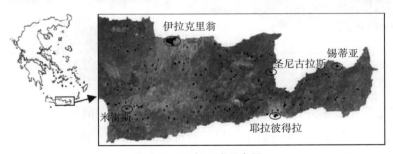

图 9.4　研究区域示意图

注：其中的点表示城市。

根据 2001 年希腊全国人口普查,该地区的主要城市及其人口情况见表 9.3。

**表 9.3**　　　　　　　　　　克里特岛东部主要城市的人口

| 城市名称 | 人口 |
| --- | --- |
| 伊拉克里翁 | 116000 |
| 圣尼古拉斯 | 18000 |
| 耶拉彼得拉 | 22500 |
| 锡蒂亚 | 15000 |
| 米雷斯 | 11000 |

## 9.5　气象观测站以及数据处理

克里特岛东部的气象站网比希腊其他地区更加密集。值得注意的是,一些气象站由于故障或技术问题,在时间序列上存在较大的数据缺失或质量问题。

图 9.5 位该地区的气象站分布图,本章使用的降水数据来自 21 个站,而气温数据来自其中的 10 个站(地图上已用圆圈标识)。表 9.4 和表 9.5 列出了采用数据站点名录。

图 9.6 和图 9.7 分别为伊拉克里翁和拉西提的年平均降水量。图 9.8 和图 9.9 展示了降水的年内分布。图 9.10 至图 9.13 展示了年平均气温的变化及其年内分布。

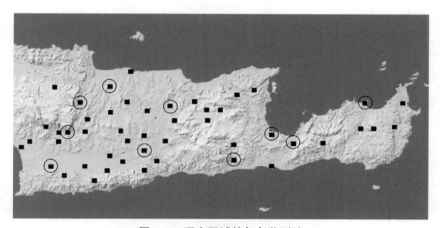

**图 9.5　研究区域的气象监测站**

注:点表示可获取降水数据,圆圈表示可获取气温数据。

**表 9.4**　　　　　　　　　　研究区域的气温监测站

| 气温监测站 | 纬度 | 经度 | 海拔/m | 平均降水量/mm |
| --- | --- | --- | --- | --- |
| Finikia | 599837 | 3904607 | 45 | 874.9 |
| Protoria | 604705 | 3876931 | 220 | 811.0 |
| Pompia | 578874 | 3874822 | 150 | 922.6 |

| 气温监测站 | 纬度 | 经度 | 海拔/m | 平均降水量/mm |
|---|---|---|---|---|
| Kasteli | 621157 | 3897473 | 350 | 817.0 |
| Gergeri | 584836 | 3887815 | 450 | 883.3 |
| Sitia | 690995 | 3898679 | 115 | 936.2 |
| Pahia Ammos | 665423 | 3883381 | 50 | 921.8 |
| Mithoi | 644236 | 3877473 | 200 | 997.3 |
| Kalo Horio Lassithiou | 657760 | 3886943 | 12 | 943.8 |

表 9.5　　　　　　　　　　　　　　　研究区域的雨量站

| 雨量站 | 纬度 | 经度 | 海拔/m | 平均降水量/mm |
|---|---|---|---|---|
| Kroussona | 589282 | 3898950 | 440 | 1062.1 |
| Finikia | 599837 | 3904607 | 40 | 681.4 |
| Profitis Ilias | 599939 | 3895364 | 340 | 749.6 |
| Voni | 613595 | 3895526 | 330 | 744.1 |
| Ano Arhanes | 605965 | 3899131 | 380 | 748.1 |
| Metaxohori | 603658 | 3888005 | 430 | 711.2 |
| Tefeli | 606139 | 3884343 | 360 | 708.9 |
| Protoria | 604705 | 3876931 | 220 | 577.7 |
| Demati | 616868 | 3877080 | 190 | 479.7 |
| Kasanos | 619811 | 3884513 | 320 | 601.4 |
| Armaha | 622749 | 3891948 | 500 | 869.7 |
| Kastelli | 621157 | 3897473 | 340 | 727.7 |
| Avdou | 630233 | 3899448 | 230 | 786.1 |
| Exo Potamoi | 639390 | 3895887 | 840 | 1375.5 |
| Neapoli Lassithiou | 645371 | 3901529 | 280 | 844.0 |
| Mithi | 644236 | 3877473 | 220 | 597.9 |
| Malles | 644148 | 3883018 | 590 | 805.6 |
| Kalo Horio Lassithiou | 657760 | 3886943 | 20 | 509.8 |
| Stavrohori Lassithiou | 676060 | 3883581 | 320 | 772.8 |
| Maronias | 689622 | 3889403 | 140 | 667.8 |
| Katsidoniou | 694178 | 3889500 | 480 | 875.5 |
| Zakros Lassithiou | 701772 | 3889666 | 200 | 588.4 |

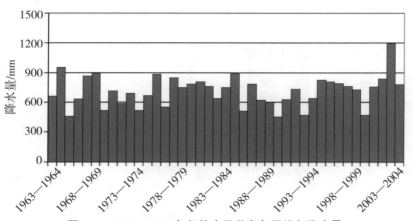

图 9.6　1963—2004 年伊拉克里翁多年平均年降水量

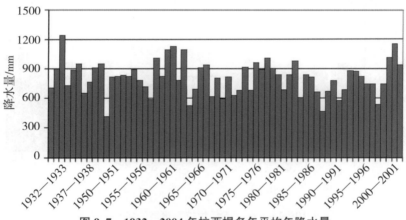

图 9.7　1932—2004 年拉西提多年平均年降水量

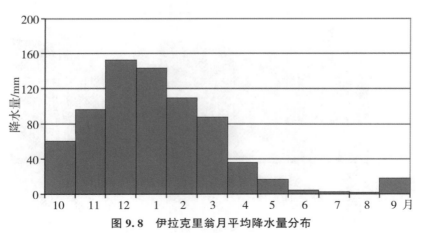

图 9.8　伊拉克里翁月平均降水量分布

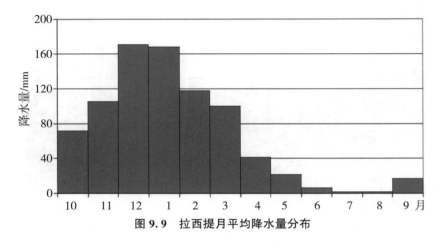

图 9.9　拉西提月平均降水量分布

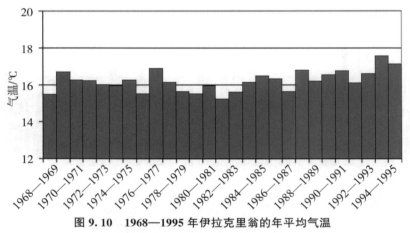

图 9.10　1968—1995 年伊拉克里翁的年平均气温

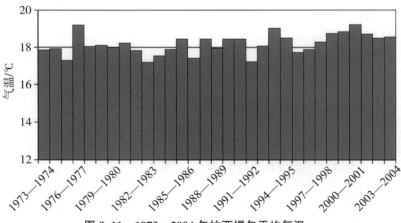

图 9.11　1973—2004 年拉西提年平均气温

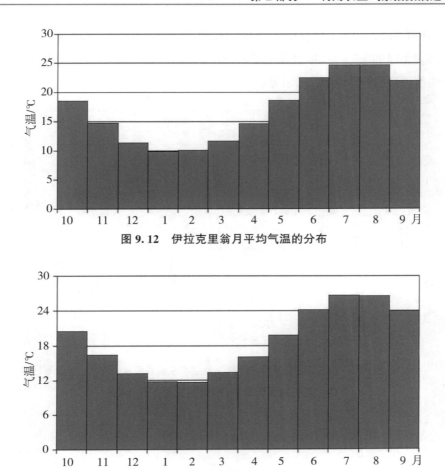

图 9.12 伊拉克里翁月平均气温的分布

图 9.13 拉西提月平均气温的分布

上述数据表明,两个地区实际观测的降水和气温,差异较小。这就验证了以下假设:两个地区可以看作一个整体同质单元进行干旱分析。

在数据处理方面,本章采用了月尺度的降水和气温数据,并按照标准化处理方法,从一定程度上弥补了时间序列不足的问题。另外,对各站点的数据一致性进行了检验,并通过线性回归的方法,对个别缺失月份的数据进行了插补。

## 9.6　空间和时间分析

首先选取相关指标识别干旱事件,然后对干旱事件的时空分布特征进行分析。基于离散化 GIS 平台的空间分布模型被应用于每个水文年(10 月至次年 9 月),目的是识别干旱事件,确定其空间影响范围。

### 9.6.1　干旱事件识别

首先,计算了伊拉克里翁和拉西提的年尺度 SPI 和 RDI,来总体了解干旱概况。图 9.14

和图 9.15 显示,1987—1994 年发生了严重的持续干旱;而 1973—1974 年、1976—1977 年、1985—1986 年和 1999—2000 年也发生了不同程度的干旱。总而言之,30 年中有 11 年干旱指标低于阈值,且两种干旱指数的值差异微小。

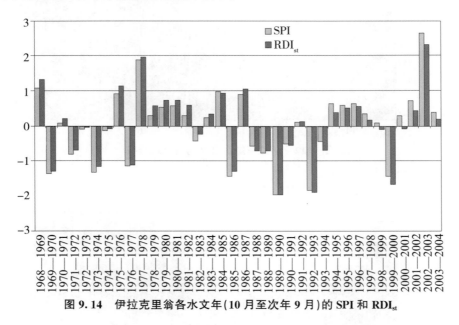

**图 9.14　伊拉克里翁各水文年(10 月至次年 9 月)的 SPI 和 RDI$_{st}$**

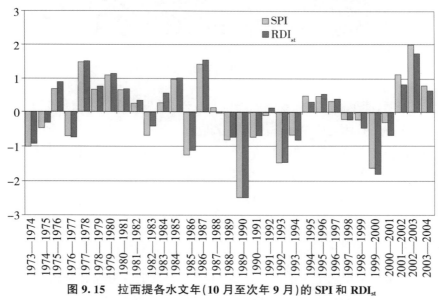

**图 9.15　拉西提各水文年(10 月至次年 9 月)的 SPI 和 RDI$_{st}$**

## 9.6.2　干旱地图

根据附录所示的离散化程序,将克里特岛划分成若干网格区域,每个网格单元为 2km×2km。根据各年度 SPI 和 RDI 指标的估算结果绘制了干旱地图,见图 9.16 至图 9.18。

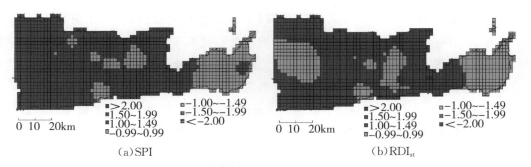

**图 9.16 湿润年份(1984—1985 年)的 SPI 和 RDI$_{st}$**

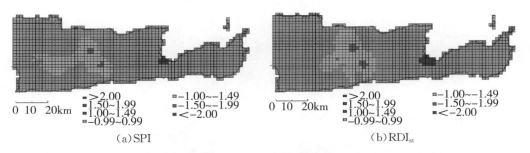

**图 9.17 正常年份(1985—1986 年)的 SPI 和 RDI$_{st}$**

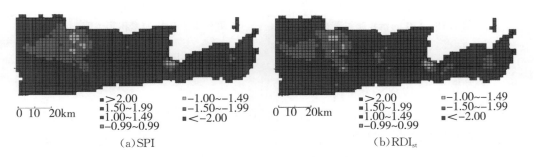

**图 9.18 干旱年份(1989—1990 年)的 SPI 和 RDI$_{st}$**

大部分情况下,SPI 和 RDI 两种指数的结果非常相似,但在某些特定情况下,受当地条件影响,RDI 的结果也许会更敏感。

### 9.6.3 累积超过值曲线

使用一种称为"累积超过值"的曲线,可以更好地呈现干旱的空间影响范围,这些曲线可以通过绘制干旱的严重程度($y$ 轴)与受影响区域的百分比($x$ 轴)来生成。干旱的严重程度通过干旱指数表示,受影响地区是指至少受相应级别干旱影响的地区。这类图不仅可以用于干旱特征描述和影响范围确定,还可以通过设定影响面积百分比阈值来划定干旱等级类别。

例如,若一个地区超过 50% 的面积处于干旱状态或超过 30% 的面积处于严重干旱状态,则可以将该地区的干旱类型描述为严重干旱。

图 9.19 是在 1969—1970 水文年基于 SPI 指标的累积超过值曲线,而图 9.20 是基于 RDI 指标的相同曲线。图 9.19 显示,19%的地区处于极端干旱状态,44%处于严重干旱状态,89%处于中等干旱状态。图 9.20 中对应的面积百分比分别为 10%、26%和 72%。值得注意的是,选择的指数不同,估计的结果也会不同。

综上得出以下结论:累积超过值曲线以一种简便的方式,展现了不同等级干旱的影响范围,可以直接估算出干旱临界面积百分比。

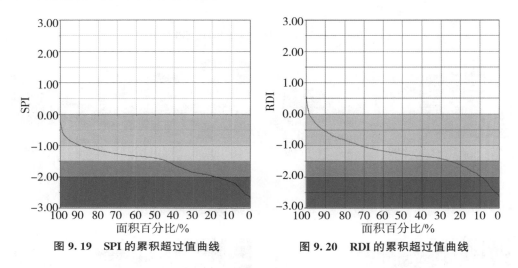

图 9.19　SPI 的累积超过值曲线　　　　图 9.20　RDI 的累积超过值曲线

## 9.7　结语

克里特岛东部是希腊最容易发生干旱的地区之一,本章将该地区作为一个典型案例进行研究,来介绍干旱识别。采用的方法为建立基于网格分析的空间分布式模型。同时,本章研究也采用了两种干旱指数,即 SPI 和 RDI,并使用最近研发的软件包 DrinC 来估算 30 年历史数据的干旱指数。

以离散化 GIS 平台为基础,本章绘制了干旱地图。通过绘制累积超过值曲线,估算了历史各年度的干旱空间影响范围。根据这些曲线,通过设定阈值,找到对应临界干旱的面积百分比,进而评估干旱事件的影响范围。采用的两种指数产生的结果相似,但是一些细微差异仍存在。本章所提出的方法易于实施,可以成为评估区域干旱现象的实用办法。

## 本章参考文献

Department of Industry, Energy & Technology. Water Resources in Greece[R]. Athens:[s. n.],1989.

Edwards D C, McKee T B. Characteristics of 20th Century Drought in the United States at Multiple Timescales[R]. Fort Collins:Climatology Report No. 97-2, Colorado

State University,1997.

Edwards D C, McKee T B. Characteristics of 20th Century Drought in the United States at Multiple Timescales[D]. Fort Collins: Colorado State University,1997.

McKee T B, Doesken N J, Kleist J. The relationship of drought frequency and duration to time scales[A]. Proceedings of the 8th Conference on Applied Climatology[C]. Boston:[s. n.],1993.

Rossi G, Benedini M, Tsakiris G, et al. On regional drought estimation and analysis [J]. Water resources management,1992,6:249-277.

Thom H C S. A note on the gamma distribution[J]. Monthly weather review,1958, 86(4):117-122.

Tsakiris G, Vangelis H. Towards a drought watch system based on spatial SPI[J]. Water resources management,2004,18:1-12.

Tsakiris G, Vangelis H. Establishing a drought index incorporating evapotranspiration[J]. European water,2005,9-10:1-9.

Tsakiris G, Pangalou D,Vangelis H. Regional Drought assessment based on the Reconnaissance Drought Index[J]. Water Resources Management,2006,21(5):821-833.

Wilhite D A. Drought preparedness in the United States: recent progress[A]. Drought and drought mitigation in Europe [C]. Boston: Kluwer Academic Publishers,2000.

## 附录——空间分布模型

图 9.2 显示了从两个站点到关注点的数据传输。在这种情况下,网格中带有代码"A"的单元格代表关注点需要的数据。可以认为两个站点的数据具有同等的可靠度,因此,它们到单元格"A"的距离是影响最终结果的唯一参数。参数 $P$(例如降水量)可以通过以下公式估算:

$$P_A = \frac{P_1 \dfrac{1}{d_1^2} + P_2 \dfrac{1}{d_2^2}}{\dfrac{1}{d_1^2} + \dfrac{1}{d_2^2}} \tag{9.A1}$$

式中,$P_A$ 是估计参数,$P_1$ 和 $P_2$ 是每个站点的参数,$d_1$ 和 $d_2$ 是从两个站点中的每个站点到关注点(单元格的位置)的水平距离。式(9.A1)是一个关于输入参数 $P_1$ 和 $P_2$ 的线性方程。显然,这个线性方法将产生误导,因为计算值指的是与实际表面点不同的虚点。与站点 1 相比,站点 2 到关注点的距离更近。因此,站点 2 的数据对估计 $P_A$ 值的贡献大于站点 1。然而,关注点和站点 1 之间的高差小于其和站点 2 的高差。因此,可以预测,与站点 2 相比,关注点的气象状况与站点 1 的气象状况有更多的相似之处。这种情况可以通过在估计参数 $P_A$ 中增加或删减一个值来解决,该值包括一个"参数梯度"。这样一来,改进后的参数($P_A^F$)就代表了关注点更接近现实的气象状况。若有必要,"参数梯度"可以从整个区域或部分区域的所有可用站点的数据中获取。校正后的参数通过以下公式估算:

$$P_A^F = P_A + \Delta H \cdot \beta \tag{9.A2}$$

式中,$P_A$ 和 $P_A^F$ 分别是校正前后的参数,$\beta$ 是"参数梯度",$\Delta H$ 是关注点高度和由以下公式模拟的高度之间的差值:

$$H_A = \frac{H_1 \dfrac{1}{d_1^2} + H_2 \dfrac{1}{d_2^2}}{\dfrac{1}{d_1^2} + \dfrac{1}{d_2^2}} \tag{9.A3}$$

式中,$H_A$ 是关注点的模拟高度,$H_1$ 和 $H_2$ 是两个站点的高度,$d_1$ 和 $d_2$ 分别代表站点 1 和站点 2 到关注点的距离。

上述公式可以拓展应用岛研究区域内的所有站点,拓展后的公式为:

$$H_i = \frac{H_1 \dfrac{1}{d_1^2} + H_2 \dfrac{1}{d_2^2} + \cdots + H_n \dfrac{1}{d_n^2}}{\dfrac{1}{d_1^2} + \dfrac{1}{d_2^2} + \cdots + H \dfrac{1}{d_n^2}} \tag{9.A4}$$

式中,$H_i$ 是单元格 $i$ 对应关注点的模拟高度,$H_1, H_2, \cdots, H_n$ 是站点 1,站点 2,$\cdots$,站点 $n$ 的高度,$d_1$ 到 $d_n$ 是 $n$ 个站点中每一站点到关注区域的距离。

$$P_i = \frac{P_1 \dfrac{1}{d_1^2} + P_2 \dfrac{1}{d_2^2} + \cdots + P_n \dfrac{1}{d_n^2}}{\dfrac{1}{d_1^2} + \dfrac{1}{d_2^2} + \cdots + H \dfrac{1}{d_n^2}} \tag{9.A5}$$

式中,$P_i$ 是估计参数,$P_1$ 到 $P_n$ 是 $n$ 个站点中每一站点的参数,$d_1$ 到 $d_n$ 是 $n$ 个站点中每一站点到关注点的距离。

在公式(9.A2)已给定的情况下,则最终参数可由下式估算:

$$P_i^F = P_i + \Delta H \cdot \beta \tag{9.A6}$$

# 第 3 部分

# 干旱条件下的水资源管理

# 第 10 章　基于风险分析模型的
# 干旱管理决策支持系统

J. Andreu[1], M. A. Pérez[2], J. Ferrer[1], A. Villalobos[2], J. Paredes[2]

1.西班牙瓦伦西亚环境部胡卡尔河流域管理机构

2.西班牙瓦伦西亚理工大学

**摘要：** 干旱对地中海地区的社会经济和环境影响越来越大，在干旱频发且严重的地区以及水资源过度开发的流域，该问题尤为突出。因此，为减轻地中海地区干旱的不利影响，必须不断提高水资源的监测预警及管理水平。本章给出了应对干旱的完整方法，该方法由多种工具构成——从不同类型干旱的预警系统，到水资源管理系统的模拟与优化。该方法已应用于胡卡尔河的各水文流域（Confederación Hidrográfica del Júcar，简称 CHJ）。自 2004—2005 水文年以来，胡卡尔流域发生极端干旱期间，都会采用该方法。本章主要介绍如何预测干旱的发生，并实现水资源有效管理，以此缓解干旱缺水对经济、社会和环境的影响。

**关键词：** 干旱；水资源管理；抗旱减灾；模拟模型

## 10.1　引言

在地中海干旱和半干旱地区，水资源管理是一项极其复杂的工作，它涉及多种因素和不同研究领域，必须考虑水文、气象、环境、社会、经济和管理因素来实现保护环境的目的，并充分满足不同生产部门的用水需求，从而保障人们的生活质量。

干旱在地中海地区很常见，大大增加了该地区水资源管理的复杂性。对干旱发生频率较高的流域进行合适的水资源管理，可以大大减少对环境和区域经济的负面影响。因此，水利部门必须尽快预测干旱发生，并建立水资源管理的决策支持系统，以提升干旱管理和应对能力。由于半干旱地区最容易受气候变化的影响，且全球气候变化的不确定性可能增加。基于这些情况，有关部门需着重关注水资源管理，研究干旱期间及干旱前期的必要防治措施。前人分析研究了相关环境保护措施对于预防干旱的有效性，如：节约用水、改进管理或寻求替代供水等。胡卡尔河极端干旱始于 2004—2005 水文年，现已达到严重程度，因此需要重点分析研究抗旱减灾措施。上述措施的选取、实施及效果评估,都需要通过模型模拟的帮助,以便预测及评估不同水资源管理方案下的抗旱效果。

本章通过概率分析、多种水文情景下的水资源管理分析等方法,对水资源管理模型在预测水资源演变、量化干旱损失风险等方面的成效进行了评估,主要介绍 2005 年 10 月 21 日第 1265/2005 号皇家法令成立的干旱常设委员会下属的干旱管理技术办公室所取得的一些成果,旨在简化抗旱决策过程和适宜抗旱措施的选取。

## 10.2 方法

在干旱和半干旱流域或地区,有必要建立一个高效的干旱预警和管理系统,以便预测可能发生的干旱,并尽早确定合理的抗旱措施。

干旱管理系统必须能够评价减灾措施的实施效果,因此最有效的措施应当优先考虑。

本章从上一次伊比利亚半岛的地中海地区发生的极端干旱事件中汲取经验,建立了由 4 个发展阶段组成的干旱管理系统,见图 10.1。

接下来,本章将分阶段介绍该方法。

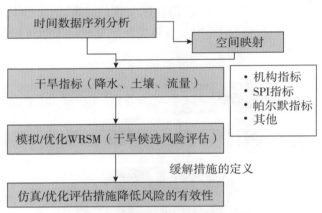

图 10.1 干旱管理系统的概念框架

### 10.2.1 阶段一:信息收集与分析

在干旱管理系统的第一阶段对气象和水文信息进行的时空分析,以及专用于干旱预报的雨量站网的选择。气象信息的空间和时间变化需要大量的台站和时间序列支撑,才能得出合适的水文和气象特性。

在信息分析阶段开始之前,必须选取一组测量站网,以提供长时间且具有足够空间覆盖的数据序列。

### 10.2.2 阶段二:确定干旱指标

在干旱管理系统的第二阶段根据不同类型干旱,确定不同的指标。

1）气象干旱指标，基于 SPI 指数（McKee 等，1993）确定。

2）农业干旱指标，通过对土壤水分进行分析，建立流域径流模拟模型来确定。

3）水文干旱指标，基于流量的统计分析确定。

4）社会经济干旱指标，基于水资源管理系统的模拟模型和 CHJ 机构的指标确定。

## 10.2.3　基于风险分析的水资源系统模拟

在干旱管理系统的第三个阶段对水资源系统模型进行应用，这些模型被认为是再现整个流域复杂性的唯一工具。这项工作包括通过风险分析将 Sánchez 等（2001）开发的方法应用于水资源管理系统。

决策支持方法是通过统计每种决策方案下系统演变的概率，来进行比较分析的，该方法可以对每种决策下的结果进行比较，从而有助于实现决策管理相关部门的充分对话和沟通。

下面的流程图具体阐述了该方法（图 10.2）。

基于风险分析的管理方法的应用需要许多信息工具的支持，这些工具是为决策支持系统（Decision Support System，DSS）Aquatool（Andreu 等，1996）开发的，其中主要工具是 Simrisk 模块，该模块用于水管理系统的模拟和风险评估。Simrisk 模块被设计为一个水资源和流域管理的支持工具，它可以估计用水管理失败而导致的干旱风险，以及与未来水资源储量相关的概率。

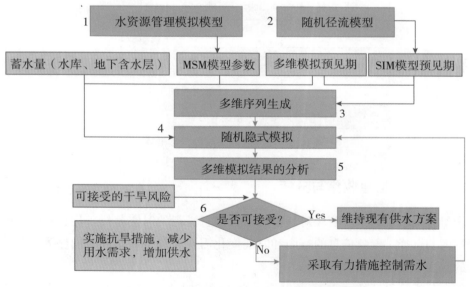

**图 10.2　基于风险分析的水资源管理决策支持方法**

为做出最合适的决策，必须正确理解由 Simrisk 模块计算的与系统未来水资源可用性相关的概率。因此，决策者有必要掌握模型预估的概率与未来预期情况之间的关系的最大信息。

相关决策工具都是从 Simges 模拟模型（Andreu 等，1992）开始开发的，并根据 Simges 模型进行了多次反复模拟。这保证了结果的有效性，因为先前已通过几个真实案例，对 Simges 模型进行了验证。

此外，为了将这些工具集成到水资源管理决策支持系统 DSS 中，研究人员还开发了其他相关工具，以便简化信息输入和结果分析。

Simrisk 模块对水资源管理系统进行的隐式随机模拟主要包括：①针对同一时期进行多次水资源系统模拟，设置相同的初始条件，并考虑不同的流量情景。②通过对模拟周期内每个月的多次模拟，来估算可用水概率。

在月尺度上进行的模拟可以从任何一个月开始，使用同月份的水文资料，在预见期内的同一间隔内进行模拟。从内部看，此模块基于 Simges 模块，且已被修改为可在任何月份开始模拟，并且可进行多次模拟和评估风险。

由 Simrisk 模块执行的两个步骤分别为：水资源管理系统的多次模拟；对模拟结果进行统计分析，以便于评估风险。

### 10.2.4　阶段四：抗旱减灾措施制定及实施效果评估

一旦预测到干旱发生的可能性，干旱管理系统的最后阶段，即第四阶段就开始了。在此阶段，需要规划最合适的抗旱减灾措施，以及通过模型模拟，来分析每种措施情景下的实施效果。

## 10.3　案例研究

胡卡尔河流域（CHJ）位于伊比利亚半岛的东部，由不同的水文流域汇集而成，这些流域的河道径流最终流入地中海，包括胡卡尔河（Júcar River）、图里亚河（Turia River）和米哈雷斯河（Mijares River）。CHJ 的总面积 42989km$^2$（图 10.3）。

CHJ 的西北地区具有典型的高山气候，是胡卡尔河和图里亚河的发源地，位于西部地区的是拉曼查（La Mancha）高原，胡卡尔河从中穿过；东部地区是沿海平原，河流在此入海。

CHJ 由来自 9 个水文系统的不同主要河流组成（图 10.4）。这些系统是：Cénia-Maestrazgo

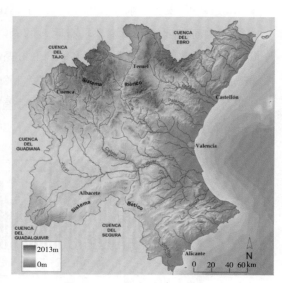

图 10.3　CHJ 数字高程模型

（1.875km$^2$），Mijares-Plana de Castellón（5.466km$^2$），Palancia-Los Valles（1.159km$^2$），

Turia（6.913km²），Júcar（22.378km²），Serpis（990km²），Marina Alta（839km²），Marina Baja（583km²）和 Vinalopó-Alacantí（2.786km²）。

CHJ 的自然资源保证了目前 400 万居民的生活供水，以及 30 万 hm² 的农田灌溉供水。

胡卡尔河流域的地表蓄水主要由 Alarcón（最大容量 1112hm³）、Contreras（874 hm³）和 Tous（340 hm³）等 3 座水库完成，这 3 座水库的蓄水量构成了该流域的主要地表水资源量，因此，对上述水库的分析是十分重要的。

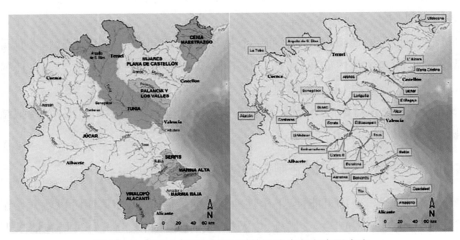

图 10.4　胡卡尔河流域(CHJ)的河流水系和主要水库

胡卡尔河流域还有 Cortes（116hm³）、Naranjero 和 Molinar 水库。Forata 水库（37hm³）位于 Magro 河，Bellús 水库（692hm³）位于 Albaida 河，这两条河都是胡卡尔河的支流。

胡卡尔河流域的水资源都具有明显的时空变异性。由图 10.5 可知，地表水资源量取决于陆地区域的降水，其年平均降水量约 500mm，最干旱的年份约 320 mm，最潮湿的年份约 800mm。根据现有信息，整个历史时期第三个最旱年份仅 340mm。

上述各类平均值显示出明显的空间差异性：流域南部地区的年平均降水量小于 300mm，而其他地区的年平均降水量超过了 800mm，见图 10.6。

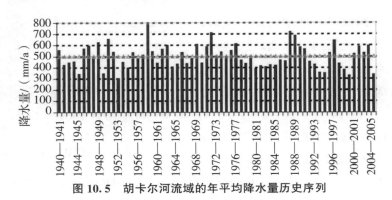

图 10.5　胡卡尔河流域的年平均降水量历史序列

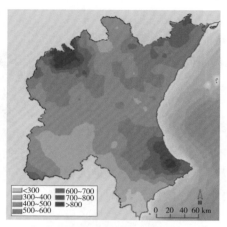

图 10.6　胡卡尔河流域多年平均降水量的空间分布

## 10.4　阶段一:数据的时间序列分析

第一阶段主要工作为分析流域内可用的气候、水文信息等,以建立基本降雨监测网。建立基本降雨监测网,需具备注意以下几点。

1)可用数据量(长系列)。

气候序列具有时空可变性特征,因此需要使用长序列信息来充分描述干旱。一些国际气候组织认为至少 25 年的序列才足够长。图 10.7 显示了本次研究选取的雨量站列表,已考虑了各站点的数据可用性及序列长度。

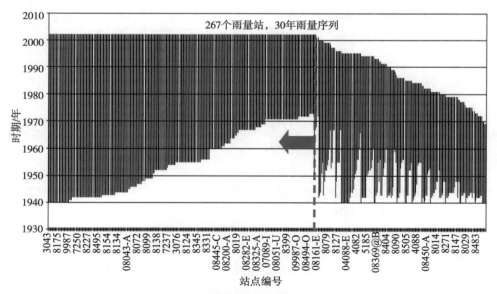

图 10.7　胡卡尔河流域 267 个雨量站降水数据的序列长度

2)雨量站点的空间覆盖。

降水有较大的空间变异性,因此还需考虑雨量站的空间分布,以保证整个地区的空间全覆盖。图10.8 显示了降雨量站的分布情况,其中所有点保证任何站之间的距离最小。

3)气候变量估值的空间覆盖。

由于水文流域中各个区域的差异,少数地区降水以锋面雨为主,而其他地区以对流雨为主。为了最大限度减小降水估计误差,有必要根据气候区划对雨量站密度进行调整。

相比以锋面雨为主的区域,存在对流雨的地区需要更密集的站网来监测降水量。图10.9 显示的是将流域面降水量估算误差最小化的基础监测网。

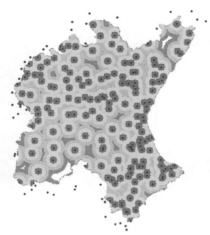

图 10.8　基于最小距离法的基本
雨量站空间分布

前三项标准共同确定了一个用于面雨量估算和干旱早期监测的气候基础网络(图10.10),它满足以下条件:足够长的信息序列、足够的空间覆盖、最小的降水估算误差。另外,通过信息分析,可以确定该流域的气候特征,并进行气候区划。

气候信息是由测量站、水库等记录的水文资料分析得到的,它与通过径流模拟模型得到的流量数据互为补充。

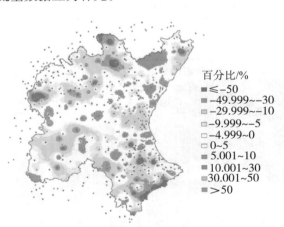

图 10.9　最大限度地减小流域面降水量估算误差的
基础监测网

图 10.10　胡卡尔河流域的基础监测网
和气候分区

百分比/%
■ ≤-50
■ -49.999~-30
■ -29.999~-10
□ -9.999~-5
□ -4.999~0
□ 0~5
■ 5.001~10
■ 10.001~30
■ 30.001~50
■ >50

采用分布式概念模型 Patrical (Pérez, 2005),计算了整个流域范围内的水文循环变量:降雨量、土壤湿度、天然河流流量、入海流量等(图10.11)。这一信息有助于全面了解整个水文循环的干旱演变,以及水文和农业干旱指标的计算。

由图10.12可知,降雨量存在巨大的空间变异性,为弄清区域气候特征,首先要通过插值法确定降雨覆盖的面积,然后计算出区域的面雨量。

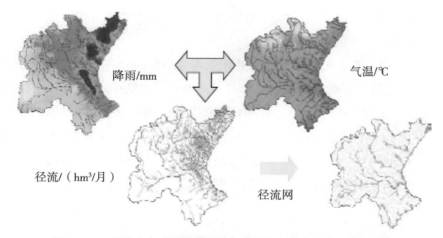

**图 10.11　利用分布式概念模型 Patrical 确定流域内的天然径流量**

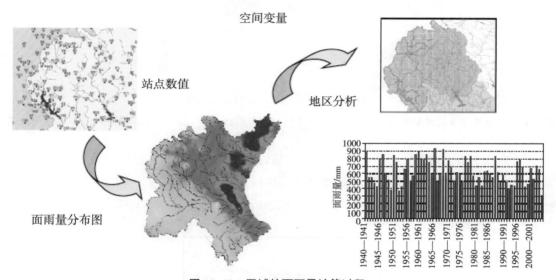

**图 10.12　区域的面雨量计算过程**

## 10.5　阶段二：干旱指标的选取

在第二阶段，针对不同类型干旱：气象干旱、农业干旱、水文干旱和社会经济干旱，确定了更合适的评价指标。下文将对这些干旱指标进行详细阐述。

### 10.5.1　气象干旱指标

国际最常用的气象干旱指标是 SPI 指数（标准化降水指数），它通过调整不完全伽马（Gamma）函数的两个参数，对历史降水序列进行统计分析。SPI 的负值表示降水量比通常少，而正值表示降水量比通常大。

SPI 指数作为短期指标使用时，可用于比较最近一周、一月或几个月的降水量，较分布函数得到的同期数据之间的差距;作为中长期指标使用时,可将 12 个月、24 个月或 36 个月的降水量与分布函数得到的同期值进行比较时。

SPI 指数可应用于单个气象站,但当应用于大型流域时,必须在整个流域内计算空间分布式指数,时间尺度可从短期的 1 个月、3 个月、6 个月到长期的 24 个月或 36 个月不等。

图 10.13 显示了在 2005 年 9 月计算的 CHJ 短期 SPI 指数和长期 SPI 指数的空间分布。由于 12 个月尺度的 SPI 指数显示的降雨量极低,而 24 个月和 36 个月的 SPI 指数显示的降雨量属于正常水平,说明 2004—2005 水文年为干旱年。最后,短期尺度的 SPI 指数(1 个月、3 个月、6 个月)显示了干旱在过去几个月的持续情况。

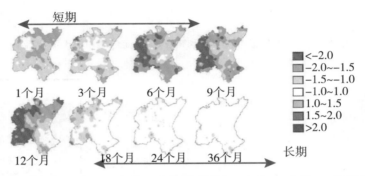

**图 10.13　2005 年 9 月的短期(1 个月、3 个月、6 个月)和长期(18 个月、24 个月、36 个月)SPI 指数空间分布**

区域 SPI 指数由于包含了整个流域的信息,更加适合描述干旱的历史特征。图 10.14 显示了过去 30 年中发生的各干旱阶段,其中长时间尺度的干旱(24 个月、36 个月),主要发生在 1980—1982 年和 1992—1994 年,短时间尺度的干旱主要发生在对应的时间段。

(a)流域水系

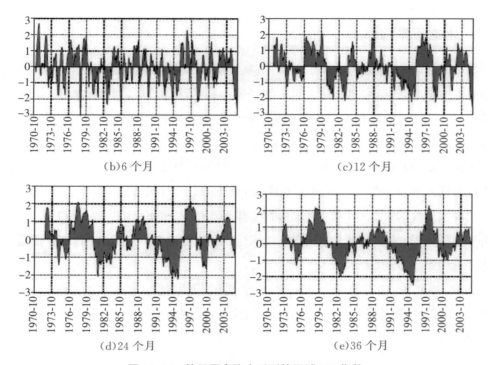

(b)6 个月               (c)12 个月

(d)24 个月            (e)36 个月

图 10.14　基于历史降水系列的区域 SPI 指数

## 10.5.2　农业干旱指标

Palmer 指数是典型的农业干旱指标（Palmer，1965），该指数基于对土壤的水分平衡分析来表征农业干旱，主要通过对降雨、气温以及相关参数的率定，重现水文循环过程。

目前使用的农业干旱指标数据主要来自 Patrical 模型（Pérez，2005）的径流模拟结果，该模型针对整个 CHJ 流域进行校准和检验，再现了水文循环，并提供流域每个点每时每刻的土壤含水量信息。

通过将某一月份的土壤含水量与当月的土壤含水量分布函数进行比较（图 10.15），就可以判断出该月份土壤含水量是异常干旱、异常湿润，还是正常水平。

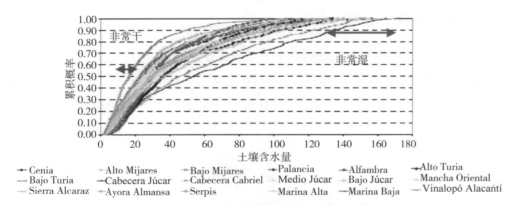

图 10.15　不同气候分区土壤水分累积分布函数

### 10.5.3　水文干旱指标

干旱不断加剧,会逐渐影响到水文循环,从而降低水资源系统的天然径流量。目前,普遍使用的水文干旱指标,主要是基于对天然径流序列的统计分析,更具体地说,是基于当前径流量在整个历史径流序列中所占的位置。胡卡尔河流域已经有近65年的历史月流量系列可用。

对于胡卡尔河流域而言,2004—2005水文年虽然是整个流域的多雨年,但却是上游地区有史以来降水量较少的一年。具体来说,2004—2005水文年胡卡尔河和Cabriel的上游地区实测降水量仅为312mm和261mm,而多年平均情况下的值为595mm和536mm。

由于这种情况,胡卡尔河流域内图斯水库(Tous)2004—2005水文年的入库径流量是整个历史序列中第三少的(表10.1)。

由表10.2可知,在当前的2005—2006水文年,干旱情况逐渐加剧,2005年12月至2006年9月入库径流总量(单位:$10^6\,m^3$),为过去65年的历史最低值(见图斯水库的累积入库径流量)。

**表 10.1　　　2004—2005水文年记录的胡卡尔河流域的不同断面的天然径流序列**

| 名称 | 径流量/$10^6\,m^3$ | 历史序列排名(1=最小值) |
| --- | --- | --- |
| Alarcón 断面 | 161.32 | 5 |
| Contreras 断面 | 134.90 | 6 |
| Alarcón-Molinar 断面 | 213.44 | 4 |
| Contreras-Molinar-Tous 断面 | 147.35 | 26 |
| Tous-Sueca 断面 | 254.99 | 48 |
| 图斯水库 | 684.00 | 3 |
| 胡卡尔河流域 | 939.00 | 6 |

### 10.5.4　社会经济干旱指标

由图10.16可知,CHJ相关机构给出了干旱的有效证据,2006年6月1日,该指标显示了胡卡尔河流域的干旱紧急情况。社会经济干旱指标反映的是干旱对于社会经济系统的直接或间接影响及其可能性,在这种情况下,分析的变量是水库蓄水量和地下含水层的储水量。

**表 10.2　胡卡尔河流域 2005—2006 水文年不同断面的天然径流量及其与历史序列的比较**

| 名称 | 10 月 径流量 | 10 月 历史序列排名 | 11 月 径流量 | 11 月 历史序列排名 | 12 月 径流量 | 12 月 历史序列排名 | 1 月 径流量 | 1 月 历史序列排名 | 2 月 径流量 | 2 月 历史序列排名 | 3 月 径流量 | 3 月 历史序列排名 | 4 月 径流量 | 4 月 历史序列排名 | 5 月 径流量 | 5 月 历史序列排名 |
|---|---|---|---|---|---|---|---|---|---|---|---|---|---|---|---|---|
| Alarcón 断面 | 6.29 | 9 | 13.82 | 17 | 9.60 | 6 | 11.88 | 5 | 8.10 | 1 | 25.18 | 21 | 16.62 | 11 | 11.64 | 4 |
| Contreras 断面 | 7.47 | 3 | 8.01 | 2 | 8.18 | 1 | 8.38 | 2 | 7.56 | 1 | 10.63 | 5 | 9.28 | 2 | 9.65 | 3 |
| Alarcón-Molinar 断面 | 17.94 | 3 | 16.67 | 4 | 16.02 | 2 | 18.23 | 7 | 17.37 | 6 | 17.29 | 10 | 18.75 | 24 | 21.88 | 29 |
| Contreras-Molinar-Tous 断面 | 16.55 | 35 | 7.13 | 7 | 14.29 | 21 | 14.19 | 20 | 14.23 | 29 | 12.30 | 21 | 7.60 | 14 | 13.01 | 24 |
| Tous-Sueca 断面 | 21.89 | 42 | 21.03 | 47 | 19.79 | 51 | 19.73 | 48 | 14.37 | 21 | 14.12 | 13 | 6.89 | 4 | 15.33 | 36 |
| 图斯水库 | 48.25 | 4 | 45.62 | 1 | 48.09 | 1 | 52.69 | 2 | 47.26 | 1 | 65.41 | 9 | 52.25 | 8 | 56.18 | 5 |
| 合计 | 70.14 | 11 | 66.66 | 6 | 67.89 | 4 | 72.42 | 7 | 61.63 | 2 | 79.53 | 7 | 59.14 | 3 | 71.51 | 5 |
| 自 10 月起累积 | 48.25 | 4 | 93.88 | 2 | 141.97 | 1 | 194.66 | 1 | 241.92 | 1 | 307.33 | 1 | 359.58 | 1 | 415.75 | 1 |

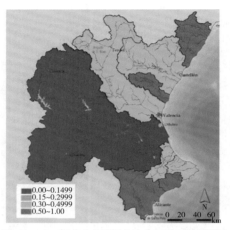

**图 10.16　胡卡尔河流域社会经济干旱指标**

## 10.6　阶段三:流域水资源管理模拟及风险分析

决策支持系统 Aquatool(Andreu 等，1996)Simges 模块(Andreu 等，1992)被用于第三阶段胡加尔河流域的社会经济干旱指标计算(图 10.17)(OPH，2002)，以预测流域供水系统的不同行为,以及不同干旱情景下可能出现的缺水问题。

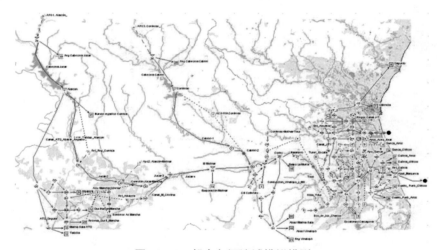

**图 10.17　胡卡尔河流域模拟模型**

2005—2006 年度的干旱预测,是基于以下假设进行的,即在和去年相同的入库径流情况下,以去年相同的水量配置给不同用水户,来重复去年的情景,为来自不同专业背景的决策者提供易于理解的信息。

根据这些假设,该流域水库中的蓄水量将在 2006 年 7 月中旬耗尽,见图 10.18,达到 $55hm^3$ 的利用极限值。显然,应用 Simges 模块成功确定了社会经济干旱的指标。

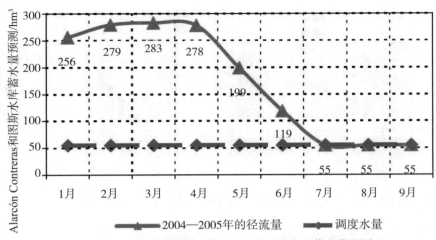

图 10.18　2006 年前 Alarcón Contreras 和图斯水库蓄水量预测

从统计学上讲,2006 年的入库径流量与去年相同的可能性很小,先前数据的分析仅有指导性意义,在实际中几乎不可能再出现。

这些技术被称为"风险分析的决策支持方法",它们利用自然水文循环的统计学特征,来确定考虑流域现状的最可能来水径流情况。

根据当前可用的水文资料,逐月预测未来的供水情况,并在水文年结束时评估系统状况的相关概率。

在计算 2006 年 2 月预测结果时,结合上一个月的蓄水量数据、近两个月(2005 年 12 月至 2006 年 1 月)的天然入库径流数据,并假定当前的供水情况与上一个水文年相同,见图 10.19,该预测显示蓄水量下降到 64hm³ 以下的概率为 50%。考虑到理论上的最低蓄水量为 55hm³(最小库容),预计在该水文年结束时将很有可能无法供水。

预计在 2006 年 8 月水库库容将会极低,这将导致用水需求无法得到可靠供水保障,供需失衡的风险较高,见图 10.20,当存在农业灌溉用水需求时,风险率将达 60%。

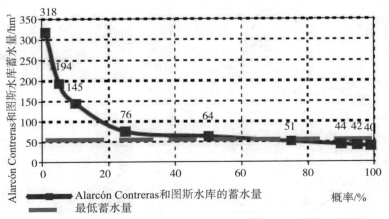

图 10.19　2006 年 2 月 Alarcón Contreras 和图斯水库的蓄水量预测

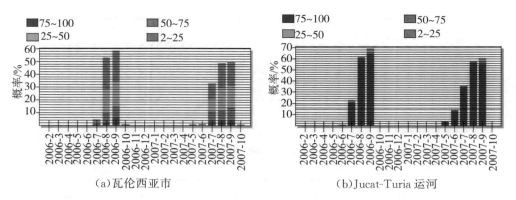

（a）瓦伦西亚市　　　　　　　　　　　（b）Jucat-Turia 运河

**图 10.20　假定在 2005 年水库来水情景下瓦伦西亚市和 Jucat-Turia 运河农业区的水资源短缺风险**

## 10.7　阶段四：抗旱措施制定及实施效果评估

鉴于胡卡尔河流域的严重干旱问题，根据 2005 年 10 月 21 日第 1265/2005 号皇家法令，成立了一个常设干旱委员会，来简化抗旱决策过程，制定适合当前干旱期间的措施。为更好地支持常设干旱委员会工作，设立了一个干旱管理办公室，其目的是：为制定抗旱措施实施计划、干旱监测以及实施效果评估提供技术支持。

根据胡卡尔河管理模拟模型（图 10.17），分析了干旱的演变趋势，并对抗旱措施的实施效果进行评价（OPH，2002）。该模型结合不同的管理方案和不同的措施，计算了每个阶段结束时与系统状态相关的概率，以及供需失衡的风险。

预测结果每月提交至常设干旱委员会，帮助其进行决策。

预测显示出了令人担忧的结果——到 2006 年 8 月，很有可能达到水库的最低蓄水量，因此常设干旱委员会批准了下列抗旱措施：在胡卡尔河畔地区使用抗旱井（图 10.21）；将净化后的废水回用于农业灌溉；采用节约用水措施；其他相关抗旱措施。

**图 10.21　胡卡尔河畔地区用于废水回用灌溉的抗旱井和抽水泵站**

　　实施现批准的措施可以确保在当前干旱期间尽可能地节约用水,并且在 Alarcon、Contrerasy Tous 水库(图 10.22)中储存足够的水量,以防在下一个水文年开始时干旱持续发生。

　　上述批准的措施降低了当地供水短缺的风险,见图 10.23。

　　最后,将模拟模型应用于社会经济干旱指标时,计算并比较了在完全应用已批准的措施和完全没有干预两种情况下水库蓄水量的预测值,在计算中结合了 2005 年的入库径流量。虽然图 10.24 的结果在实际中不太可能一一发生,但是能够引起专家和用水户重视。

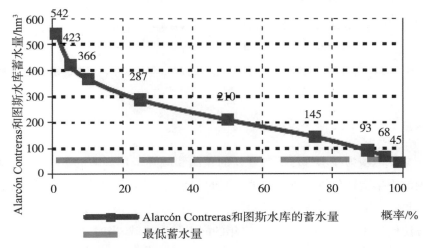

**图 10.22　在考虑已批准措施得到执行的情况下,计算了 2006 年 9 月底 Alarcon、Contreras 和图斯水库超过特定蓄水量的概率**

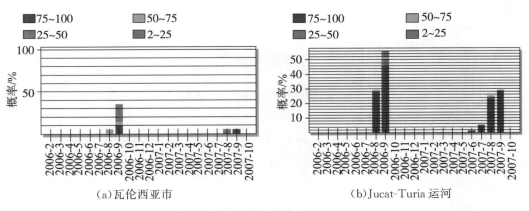

（a）瓦伦西亚市　　　　　　　　　（b）Jucat-Turia 运河

**图 10.23　在考虑已批准措施得到执行的情况下,计算了瓦伦西亚市和 Jucat-Turia 运河农业区的供水短缺概率**

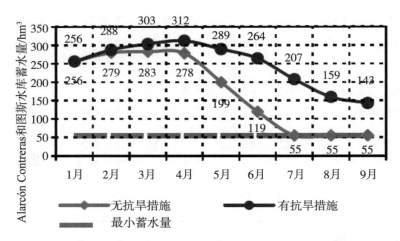

**图 10.24　基于有、无抗旱措施两种情景下的 2006 年胡卡尔河流域的蓄水量预测**

## 10.8　总结

本章介绍了一项为涉水管理部门开发的预测和减轻干旱影响的方法，该方法包括从干旱预警系统的干旱指标到供水系统管理模型的一系列工具，其目的是制定抗旱措施、评估措施实施的效果。

这一方法已应用于 2004—2005 水文年的胡卡尔河流域，当时发生了现代史上最严重的水文干旱之一。该方法的主要优点是能够在中短期时间尺度上，依据将采取的抗旱措施计算出未来蓄水和供水相关的概率，基于该方法的预测结果，能使利益相关者更加重视节约用水，并提高管理措施的效率。

**本章参考文献**

Andreu J，Capilla J，Ferrer J．Modelo Simges de simulación de la gestión derecursos hídricos［M］．Rome：SPUPV，1992．

Andreu J，Capilla J，Sanchís E．AQUATOOL，a generalized decision-support system for water-resources planning and operational management［J］．Journal of hydrology，1996，177(3-4)：269-291．

del Júcar C H．Jucar pilot river basin：provisional article 5 report pursuant to the Water Framework Directive［R］．Valencia：Ministerio de Medioambiente，2004．

McKee T B，Doesken N J，Kleist J．The relationship of drought frequency and duration to time scales［A］.Proceedings of the 8th Conference on Applied Climatology［C］.Boston：［s. n.］，1993．

Palmer W C．Meteorological drought ［R］．Washington D. C. ： US Weather

Bureau，1965.

Pérez Martín M Á. Modelo distribuido de simulación del ciclo hidrológico y calidad del agua，integrado en sistemas de información geográfica para grandes cuencas[D]. Valencia：Universitat Politècnica de València，2005.

Sanchez Quispe S T，Andreu Alvarez J，Solera S. Gestión de recursos hídricos con decisiones basadas en estimación del riesgo[D].Valencia：Universidad Politécnica de Valencia，2001.

# 第 11 章　干旱条件下复杂水资源系统分析的混合模拟优化技术

G. M. Sechi，A. Sulis
意大利卡利亚里大学

**摘要：**本章针对多个水库水资源系统而设计的决策支持系统名为 WARGI（意思是借助图形界面进行水资源系统优化）。SEDEMED Ⅱ 项目对 WARGI 系统进行了升级，以实现优化和模拟技术的综合使用，这些技术通过积极主动的方式，为管理决策提供所需要的中短期行动。在干旱条件下，DSS（决策支持系统）旨在提前预测各类假定配置方案下的不同后果，通过考虑未来的水文情景及用水需求，来修改模拟模块的决策变量，进而实现模型的优化。最后介绍了 WARGI 系统在意大利撒丁岛南部水资源系统中的应用。

**关键词：**水资源系统的模拟与优化；干旱管理

## 11.1　引言

在干旱缺水条件下，对复杂供水系统的管理需要借助建模工具，以帮助决策者选取最适合的抗旱措施。通常，在对干旱采取主动或被动应对措施后，这些措施行动将转化为管理准则和水资源配置规则（参见 Yevjevich 等，1983；Rossi，2000）。

被动应对方法是指在干旱发生期间或发生后所采取的措施，虽然此方法至今仍是应对干旱应急的最常见方法，但显然，所采取的行动通常持续时间短，为非根本性措施，会给社会带来高昂的经济和环境代价，而且往往不会降低未来应对类似干旱事件的脆弱性。

积极应对方法包括一系列综合性措施（如抗旱相关规划中的一些基础性措施），这些措施在干旱开始前就设计好，然后在干旱期和干旱后实施，其目的是降低系统的脆弱性，提高干旱条件下的水资源可靠性。

确定一套最佳的抗旱组合措施，需要在决策支持系统（DSS）中设置合适的建模工具。积极应对抗旱过程中，需要通过各类备选方案的效果评估、比选，来确定最适合的中短期措施方案。通常，决策支持系统的性能评估，是通过理论系统实现的，而在具体应用时，则需要使用优化模型来评估理论系统的效率。

之前的工作（Sechi and Zuddas，2000；Sechi 等，2004；Sechi Sulis，2005；Sulis，2006）阐述了在开发 WARGI 系统的过程中，如何通过专用图形界面，以用户友好的方式分析不同情景下的复杂水系统。WARGI 系统采用真实场景再现的方法，可在优化模型的同时，对该系统的运行效率进行评估。WARGI 系统由各种独立的宏观模块组成，通过编码变量的转换而连接在一起（图 11.1）。该工具包在 Linux 环境中运行，编码采用 C++和 Tcl/Tk。

根据 Manca 等（2004），Sechi and Sulis（2005）的研究成果，系统初始化和输入模块（初始化和水文数据输入）处理主要参数的值定义，负责系统元素的创建及修改。该模块处理来自图形用户界面模块的数据，传输优化模块（WARGI-OPT）所需的数据，并实现仿真算法（WARGI-SIM）。通过独立模块进行软件构建，还可以单独使用该工具箱进行系统优化（WARGI-OPT），或者单独进行模拟（WARGI-SIM）。此外，如果需要情景优化分析，则情景生成模块就会传递模型构建的参数给 WARGI-OPT 模块（Pallottino 等，2005）。

水库水质优化模块（WARGI-QUAL）（Salis 等，2005a；Salis 等，2005b）将非常规水资源利用纳入供水系统进行分析，该模块建立了水资源可利用量及其水质质量要求之间的联系。优化模型解决方案流程，决定了标准文件 .mps（数学编程标准文件）的创建，此文件用作求解代码的接口。WARGI-OPT 模块将模型结构与求解器模块相联系，主要负责与用户选择的软件进行连接，以解决优化问题，并能够管理与分析结果相关的信息。用户可以通过图形绘制模块中显示的信息，以图形格式查看结果。

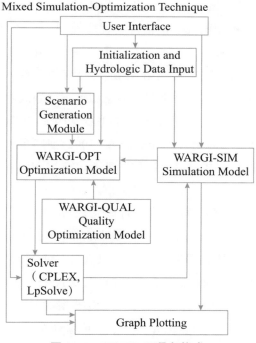

图 11.1　WARGI 工具包构成

WARGI 的应用潜力已经在之前的欧洲项目 WAMME(2003)和 SEDEMED (2003)框架中的真实系统上进行了测试。在《撒丁岛地区的流域计划》(*Piano Stralcio di Bacino*)(RAS,2005)中,也使用了 WARGI-SIM 模块,来确定多部门系统供水的可能性,以及作为本计划参考的易旱水文情景中的各种干旱缺水类型。

本章的其余部分重点描述 WARGI 工具包在仿真模块和优化模块之间的交互作用。优化模块针对不同的水文和用水需求情景,确定要在系统管理中实施的中短期行动。本章首先简要回顾了方法的相关背景及文献,然后分析这两个模块之间的相互作用及其Flumendosa-Campidano 系统上的结果,并将其作为 SEDEMED Ⅱ 项目的一个测试案例。

## 11.2  水资源系统建模中模拟与优化的相互作用

近几十年来,模拟模型已广泛应用于实际水资源管理中,并且仍是水资源分析的主要手段之一(Hufschmidt and Fiering,1966;Yeh,1985;Loucks and Van Beek,2005)。相比之下,虽然将优化模型应用于实际水资源管理则比较少见,但是优化模型的应用效果已在学术和相关文献中得到了充分证实(Loucks 等,1981;Yeh,1985;Labadie,2004)。

一般来说,模拟模型为系统响应预设了相关资源特性、资源可用性和需求,并指定了响应规则。因此,模拟模型主要用于评估在一系列模拟步骤中的替代方案及其可能产生的经济效益。在一般情况下,模拟模型并没有定义系统中使用的最优操作规则,为了确定最优规则,需要使用试错类型的迭代程序。

考虑到要探寻大量备选方案、寻找最优操作规则的过程,可能相当耗时。因此,有必要采用一种建模方法,将模拟模型的代表灵活性与优化模型的高效寻优算法相结合。在针对应用的研究中,Wurbs(1993)采用了各种策略将模拟和优化结合起来;Dorfman(1965)认为,使用优化的方法来筛选所有备选方案,在分析大型流域系统时具有显著的经济效益。Jacoby 和 Loucks(1972)分析了这两种模型在静态和动态规划问题中,联合使用模拟模型和优化模型的困难及优势。Stedinger 等(1983)对过去 20 年筛选模型的发展作了简要回顾,并分析了它们确定成本和效益的能力。Simonovic(1992)回顾了大尺度复杂水资源系统中,水库管理和运行的最先进的分析技术,突出了理论研究与实际系统实际应用之间存在的差距。

为了寻求多用途水库群系统的有效运行政策,Karamouz 等(1992)将 Karamouz 和 Houck(1982)提出的动态规划模型推广应用于单个水库。Lund 和 Ferreira(1997)提出了一种基于网络流的优化模型(美国陆军工程兵团的 HEC-PRM 模型),并采用简化的模拟模型细化和测试操作规则。Oliveira 和 Loucks (1997),以及 Ahmed 和 Sarma(2005)使用了遗传算法。Randall 等(1997)设计了一个嵌入逐月模拟模型的线性规划模型进行供水规划。Nalbantis 和 Koutsoyiannis (1997)提出并测试了水库系统的参数规则,通过优化的方法估计参数,使用模拟的方法对各参数值试验集的目标函数值进行评价。Sinha 等(1999),

Neelakantan and Pundarikanthan(2000)开发了非线性规划模型来实现关联优化-模拟模型，该模型对解决水库运行和设计问题非常有用。

使用最优化方法能减少运算，但需要进一步模拟和深入评价，该过程通常被称为初步筛选(Loucks and Van Beek，2005)。模拟模型虽然克服了优化模型固有的局限性，但只有在评估流程、备选组合相对较少时才能正常工作。复杂水资源系统的数字运算规模大，"试错"过程非常耗时，因此通过初步筛选技术，可以将分析与优化模型相结合，缩小可选方案范围，该技术的使用克服了优化模型在重现真实场景方面的局限性，并可有准备地给出最优选择方案。实际上，不能肯定这两个模型（模拟和优化）在应用到同一个系统时，就会产生对应的可以比较的结果。具体来说，优化模型和模拟模型的结果之间没有对应关系。

此外，虽然不能明确表达优化与模拟之间的相互作用，但显然可以明确的是：简单地依赖基于管理者在操作规则上的常识和经验的模拟是很危险的，这可能会影响对潜在系统效率的客观评价。

## 11.3　WARGI 系统中的耦合模拟优化方法

如果要替代"仅模拟"的方法，需要对操作规则进行预先定义，或者使用离线优化法，来初步筛选模拟模型中需要的操作规程，开发 WARGI 系统采用了基于模拟和优化模块之间完全集成的建模格式。

使用模拟模块不需要输入精确的操作规则，只需管理者定义偏好和优先级。这就要求在输入阶段充分详细地描述水资源系统的所有组件，使模型识别所有隐式的功能限制。借助 WARGI-GUI 的图形界面，用户可以用由节点和圆弧组成的定向图形式显示物理系统，使用掩码窗口输入每个组件的特征数据。

管理者对首选项的定义，意味着每个需求节点都有可能提供一个有序的资源列表，该列表可以通过资源供应来满足需求。这些首选项可能基于物质、经济、法律、合同或质量考虑，而且在任何情况下都要根据其他条件进行成本、效益评估，使资源流动可接受。这些条件可通过水库资源得到证明，管理者可为其定义一个目标蓄水量，它既可对不同时期进行区分，也能对特定用途的水库蓄水量加以限制。当水位降至与水库相关的临界水位以下时，可能会激活对水库蓄水量的限制，从而为特定用途确定保留蓄水量。最佳目标蓄水量和保留蓄水量是通过特定的 WARGI 程序确定的。可以指定不同资源的优先利用标准，例如设定先利用河道中流动的水资源，再使用水库中的蓄水。

管理者对优先级的确定，可以通过百分比的形式，将每种类型所需容量细分为优先级范围，为每个需求节点确定优先级区间。因此，确定从资源到需求的供应程序，是按照既定的优先级进行的。当水资源出现短缺时，这就可以避免供需的不平衡。一旦在模拟的时间步中，完成从资源到需求的传输，资源目标的定义使 WARGI-SIM 能够激活补充流，就能使目标配置的偏差最小化。首先，通过使用基于管理者建立的优先级标准的程序，实施指令序列,在模拟模块中激活资源需求流。然后通过模拟与优化模块之间的交互,来确定传输量。

优化模块与模拟交互的使用,主要涉及如下两个方面。

第一个方面与确定最佳路径,即将水从同等优先权的资源,转移到同等优先权需求的最佳路径有关。为了解决 WARGI 系统中的这个问题,我们使用了 Dijkstra 算法的改进版本(Dijkstra,1959)。用户可以将系统图的每个弧线与转移的成本、收益和限制联系起来,约束条件是系统中转移管道和设备的容量阈值。转移成本和收益可能取决于转移方法或管理者的偏好。与弧线相关的经济值和约束条件,决定了传输的最佳路径。一旦最低成本路径达到饱和,在相同的资源和需求节点之间(成本逐渐增加)的图上,就会找到另一条替代路径。若资源与需求之间不能转移,则将寻求较低偏好的资源。同前所述,考虑到需求优先级的降低,流量传输始终处于激活状态。其目标是在干旱出现时,防止它们影响需求节点上的更高优先级。

第二个方面涉及从资源供应到需求的程序化减少,为此,可以将 WARGI-OPT 优化模块提供的流程配置可看作模拟阶段的参考目标。在预定义的水文和需求情景中,优化过程中获得的流量配置,实际上可被看作从理想管理器获得。因此,模拟器可以在场景的整个时间范围内运行,以最小化总体系统管理成本(Sechi 等,2004)。这一方面对于建立联合优化—模拟模型至关重要,它让用户能够在积极方法中确定最佳抗旱减灾措施。

考虑到 SEDEMED Ⅱ 项目的具体目标,本书将提供关于优化和模拟相互作用的更多细节,这对干旱条件下的水资源系统管理尤其重要。

## 11.4　资源短缺情况下操作规则的确定

WARGI 管理决策支持系统的目标,是在系统管理操作规则中,通过实施积极主动的方法,来减轻干旱对用户的影响。基于参考水文情景的假设,在模拟模块中处理优化模块提供的预测,可以得到资源短缺预测结果的变化。图 11.2 绘制了 WARGI-OPT 优化模块与WARGI-SIM 模拟模块之间的交互,以分析覆盖 $T$ 个周期时间范围内的系统。在模拟过程中(在模拟器和优化器之间的同步时刻 $T_i$),WARGI-OPT 假设了在时间范围 $\Delta$ 上的系统演化,减少了整体的模拟时间 $T$。为减少优化器运行的时间,假设一个水文情景(资源输入)和一个需求场景(资源输出)。对于这些情景,优化器提供的流配置可以被认为是由系统的理想管理器设置的。基于优化器所提供的信息,从同步时刻 $T_i$ 开始,模拟器能够定义一组在后续期间改变决策变量值的度量。无论如何,这些度量不会扩展到后续同步步骤之外。因此,先修改一组操作规则对系统的响应进行模拟,再处理优化阶段面对的资源短缺情况。

模拟模块与优化模块交互中(由用户通过图形界面定义)时间参数有 $T$、$\Delta$、$t$、$\partial$ 等。其中,$T$ 为整个系统分析的模拟时间范围;$\Delta$ 为优化时间范围;$t=1,2,\cdots,T$,$t$ 为模拟步骤单位;$\partial$ 为优化步骤单位,$\partial=1,2,\cdots,\Delta$;$T_i=T_1,T_2,\cdots,T_n$,$T_i$ 为模拟模块与优化模块的同步时刻。

优化时间范围 Δ 必须能够反映水文条件的变化和需求变化趋势。特别是在 SEDEMED Ⅱ 项目研究的多水库系统中,其时间范围与系统中地表水库调节能力有关。在 WARGI 中,用户通过图形界面来定义系统的配置和操作过程,指定其首选项和优先级标准。模拟模块与优化模块交互的最直接的响应是采用限制程序,以满足较低优先级的需求。但是,也可以采用修改水库的蓄水量或目标蓄水容积程序的方法。

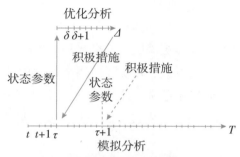

**图 11.2　WARGI 系统优化模块与模拟模块之间的交互作用**

需要指出的是,在优化模块中,模拟首选项和优先级标准被转化为系统图上的转移成本属性和运行约束属性,根据管理者提供的首选和优先级标准引导求解实现最优的流配置。此外,输入到优化模块的系统配置必须与模拟使用的系统配置有类似之处。

需要特别注意的是,定义优化模块运行的预测水文情景,以及与可能干旱相关的成本分配,并按优先级进行区分。这两个方面——水文临界性和干旱成本——将在下文中展开,对实际案例进行分析。

从上文讨论中可以看出,WARGI-SIM 中对操作规则的更改主要是需求配置的重新定义。但是,用户可根据首选项和优先级标准引入其他操作。在每个同步时刻 $T_i$,WARGI-OPT 根据所采用的水文和需求情景的偏好标准与临界水平,在系统的各个中心定义了一组可能的需求减少。这种减少需求行动可以确定规划的水资源亏缺量,是水危机管理中一种积极的应对程序。此项消耗措施基于对水资源短缺程度的评估,旨在尽量降低干旱期间水资源系统中较高优先需求的脆弱性。

在模拟结束时,资源使用的总体效益可以用图形表示为由供应量确定的边际效益曲线下方的区域。预先确定需求弹性本质上与规划的减少期有关,需求减少造成的利益损失可以用以下积分公式表示:

$$D = \int_{Q_r}^{Q_S} P_S \cdot \left(\frac{Q_S}{Q}\right)^{1/E} \mathrm{d}Q \qquad (11.1)$$

式中,$Q_S$ 表示完全满足需求的相关要求,$P_S$ 表示在完全满足需求的条件下资源边际成本,$Q_r$ 表示干旱期的减少供应量。

计算 $D$ 需要求需求曲线上的一个点参数,以及与程序周期相关的需求弹性 $E$。静态或动态模型可用于表现估水需求规律(Agthe and Billings,1980)和估计各种使用类型的弹性

（例如 Moncur，1987），这些在文献中都可找到。弹性是一种需求类型和主动或被动方法的函数。显然，$E$ 对于高优先级（例如城市用途）的需求将很低，这些需求仅随着价格略有变化。此外，通常情况下，短期需求曲线中的弹性低于长期曲线中的弹性。由于在 DSS WARGI 中使用了一个后处理器，可以为每一个优先级定义在（由 WARGI-OPT 确定的）长期需求上的单位收益损失，即程序化干旱缺水成本和（由 WARGI-SIM 确定）短期需求上的单位收益损失，即非程序化干旱缺水成本。

同前所述，优化模块和模拟模块之间的第二层交互作用，可能涉及重新定义地表水库的蓄水量以及重新定义操作规则。此类更深层次的交互是上述成本考虑后的结果。蓄水量的分配通常在长达数年的时间范围内有效。在实际应用中通常用 WARGI-OPT 进行预测，并将其与不同程度的临界水文情景联系起来。此外，本书还致力于优化时间范围 $\Delta$，这对于系统调节的可能性是非常重要的。确定优先级较高的需求蓄水量的配置过程中，对时间范围 $\Delta$ 的正确假设是十分关键的。

## 11.5　混合方法在撒丁岛南部水资源系统中的应用

正如引言解释的，根据《撒丁岛地区流域规划》（*Piano Stralcio di Bacino*）中的定义（RAS，2005），在 SEDEMED Ⅱ 项目框架下，评价了混合模拟优化技术在复杂水资源系统分析中的应用潜力。该项目研究了撒丁岛南部的水资源系统，该系统中地表水库的总容积为 $7.23 \times 10^8\,\mathrm{m}^3$；总需水量为 $10^8\,\mathrm{m}^3/\mathrm{a}$；总灌溉需水为 $2.34 \times 10^8\,\mathrm{m}^3/\mathrm{a}$；工业用水需求为 $1.9 \times 10^7\,\mathrm{m}^3/\mathrm{a}$。系统分析中的时间范围 $T$ 设置为 54 年，与区域官方提出的假设一致（RAS，2005）。19 个选定区域的水文流量数据按月提供。

根据观测的水文系列，在优化模块中要考虑不同延长和临界性的水文情景。临界的水文系列从 1 到 3 年不等，并按干湿情况进行分级（表 11.1）。

**表 11.1　　基于系统观测到的临界年径流量（$\times 10^6\,\mathrm{m}^3/\mathrm{a}$）评估水文情景**

| 最佳方案 | | 第1个临界情景 | 第3个临界情景 | 第5个临界情景 | 第7个临界情景 | 第9个临界情景 | 第11个临界情景 | 第13个临界情景 |
|---|---|---|---|---|---|---|---|---|
| 1 年 | 第1年 | 134.8 | 176.3 | 208.0 | 211.6 | 214.9 | 221.8 | 232.1 |
| 2 年 | 第1年 | 223.8 | 211.6 | 134.8 | 176.3 | 214.3 | 312.8 | 300.7 |
| | 第2年 | 134.8 | 208.0 | 300.7 | 298.4 | 290.8 | 215.9 | 267.7 |
| | 平均 | 179.3 | 209.8 | 217.8 | 237.3 | 252.6 | 264.3 | 284.2 |
| 3 年 | 第1年 | 214.9 | 134.8 | 309.8 | 290.8 | 498.2 | 298.4 | 479.2 |
| | 第2年 | 266.0 | 265.9 | 300.7 | 211.6 | 239.4 | 223.8 | 364.5 |
| | 第3年 | 164.1 | 267.7 | 208.0 | 221.8 | 134.8 | 232.0 | 298.4 |
| | 平均 | 215.0 | 234.4 | 243.1 | 250.7 | 285.6 | 298.3 | 318.0 |

在应用混合模拟优化技术之前,作者仅使用 WARGI-SIM 模块进行模拟分析。将 $T=$ 54 年划分为每个月的单位时间间隔 $t$,进行系统模拟。系统没有为抗旱而设置减少供应措施时,所得结果可用于评估系统应对干旱缺水的能力,即该阶段提供了可供比较的因素来分析联合优化—模拟模型的优点。

很多标准可用于量化系统中预定义操作规则所得的系统性能水平(Hashimoto 等,1982a;Hashimoto 等,1982b)。这些标准可以从单个指标或多个指标的组合中获得。以下仅使用模拟模型,从生活用水、工业用水和灌溉用水等用途的相关指标出发,对各项措施的最佳组合进行评估。其中,脆弱性用年度最大干旱缺水量占年度总需水量的百分比表示;时间可靠性用干旱缺水量小于预定义阈值的月份的百分比表示(15％和 25％);容量可靠性用整个分析周期内需求值的亏损率表示。

为简化分析且符合 RAS(2005)中的假设,所有生活用水需求都被放在最高优先级;第二优先级将所有工业用水需求组合在一起;灌溉用水则放在第三优先级。表 11.2 总结了使用 WARGI-SIM 得到的结果。

表 11.2　　　　　　　　　　　　与模拟值相关的性能指标

| 指标 | 居民生活用水 | 工业用水 | 灌溉用水 |
|---|---|---|---|
| 年缺水率最大值 | 34.36％ | 40.69％ | 70.94％ |
| 设计供水保证率 | 94.50％ | 94.65％ | 93.40％ |
| 缺水月份≤15％的保证率 | 94.65％ | 94.65％ | 93.40％ |
| 缺水率≤25％的保证率 | 96.12％ | 94.82％ | 91.85％ |

由于划分了优先级,该系统的大部分水资源短缺都与灌溉使用有关。此外,水文系列出现的长期干旱,以及更优先资源的相关保护措施的缺乏,将使生活用水面临挑战(最大年度缺水率为 34.36％,最大缺水历时 34 个月,其中月缺水率均值超过了 25％的阈值)。

在联合优化—模拟模型中,优化模块以年为间隔(同步周期为 1 年)进行模拟,并在灌溉期开始时(4 月 1 日)进行同步化。优化时间间隔设定为 1 个月。由表 11.3 可知,优化时间跨度从 1 年到 3 年不等。水文情景的时间范围和临界值,是确定应对措施类型的基本参数。事实上,考虑不同的优化范围和情景,用户可以根据干预的即时性,来确定干旱期间缓解措施的有效性。

随着容量可靠性的降低,系统性能指标也得到扩展。根据优化模块的消耗控制,得到随需求减少的非程序化干旱缺水率。表 11.3 显示了当模拟采用与不同水文情景关联优化的需求减少规则时,联合方法产生的性能指标。在较低的优先级(主要是灌溉需求)的范围内进一步减少供应,能降低生活用水对未来干旱的脆弱性。任何高度悲观的情景假设,都会产生过于严格的灌溉用水控制措施。相反,过于乐观的情景下,将不会采取预防措施。

**表 11.3(a)　不同临界情景及 1 年期的优化指标值**

| 指标 | 第 1 个临界情景 | | | 第 3 个临界情景 | | | 第 5 个临界情景 | | | 第 7 个临界情景 | | |
|---|---|---|---|---|---|---|---|---|---|---|---|---|
| | 居民生活用水 | 工业用水 | 灌溉用水 | 居民生活用水 | 工业用水 | 灌溉用水 | 居民生活用水 | 工业用水 | 灌溉用水 | 居民生活用水 | 工业用水 | 灌溉用水 |
| 年缺水率最大值/% | 1.91 | 55.78 | 90.81 | 6.94 | 22.82 | 77.41 | 15.94 | 23.59 | 68.66 | 15.99 | 23.61 | 69.92 |
| 缺水月份≤15%的保证率/% | 99.84 | 96.23 | 66.04 | 99.37 | 95.75 | 67.92 | 98.74 | 98.74 | 71.38 | 98.74 | 98.43 | 71.38 |
| 缺水率≤25%的保证率/% | 100 | 96.23 | 66.04 | 99.37 | 99.37 | 71.54 | 98.74 | 98.9 | 73.11 | 98.74 | 98.58 | 73.11 |
| 设计供水保证率/% | 99.96 | 98.45 | 80.84 | 99.58 | 98.97 | 83.21 | 98.78 | 97.97 | 85.04 | 98.58 | 97.73 | 85.29 |
| 降低需求的供水保证率/% | 99.96 | 100 | 100 | 99.63 | 99.43 | 99.72 | 98.78 | 98.9 | 99.78 | 99.13 | 98.66 | 99.06 |

| 指标 | 第 9 个临界情景 | | | 第 11 个临界情景 | | | 第 13 个临界情景 | | | 平均 | | |
|---|---|---|---|---|---|---|---|---|---|---|---|---|
| | 居民生活用水 | 工业用水 | 灌溉用水 | 居民生活用水 | 工业用水 | 灌溉用水 | 居民生活用水 | 工业用水 | 灌溉用水 | 居民生活用水 | 工业用水 | 灌溉用水 |
| 年缺水率最大值/% | 15.99 | 30.81 | 69.93 | 21.66 | 30.56 | 72.27 | 21.72 | 24.85 | 73.5 | 34.35 | 40.69 | 70.94 |
| 缺水月份≤15%的保证率/% | 98.58 | 89.62 | 71.38 | 98.43 | 83.81 | 71.38 | 97.96 | 97.96 | 71.38 | 94.34 | 94.65 | 93.4 |
| 缺水率≤25%的保证率/% | 98.74 | 98.58 | 73.11 | 98.43 | 98.11 | 73.11 | 98.11 | 98.11 | 75 | 94.65 | 94.81 | 94.3 |
| 设计供水保证率/% | 99 | 96.98 | 85.18 | 97.41 | 95.82 | 86.36 | 97.96 | 96.94 | 86.4 | 96.22 | 94.84 | 91.86 |
| 降低需求的供水保证率/% | 99.11 | 98.68 | 99.06 | 98.99 | 98.3 | 98.8 | 98.76 | 98.18 | 98.58 | 96.22 | 94.84 | 91.86 |

表 11.3(b) 不同临界情景及 2 年期的优化指标值

| 指标 | 第 1 个临界情景 | | | 第 3 个临界情景 | | | 第 5 个临界情景 | | | 第 7 个临界情景 | | |
| --- | --- | --- | --- | --- | --- | --- | --- | --- | --- | --- | --- | --- |
| | 居民生活用水 | 工业用水 | 灌溉用水 | 居民生活用水 | 工业用水 | 灌溉用水 | 居民生活用水 | 工业用水 | 灌溉用水 | 居民生活用水 | 工业用水 | 灌溉用水 |
| 年缺水率最大值/% | 0 | 0 | 71.76 | 6.88 | 12.15 | 62.79 | 6.91 | 47.49 | 60.16 | 15.71 | 18.13 | 62.78 |
| 缺水月份≤15%的保证率/% | 100 | 100 | 52.83 | 99.69 | 99.69 | 60.38 | 99.69 | 97.96 | 62.26 | 99.21 | 99.21 | 66.04 |
| 缺水率≤25%的保证率/% | 100 | 100 | 58.49 | 99.69 | 99.69 | 66.04 | 99.69 | 97.96 | 66.04 | 99.21 | 99.21 | 71.7 |
| 设计供水保证率/% | 100 | 100 | 77.83 | 99.74 | 99.61 | 82.63 | 99.78 | 98.72 | 82.79 | 99.45 | 98.9 | 84.65 |
| 降低需求的供水保证率/% | 100 | 100 | 100 | 99.79 | 99.69 | 99.78 | 99.79 | 99.75 | 99.72 | 99.48 | 99.22 | 99.46 |

| 指标 | 第 9 个临界情景 | | | 第 11 个临界情景 | | | 第 13 个临界情景 | | | 平均 | | |
| --- | --- | --- | --- | --- | --- | --- | --- | --- | --- | --- | --- | --- |
| | 居民生活用水 | 工业用水 | 灌溉用水 | 居民生活用水 | 工业用水 | 灌溉用水 | 居民生活用水 | 工业用水 | 灌溉用水 | 居民生活用水 | 工业用水 | 灌溉用水 |
| 年缺水率最大值/% | 17.82 | 27.67 | 67.53 | 19 | 29.83 | 68.31 | 26.22 | 28.13 | 71.77 | 34.36 | 40.22 | 70.95 |
| 缺水月份≤15%的保证率/% | 98.74 | 98.43 | 66.04 | 98.58 | 98.43 | 66.04 | 97.64 | 97.64 | 69.95 | 94.5 | 94.65 | 93.4 |
| 缺水率≤25%的保证率/% | 98.9 | 98.43 | 73.58 | 98.9 | 98.43 | 73.58 | 97.8 | 97.64 | 75.16 | 94.65 | 94.65 | 93.4 |
| 设计供水保证率/% | 98.94 | 98.15 | 85.66 | 98.98 | 97.87 | 85.81 | 98.23 | 97.17 | 87.65 | 96.24 | 94.85 | 91.86 |
| 降低需求的供水保证率/% | 99.23 | 98.64 | 99.07 | 99.13 | 98.55 | 98.99 | 98.36 | 97.71 | 97.71 | 94.24 | 94.85 | 91.86 |

表 11.3(c)　**不同临界情景及 3 年期的优化指标值**

| 指标 | 第 1 个临界情景 居民生活用水 | 工业用水 | 灌溉用水 | 第 3 个临界情景 居民生活用水 | 工业用水 | 灌溉用水 | 第 5 个临界情景 居民生活用水 | 工业用水 | 灌溉用水 | 第 7 个临界情景 居民生活用水 | 工业用水 | 灌溉用水 | 平均 居民生活用水 | 工业用水 | 灌溉用水 |
|---|---|---|---|---|---|---|---|---|---|---|---|---|---|---|---|
| 年缺水率最大值/% | 0.00 | 0.00 | 60.06 | 3.89 | 34.44 | 56.76 | 6.93 | 10.88 | 51.91 | 7.06 | 15.21 | 53.09 | 34.36 | 40.22 | 70.95 |
| 缺水月份≤15%的保证率/% | 100.00 | 100.00 | 35.85 | 99.84 | 98.11 | 49.06 | 99.69 | 99.53 | 54.72 | 99.53 | 99.37 | 56.60 | 94.50 | 94.65 | 93.40 |
| 缺水率≤25%的保证率/% | 100.00 | 100.00 | 58.49 | 99.84 | 98.11 | 64.15 | 99.69 | 99.53 | 66.04 | 99.53 | 99.37 | 66.04 | 94.65 | 94.65 | 93.40 |
| 设计供水保证率/% | 100.00 | 100.00 | 75.75 | 99.93 | 99.35 | 79.76 | 99.72 | 99.44 | 82.16 | 99.64 | 99.30 | 82.75 | 96.24 | 94.86 | 91.86 |
| 降低需求的供水保证率/% | 100.00 | 100.00 | 100.00 | 99.93 | 99.89 | 99.92 | 99.78 | 99.54 | 99.63 | 99.67 | 99.40 | 99.57 | 96.24 | 94.86 | 91.86 |

| 指标 | 第 9 个临界情景 居民生活用水 | 工业用水 | 灌溉用水 | 第 11 个临界情景 居民生活用水 | 工业用水 | 灌溉用水 | 第 13 个临界情景 居民生活用水 | 工业用水 | 灌溉用水 |
|---|---|---|---|---|---|---|---|---|---|
| 年缺水率最大值/% | 23.85 | 27.09 | 65.09 | 32.37 | 38.89 | 70.46 | 34.21 | 37.48 | 71.10 |
| 缺水月份≤15%的保证率/% | 98.43 | 98.43 | 66.04 | 96.70 | 97.17 | 69.65 | 95.91 | 96.23 | 74.84 |
| 缺水率≤25%的保证率/% | 98.43 | 98.43 | 73.58 | 96.86 | 97.17 | 76.57 | 96.23 | 96.38 | 94.65 |
| 设计供水保证率/% | 98.76 | 98.17 | 86.55 | 97.04 | 95.81 | 88.83 | 97.08 | 95.39 | 89.85 |
| 降低需求的供水保证率/% | 98.84 | 98.43 | 98.27 | 98.07 | 97.50 | 97.09 | 97.40 | 96.58 | 95.62 |

　　预防措施的最佳组合除了建立在之前的数量指标基础上以外,还必须分析满足不同需求后对经济的影响。然而,无法满足需求的后果很难用纯粹的术语来衡量(例如:生态、环境、社会)。作者将 WARGI 应用到撒丁岛南部系统中时,对与不同配置下的系统整体性能值进行了事先敏感性分析。

　　图 11.3 显示了目标函数的趋势,由于优化方案的临界性不同,无管理和有效管理下缺水损失之比也不同。根据敏感性分析和可用需求弹性值得到的结果,本章定义了各种用水类型的短期和长期需求曲线。对该系统的经济性能,包括与不同用水类型的需求满足度相关的 OF(目标函数 OF 值表示在 WARGI-OPT 优化模型中使用水文情景的不同临界值),以及无灌溉、不充分灌溉、较充分灌溉下的缺水损失进行了评估。正如预期的那样,随着无管理和有效管理下缺水损失之间的比率增加,系统的最佳配置通过与日益危急的水文情景相联系的短期和中期措施相结合而获得。此外,如果假设无管理和有效管理下缺水损失之间的比率固定,当居民生活用水短缺成本增加,而临界值降低时,系统的经济性能会进一步降低。

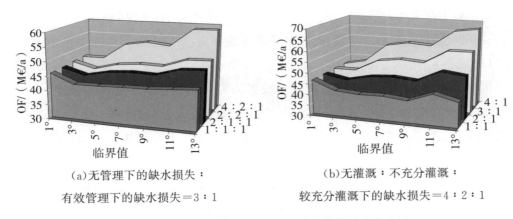

(a)无管理下的缺水损失:　　　　　　　　　(b)无灌溉:不充分灌溉:
有效管理下的缺水损失＝3:1　　　　　　　较充分灌溉下的缺水损失＝4:2:1

**图 11.3　对不同缺水损失下系统经济性能的敏感性分析**

　　图 11.4 显示了系统经济性能的趋势。本章的计算基于 1 年的预测期,表现了情景的临界性,即在整个模拟阶段,总水文流量和平均流量的比值。特别地,由图 11.4 可以看到,WARGI-OPT 设定了对未来水文过度悲观的假设,需要实施针对干旱缺水的预防措施,从而在模拟阶段,决定对系统中的实际可用水量采用极度谨慎的系统管理规则。此外,过于乐观的水文情景将造成长期预防措施不足,因此需要执行短期措施,但会引起重大损失和目标函数 OF 值增加。这偶尔无规律的趋势(特别是当流量比值接近 0.5 时)表明,在复杂的多用途和多资源系统中,预防措施应该通过情景描述来更好地识别,这些场景描述不仅要考虑系统中总径流量的年平均值,而且还应考虑水文临界性,以及空间和时间可变性。

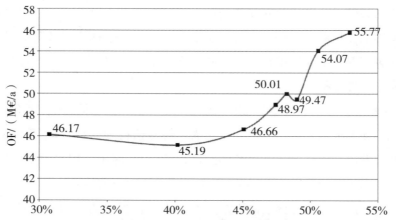

**图 11.4　WARGI-OPT 水文情景中,年度预测结果不同临界值的经济性能趋势**

应用于撒丁岛南部水资源系统的联合优化—模拟技术表明,可以参考年流入量接近历史序列平均年流入量 40% 的水文预测情景,从而获得短期和长期抗旱措施的最佳组合。

由上述讨论可知,模拟优化交互中的另一个关键参数是优化模块所采用的预测时间范围的延长。对于撒丁岛南部系统,图 11.5 和图 11.6 显示了当优化时间范围延长到 2 年和 3 年时,系统的经济性能趋势。显然,随着时间范围的延长,研究人员可以考虑更乐观的水文情景,以确定适当的措施。

考虑将 2 年和 3 年的平均径流量分别设置为参考历史序列中多年平均值的 46% 和 49%,可以得到模拟中的最优管理方案。但是,应当指出的是,当超过最小值时,预测期的延长也会使成本函数的斜率增加。这一结论提醒研究人员要避免做出过于乐观的水文情景假设。

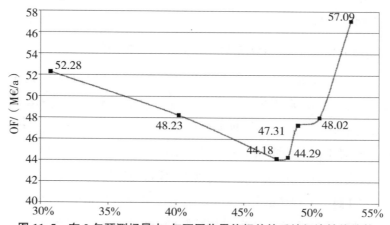

**图 11.5　在 2 年预测场景中,与不同临界值相关的系统经济性能趋势**

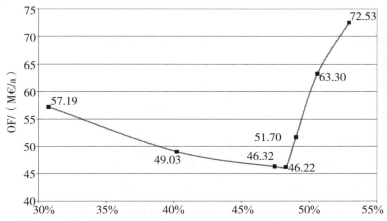

图 11.6　在 3 年预测场景中,与不同临界值相关的系统经济性能趋势

## 11.6　总结

研究结果表明,联合优化—模拟技术的引入为复杂水资源系统最优运行规则的确定提供了有效的支持。特别是,联合优化—模拟技术使其添加到模型集合中的操作更加容易,它旨在减轻干旱对更高优先需求的影响。WARGI DSS 中开发的技术,要求管理者定义其对资源的偏好标准和对需求的优先标准。优化模块对操作规则进行更新,并对综合水文输入情景集进行预测。抗旱减灾行动的有效性取决于所采取方案的关键性和持续性。需要强调的是,将这一技术应用于实际案例时,需要在假设相关值时仔细地进行敏感性分析。

## 本章参考文献

Ahmed J A, Sarma A K. Genetic algorithm for optimal operating policy of a multipurpose reservoir[J]. Water resources management,2005,19:145-161.

Agthe D E, Billings R B. Dynamic models of residential water demand[J]. Water Resources Research,1980,16(3):476-480.

Dijkstra E. A note of two problem in connexion with graph[J]. Numeriche Mathematik,1959,1:269-271.

Dorfman R. Formal models in the design of water resource systems[J]. Water Resources Research,1965,1(3):329-336.

Hashimoto T, Loucks D P, Stedinger J R. Robustness of Water Resources Systems [J]. Water Resources Research,1982,18(1):21-26.

Hashimoto T, Stedinger J R, Loucks D P. Reliability, resiliency, and vulnerability criteria for water resource system performance evaluation[J]. Water resources research,

1982，18(1)：14-20.

Hufschmidt M M，Fiering M B. Simulation Techniques for the Design of Water Resource Systems[M]. Cambridge：Harvard University Press，1966.

Jacoby H D，Loucks D P. Combined use of optimization and simulation models in river basin planning[J]. Water Resources Research，1972，8(6)：1401-1414.

Karamouz M，Houck M H. Annual and monthly reservoir operating rules generated by deterministic optimization[J]. Water Resources Research，1982，18(5)：1337-1344.

Karamouz M，Houck M H，Delleur J W. Optimization and simulation of multiple reservoir systems[J]. Journal of Water Resources Planning and Management，1992，118(1)：71-81.

Labadie J W. Optimal operation of multireservoir systems：State-of-the-art review [J]. Journal of water resources planning and management，2004，130(2)：93-111.

Loucks D P，Stedinger J R，Haith D A. Water resource systems planning and analysis：Solutions manual[M]. Englewood Cliffs：Prentice-Hall，1981.

Loucks D P，Van Beek E. Water resource systems planning and management：An introduction to methods，models，and applications[M]. Paris：UNESCO Press，2005.

Lund J R，Ferreira I. Operating rule optimization for Missouri River reservoir system [J]. Journal of Water Resources Planning and Management，1997，122(4)：287-295.

Manca A，Sechi G M，Sulis A，et al. Complex water resources system optimization tool aided by graphical interface[A]. 6th Interna-tional Conference of HydroInformatics [C]. Singapore：World Scientific Publishing Company，2004.

Moncur J E T. Urban water pricing and drought management[J]. Water Resources Research，1987，23(3)：393-398.

Nalbantis I，Koutsoyiannis D. A parametric rule for planning and management of multiple-reservoir systems[J]. Water Resources Research，1997，33(9)：2165-2177.

Neelakantan T R，Pundarikanthan N V. Neural network-based simulation-optimization model for reservoir operation[J]. Journal of water resources planning and management，2000，126(2)：57-64.

Oliveira R，Loucks D P. Operating rules for multireservoir systems[J]. Water resources research，1997，33(4)：839-852.

Pallottino S，Sechi G M，Zuddas P. A DSS for water resources management under uncertainty by scenario analysis[J]. Environmental Modelling & Software，2005，20(8)：

1031-1042.

Randall D，Cleland L，Kuehne C S，et al. Water supply planning simulation model using mixed-integer linear programming engine[J]. Journal of Water Resources Planning and Management，1997，123(2)：116-124.

RAS. Piano stralcio di bacino della regione Sardegna per l'utilizzo delle risorse idriche [R]. Cagliari：[s. n.]，2005.

Rossi G. Drought mitigation measures：a comprehensive framework[A]. Drought and drought mitigation in Europe[C]. Dordrecht：Springer Netherlands，2000.

Salis F，Sechi G，Sulis A，et al. Un modello di ottimizzazione per la gestione di sistemi idrici complessi con l'uso congiunto di risorse convenzionali e marginali[J]. L'ACQUA，2005,3:33-52.

Salis F，Sechi G M，Zuddas P. Optimization model for the conjunctive use of conventional and marginal waters[A]. Drought Management and Planning for Water Resources[C]. Rome：Taylor & Francis,2005.

Sechi G，Sulis A. A mixed optimization-simulation technique for complex water resource systems analysis[A]. Coputing ang Control for the Water Industry-Water Management for the 21st Century[C]. Exeter：Centre for Water Systems，University of Exeter，2005.

Sechi G，Sulis A，Zuddas P. Una tecnica mista di ottimizzazione-simulazione per l'analisi di sistemi idrici complessi[A]. Atti del XXIX Convegno di Idraulica e Costruzioni Idrauliche[C]. Trento：[s. n.],2004.

Sechi G M，Zuddas P. WARGI：Water Resources System Optimization Aided by Graphical Interface[A]. Blain W R，Brebbia C A. Hydraulic Engineering Software[C]. Southampton：WIT-Press，2000.

SEDEMED. Drought and desertification in Mediterranean basins[R]. INTERREG IIIB MEDOCC Asse 4. Ref. 2003-03-4. 4-I-010,2003.

Simonovic S P. Reservoir systems analysis：closing gap between theory and practice [J]. Journal of water resources planning and management，1992，118(3)：262-280.

Sinha A K，Rao B V，Lall U. Yield model for screening multipurpose reservoir systems[J]. Journal of water resources planning and management，1999，125(6)：325-332.

Stedinger J R，Sule B F，Pei D. Multiple reservoir system screening models[J].

Water Resources Research，1983，19(6)：1383-1393.

Sulis A. Un approccio combinato di ottimizzazione e simulazione per l'analisi di sistemi complessi di risorse idriche[D]. Cagliari：University of Cagliari，2006.

WAMME Water Resources Management Under Drought Conditions[R]. INCO-MED (DGXIII) Program，Contract N. ICA3-CT-1999-00014，2003.

Wurbs R A. Reservoir-system simulation and optimization models[J]. Journal of water resources planning and management，1993，119(4)：455-472.

Yeh W W G. Reservoir management and operations models：A state-of-the-art review [J]. Water resources research，1985，21(12)：1797-1818.

Yevjevich V，Hall W，Salas J. Coping with Drought[M]. Littleton：Water Resources Publication,1983.

# 第 12 章 干旱条件下水库水质特征的优化建模 第一部分——水库营养状态描述

B. Begliutti[2], P. Buscarinu[2], G. Marras[2], G. M. Sechi[1], A. Sulis[1]
1. 意大利卡里利亚大学
2. 意大利卡里利亚弗卢门多萨流域管理机构

**摘要:**定义一种水体水质分类的综合指标,是水资源系统综合规划和管理的一个关键步骤。在之前的工作中(Salis 等,2005;Sechi and Sulis,2005),根据欧盟和意大利关于地表水库水质的指南,提出了一种水资源系统优化模型,该模型采用包含少量参数的水质指标。本章对一个综合指数的可行性进行分析,该指数不仅考虑水体的整体营养状态,还考虑了最毒藻类的浓度密度值,能够描述由于水体中营养物质过度富集以及有毒藻类水华对健康的危害而限制用水的各类条件。弗卢门多萨-坎皮达诺流域的应用,证实了该方法在复杂水资源系统中获得综合质量指数的有效性。

**关键词:**可持续管理;富营养化;营养状态指数(TSI);蓝藻;WARGI-QUAL 软件

## 12.1 引言

水资源管理往往需要同时进行水量和水质分析,其中水质分析是整个水资源管理的重要组成部分。在过去的几十年中,已经研发了许多模拟和优化模型用于多水库系统的管理,然而这些模型大多只考虑了水量。现有水质相关的模型可以开发成不同的复杂程度,有时,模型仅是一些重要变量和参数指标的简单定性表示,而基于参数量化的模型可用来预测水体的水环境容量或某些管理措施的有效性。然而,这些相对复杂的水质模型,通常存在计算可行性受限、计算复杂度高的问题。

在地中海地区复杂的水系中,水库可被视为最重要的因素,其水质监测是水库管理中的一个关键因素。要确定水质指标,还需要确定哪些用水类型受到水质的限制,以及每种用水类型的最低可接受水质标准。当这些水质标准无法满足时,用水者必须做好准备——要么支付额外的水处理费用,要么承担使用较差水质的风险。

在地中海地区,富营养化是影响水库水质的最严重问题之一。营养物质的增加导致水系统生产力提高,这可能导致藻类生物量或其他初级生产者(如大型植物)的过度增长。过量的藻类生物质会严重影响水质,尤其是在产生厌氧条件的情况下。因此,在任何涉及水质的模型中,着重分析水库的营养状态是一种简化的方法。营养状态是一个多维的概念,涉及不同的方面,尽管如此,研究人员也提出了一种替代多参数指标的单一水质指标。之所以选择这种替代方法,是因为通常各类营养标准是相互关联的。一些研究人员(Sakamoto 1966;Carlson,1977;Schindler,1978;Smith,1982)研究了藻类生物量、营养浓度和营养物含量之间的关系。卡尔森(Carlson)(1977)指出,藻类生物量是营养状态分类的关键指标,而叶绿素 a 是估算大多数水库藻类生物量的最佳指标。仅基于营养状态的水库水质分类,就能够对生态系统中藻类生物量的总体浓度进行初步评价,这一分类可用于定性定量系统建模。

通过计算营养状态指数(TSI)(Carlson,1977),可以了解藻类在最大分层期间发育的一般情况。TSI 可以很容易地应用于用水可能性的相关管理约束中,预测不同气候情景下的短期营养状态变化,并检查参数之间的关系(Sechi and Sulis,2005)。这种方法可应用于不分层的完全混合湖泊的简化模型中。仅使用 TSI 并不能提供藻类成分数据,也无法确定藻类水华是否由特定类型的藻类组成。在水体富营养化过程中,一些微型浮游植物会产生藻毒素。特别是在湖泊中,产生毒素的浮游植物几乎都是蓝藻植物。蓝藻的有毒水华是全世界日益严重的问题。对此类水华的毒性监测表明,几乎一半的水华确实是有毒的(Sivonen等,1990)。最常见的微囊藻毒素是一种新型致癌物,它无法通过常规的水净化程序消除。为防止它们进入供水网,需要采用特殊的过滤器或昂贵的处理方法。在这种情况下,仅根据TSI 值信息进行水质评价可能还不够,在复杂的水系统中,可采用综合 TSI 和藻类分类系统的方法,对水库水质进行分类。

## 12.2　水库营养状态描述

水体营养状况模拟,必须考虑到流域内与人类活动最密切相关的复杂现象。营养状态是一个多维概念,涉及多种类型:形态、物理、化学和生物的数据(Brylinsky and Mann,1973)。为了评估富营养化率,需经常测量初级生产力,为了弥补这一信息的不足,或者预测未来趋势,已建立了若干模型和统计分析方法。针对湖泊的实验研究表明,营养物质(氮和磷)作为影响浮游植物生物量的重要因素,发挥着重要作用。叶绿素 a 浓度可间接衡量浮游植物的生物量。叶绿素 a (Chl-a)是一种比细胞数量或细胞体积更简单、更有用的估计指标。

一些研究人员(Sakamoto,1966;Carlson,1977;Schindler,1978;Smith,1982)发现了叶绿素 a 和总磷(TP)浓度之间存在对数线性关系。Dillon and Rigler(1974)和Vollenweider(1975)开发的投入—产出模型可用于预测浮游植物生物量(用 Chl-a 表示)。Walker(1977)量化了磷负荷模型的不确定性。Smith(1982)提出了一个理论框架,通过考虑总磷与总氮质量比的影响,从而减少了 Dillon-Rigler 模型中叶绿素预测的误差。Smith 指出,总氮浓度会影响叶绿素浓度,即使在以前认为只有磷是限制因素的湖泊中也是如此。在这些简单的投入产出模型中,没有评价其他影响营养状况的其他因素,如生物相互作用、内部营养负荷和物理条件等。虽然这些模型只适用于一年中离散时间段,而且适用的前提是假设湖泊是一个混合系统,这一假设非常严格,但是这些模型方法在文献中最为常见。

在分析复杂的现象时,要理解这些因素是如何相互关联的,以及如何使用分析关系将它们嵌入模型,需要付出很大的努力。Brylinsky and Mann(1973)将层次模型和统计分析方法相结合,分析了大量变量之间的相互作用。层次模型为识别这些变量之间的关系提供了一个框架,这些变量通过相关性和影响因子分析进行了测试。这些变量被分为两类,即通过养分有效性影响初级生产的变量(包括养分输入、流域特征及面积、养分稀释、降水、蒸发、表面积及平均深度、养分分布、风、表面积及水温范围),以及通过能量有效性影响初级生产的变量(包括总太阳辐射、反射和浊度)。学者们使用简单或多元回归分析的方法,来阐述形态、化学、物理和生物变量之间的关系(包括关系的类型和相关程度等)。回归分析结果表明,浮游植物生物量与叶绿素 a 密切相关。利用生物指标估算浮游植物生物量的多元回归也表明,叶绿素 a 和总磷影响了 45% 的浮游植物生物量变化。

针对上述方面的分析,最近的文献包括的各种各样的简化分析方式主要是利用数学优化模拟的方法描述复杂水系统中湖泊的营养状况。

根据 Sakamoto(1966),Dillon and Rigler(1974)利用叶绿素 a 作为浮游植物生物量的简单估计,结果发现,对于安大略省南部的 19 个湖泊,通过在春季测量总磷,得出了夏季叶绿素平均浓度与总磷的相关关系:

$$\lg Chl = 1.449 \lg TP - 1.136 \tag{12.1}$$

虽然相关系数非常高($R=0.95$),但只有当氮磷比超过 12 时才有效。Schindler(1978)研究了叶绿素年均浓度与总磷年均浓度之间的关系($R=0.89$),以及总磷年均浓度与水量更新校正后的磷输入的关系($R=0.88$)。他发现叶绿素与磷输入($R=0.76$)的关系相当密切。磷输入是水质影响的一个重要因子,因为一旦已知磷输入和水量更新时间,就可能预测湖泊的营养状态。Smith(1982)在考虑 TN/TP 比值对佛罗里达湖泊年平均叶绿素浓度的影响的情况下,延长了这种磷—叶绿素回归分析。该模型涉及总磷和总氮的简单对数线性组合($R=0.91$):

$$\lg Chl = 0.374 \lg TP + 0.935 \lg TN - 2.488 \tag{12.2}$$

然而,当 TN/TP >35 时,氮对湖泊的影响并不大。

Smeltzer 等(1989)对 Chl-a 值小于或等于 0.15 mg/m³($R=0.81$)的 Vermont 湖泊进行了夏季叶绿素 a 与春季总磷的回归分析:

$$\lg Chl = -0.49 + 1.08 \lg TP \tag{12.3}$$

许多研究试图评估磷对水体的水文作用。

Walker(1991)提出了一系列回归模型,将测得的水质参数浓度(用 $C$ 表示)与之前的累积降雨量（$HI_i =$ 前期总降水量）和日平均蓄水位（$E_j$）联系起来：

$$\lg C = A_0 + A_1 \lg(HI_i + 0.01) + A_2 E_j \tag{12.4}$$

对备选表达式验证表明，对数变换比前期雨量的线性表示更可取。总磷的多元回归函数（$R = 0.66$）为：

$$\lg P = 1.857 - 0.213 E_{30} - 1.091 \lg(HI_{365} + 0.01) \tag{12.5}$$

如引言所述，从水库营养状态特征开始，需要为多水库和多用途系统的建模优化定义一个综合质量评价指标。

## 12.3　基于营养状态的水质指标评价

欧洲国家的最近法令，对水库水质分类提供了一套指导标准，该标准基于有限数量的参数（称为"宏观描述符"），这些参数可表征水库和湖泊的营养状态。意大利（1999 年 152 号法令、2000 年 258 号法令对水体宏观描述如下：叶绿素 a、透明度、总磷、深水层溶解氧。然后，根据以下水质评价指数 QE 对应的 5 个可能数值，将水质状况通过该综合指数进行反映：

QE＝1→excellent 极好；

QE＝2→good 好；

QE＝3→acceptable 可接受；

QE＝4→poor 差；

QE＝5→bad 极差。

引言已经提到，为了在多水库和多用途系统中确定水质评价指数模型，可使用卡尔森（1977）营养状态指数（TSI）。近年来该指数似乎已获水利学界的普遍认可，它可用于水体水质的定性评价。TSI 可用来描述湖泊的营养状态，并且可用叶绿素 a（Chl-a）、总磷（TP）和透明度（SD）来测定。TSI 值可由以下简化方程计算：

$$TSI(TP) = 14.42 \ln(TP) + 4.15 \tag{12.6}$$

$$TSI(Chl\text{-}a) = 9.81 \ln(Chl\text{-}a) + 30.6 \tag{12.7}$$

$$TSI(SD) = 60 - 14.41 \ln(SD) \tag{12.8}$$

总磷和叶绿素 a 的单位为 $\mu g/L$，透明度的单位为 m。表 12.1 显示的 TSI 等级范围从 0（超贫营养化）到 100（超富营养化）不等。营养状态值的增加表明富营养化条件增加。

按照 Carlson（1977）的说法，TSI 的平均值没有任何意义，因为在可用的情况下，TSI（Chl）是一个比 TP 和 SD 更可靠的预测因素，而且将一个可靠的预测因子与低效率预测因子结合起来，似乎是不合逻辑的，只有在 Chl-a 不可用的情况下才使用 TP 和 SD（Carlson，1983）。只有当没有更好方法来评估 TSI 指数时，才使用 SD。

表 12.1 的数据来自 Carlson and Simpson（1996）的成果，该表显示了 TSI 值、水体属性、Chl-a 和 QE 值。在之前的工作中（Sechi and Sulis，2005），这种仅基于营养状态的简化质量指数评估，已在一个优化模型中使用，以将质量指数与多水库系统的可能用水量联系起来。

表 12.1                               TSI、湖泊属性和 QE 之间的关系

| 水质评价指数 QE | TSI | 叶绿素/(μg/L) | 属性 |
|---|---|---|---|
| 1 | (30,40) | (0.95,2.6) | 贫营养 |
| 2 | [40,50) | [2.6,7.3) | 中营养 |
| 3 | [50,70) | [7.3,56) | 正常 |
| 4 | [70,80) | [56,155] | 富营养 |
| 5 | >80 | >155 | 严重富营养 |

## 12.4　水库中浮游植物的有关问题

在水动力作用较弱的水体中(如：水库调节能力占年径流量比值较大的调节水库)，构成浮游植物的微生物是初级生产中起主导作用的植物群。水体底部覆盖着大量藻类，而浮游植物则生长在透光区。

虽然浮游植物在湖泊生态系统中起着关键作用，但是其过度增殖对于具有饮用或景观娱乐功能的水库而言，将成为严重问题。这种过度增殖的直接后果是多方面的：从悬浮颗粒的明显增多(浮游植物、浮游动物、细菌、真菌和腐屑)，到氨、亚硝酸盐、硫化氢、甲烷、乙烷和腐殖酸的浓度增加，再到由特定藻类和有毒藻类引起的鱼类死亡和水体恶臭。

有时这种现象非常明显，以至于肉眼可见大量的微藻，这些微藻的大量繁殖会引起水华，进而使水体变色。"藻类水华"一词是指 80%～90% 的微藻由一到两个物种组成的情况，尤其是，当其细胞数量超过 100 万个/L 时，可以认定为蓝藻暴发。这种微小的藻类覆盖了水面，降低了水的透明度，反过来又会阻止阳光的穿透，再加上地中海地区湖泊典型的热分层，不可避免地造成缺氧，从而导致上述后果。

另一个与富营养化有关且令人担忧的方面是，导致水华的藻类属于蓝藻，分布在世界各地地表水中。蓝藻产生的毒素范围很广，根据其影响，可分为肝毒素、神经毒素、皮肤刺激物和其他毒素(世界卫生组织 WHO,1998)。

肝毒素和神经毒素是由蓝藻菌(表 12.2)产生，通常存在于表层水体，且仅在细胞衰老或死亡阶段才释放到水中。因此，一个充满有毒藻类的水体不可避免地富含毒素，从而影响到使用该水体的动物。相关文献报道了许多野生和家养动物在饮用了蓝藻水后，因神经毒素或肝毒素而中毒的案例。

神经毒素由藻类产生，如：水华鱼腥藻(*Anabaena flos-aquae*)、螺旋鱼腥藻(*Anabaena spiroides*)、卷曲鱼腥藻(*Anabaena circinalis*)、水华束丝藻(*Aphanizomenon flos-aquae*)、颤藻(*Oscillatoria*)、束球藻(*Gomphosphaeria*)、束毛藻属(*Trichodesmium*)，这些藻类可以同时产生肝毒素，但产生肝毒素的作用较慢，因此实际表现以神经毒素为主。

**表 12.2**　　　　　　　　　　　　　蓝藻菌的名称及其产生的毒素

| 毒素名称 | 蓝藻菌 |
|---|---|
| 1. 神经毒素 | |
| 鱼腥藻毒素 | 鱼腥藻 |
| 同源类毒素-a | 振荡菌（浮游生物） |
| 鱼腥藻毒素-a(s) | 鱼腥藻、振荡藻（浮游生物） |
| 麻痹性贝类毒素（萨克森毒素） | 鱼腥藻 |
| 2. 肝毒素 | 隐孢子虫病 |
| 微囊藻毒素 | 鱼腥藻、无头蚴、微囊藻、振荡藻（浮游生物） |
| 节球藻毒素 | 节球藻 |
| 3. 接触刺激性皮肤毒素 | |
| 海兔毒素 | 裂殖吸虫 |

肝毒素比神经毒素更常见，它由不同属种的蓝藻产生，最常见的是微囊藻（*Microcystis*）、鱼腥藻（*Anabaena*）、颤藻（*Oscillatoria*）、念珠藻（*Nostoc*）、节球藻（*Nodularia*）和束丝藻（*Aphanizomenon*）（Harada 等，1999）。肝毒素中，最丰富的是微囊藻毒素，已知有 50 种，它们对人类和动物的影响可以总结为：直接摄入引起的急性肝中毒；长期摄入亚急性剂量产生的致癌效应（肝癌）；吸入引起的过敏性肺炎。

针对受蓝藻污染的水库饮用取水，联合国教科文组织最近给出了 1μg/L（急性中毒风险）的浓度阈值。国际文献建议，对长期饮用受污染水库的水而造成慢性危害的阈值为 1μg/L（Ueno 等，1996）。

目前，意大利的 20 个地区中有 7 个地区的水库每年受到微囊藻毒素的影响。虽然世界卫生组织已经解决了蓝藻水华问题，但欧盟和意大利的立法都没有规定供人类饮用和景观娱乐用水中蓝藻毒素的浓度限制。至于世界卫生组织的饮用水水质标准，考虑到体重 60kg 的人每天的饮用消耗量为 2L，可以得到 1g/L 的参考值。每升水种含有 $100 \times 10^6$ 个蓝藻细胞，就可以产生 10g/L～20g/L 的微囊藻素浓度（这相当于世界卫生组织建议的警戒值的 10～20 倍）。

假设一个三级水净化系统可降低 90％的浮游植物密度。这项研究结论认为可以将警戒值 $100 \times 10^6$ 细胞/L 水用于饮用（出于谨慎，也可将这些水用于灌溉）。当然，由于这些生物可能对人类健康造成危害，这些阈值的准确性因缺乏数据和缺乏相关法律标准而受到影响。

## 12.5　弗卢门多萨-坎皮达诺流域水质评价

弗卢门多萨-坎皮达诺流域（Flumendosa-Campidano）延伸到撒丁岛东南部，一直到岛中心，具有典型的地中海地区水文特征，干旱年份和强降雨年交替出现。该水系不仅是岛上面积最大的，也是最复杂的，因为它与其他系统相连接，是一个多水库和多开发用途的流域水系。

该水系的控制枢纽是一系列水库。为了从这些水库中取水，分别设置了用于生活供水的压力管道，以及为坎皮达诺平原提供灌溉用水的明渠。本章将对流域水系的主要特性和使用 WARGI-DSS 图形界面（Sechi and Sulis，2005）所做的连接方案进一步描述。

自 20 世纪 90 年代初以来，地区流域管理委员会（弗卢门多萨自治机构，EAF）开展了一项强化监测计划，来确定流域内最重要水库的水质状态。尤其是以下 4 个水库：弗卢门多萨、穆拉贾、Is Barroccus、奇克塞里。其主要特点见表 12.3。

自 20 世纪 90 年代初，水库出现水华以来，弗卢门多萨自治机构一直在监测湖泊的主要化学和生物参数。这些数据似乎表明，湖泊富营养化和流入水中的高矿物质营养负荷，确实是该系统面对的主要水质问题。

在该系统 4 个主要人工水库中，只有 2 个较大的水库弗卢门多萨和穆拉贾营养水平介于贫营养（oligotrophy）和中营养（mesotrophy）之间。另外 2 个水库奇克塞里 和 IS Barrocus，一般处于严重的富营养化状态，有时徘徊在富营养和重度富营养化之间。弗卢门多萨自治机构测量了部分样本参数来表示水库的营养状况，主要是叶绿素 a（Chl-a）、总磷（TP）和塞氏圆盘透明度（SD）等。从 1994 年 1 月到 2003 年 12 月，在所有水库的不同深度每月至少进行了一次测量。图 12.1 显示了这些参数随时间的变化。

表 12.3 　　　　　　　　弗卢门多萨-坎皮达诺流域水库的主要特征

| 水库名称 | 奇克塞里 | 穆拉贾 | 弗卢门多萨 | Is Barroccus |
|---|---|---|---|---|
| 集水区面积/km² | 426 | 1183.16 | 1004.51 | 93 |
| 最高水位下的水库水域面积/km² | 4.90 | 12.40 | 9.00 | 6.30 |
| 最高水位高程/m | 40.50 | 259.00 | 269.00 | 414.55 |
| 最高调节约用水位高程/m | 39.00 | 258.00 | 267.00 | 413.00 |
| 最高水位对应的库容/($\times 10^6 \, m^3$) | 32.20 | 347.70 | 316.40 | 14.04 |
| 最高调节水位对应的库容/($\times 10^6 \, m^3$) | 23.90 | 320.70 | 292.90 | 11.96 |

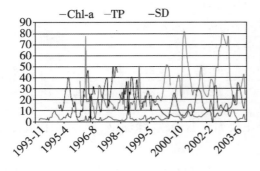 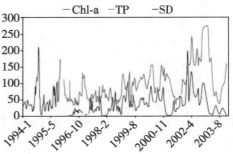

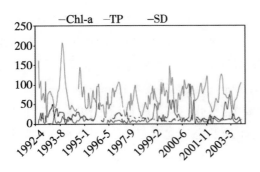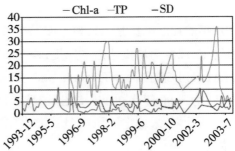

**图 12.1　叶绿素 a(Chl-a)弗卢门多萨-坎皮达诺流域**

**主要水库(穆拉贾、奇克塞里、Is Barroccus)的总磷(TP)及塞氏圆盘透明度(SD)浓度随时间演变**

注：图中纵坐标 Chl-a、TP 单位为 mg/m³，SD 单位为 dm。

如前所述，基于叶绿素 a、总磷和塞氏圆盘透明度的营养状态指数 TSI 可用于水库水质分类。使用前面的式(12.6)至式(12.8)，根据观测数据计算出了 TSI。表 12.4 种所报告的统计 TSI 值，是根据这些评价的平均数计算的。

**表 12.4　　　　　　　　　　从样本评估的 TSI 指标的统计特征**

| 水库名称 | 水质参数 | 样本数量 | 年平均采样频次 | 最大值 | 最小值 | 平均数 | 标准差 |
|---|---|---|---|---|---|---|---|
| 弗卢门多萨 | TSI(Chl-a) | 87 | 8.7 | 53.9 | 13.7 | 37.4 | 8.5 |
| | TSI(TP) | 72 | 7.2 | 55.7 | 22.4 | 41.7 | 7.0 |
| | TSI(SD) | 69 | 6.9 | 58.6 | 32.0 | 42.5 | 5.6 |
| 奇克塞里 | TSI(Chl-a) | 217 | 21.7 | 83.1 | 18.2 | 61.5 | 12.4 |
| | TSI(TP) | 164 | 16.4 | 85.0 | 46.7 | 66.7 | 7.3 |
| | TSI(SD) | 145 | 14.5 | 87.3 | 38.3 | 66.5 | 8.4 |
| Is Barroccus | TSI(Chl-a) | 165 | 13.8 | 75.9 | 18.8 | 52.7 | 9.3 |
| | TSI(TP) | 171 | 14.3 | 81.0 | 44.9 | 63.9 | 6.7 |
| | TSI(SD) | 126 | 10.5 | 70.0 | 36.8 | 55.0 | 7.0 |
| 穆拉贾 | TSI(Chl-a) | 139 | 13.9 | 59.6 | 23.8 | 41.9 | 7.9 |
| | TSI(TP) | 101 | 12.6 | 67.7 | 21.4 | 50.0 | 8.2 |
| | TSI(SD) | 122 | 13.6 | 73.2 | 36.8 | 52.1 | 8.6 |

在浮游植物的组成方面，4 个水库的藻类主要属于蓝藻纲、绿藻纲、硅藻纲、隐藻纲和接合藻纲。

为了评估每类藻对总密度的贡献，对 1996—2005 年收集的每个藻类进行了如下处理：

1)计算每个水库藻类的年平均密度值(绝对值和百分比值)；

2)记录研究期间(1996—2005 年)每个藻类密度达到的最小值和最大值；

3)对每个藻类密度都建立了不同的数值标度。图 12.2 中已经分配了不同颜色,密度越低,颜色越浅,反之亦然;

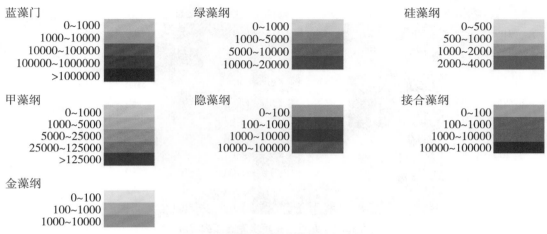

蓝藻门
0~1000
1000~10000
10000~100000
100000~1000000
>1000000

绿藻纲
0~1000
1000~5000
5000~10000
10000~20000

硅藻纲
0~500
500~1000
1000~2000
2000~4000

甲藻纲
0~1000
1000~5000
5000~25000
25000~125000
>125000

隐藻纲
0~100
100~1000
1000~10000
10000~100000

接合藻纲
0~100
100~1000
1000~10000
10000~100000

金藻纲
0~100
100~1000
1000~10000

**图 12.2　表示不同藻类密度的色度标识**

4)确定了每个藻类最具代表性的物种。

图 12.3 至图 12.6 显示了数据处理的输出结果,并以图形化的方式,描绘了 4 个水库中每个藻类的密度随时间的变化。

1996—2005 年(图 12.3),奇克塞里水库的浮游植物构成几乎全是蓝藻。2000 年之后,浮游植物总密度和蓝藻密度均显示出相同的下降趋势,峰值密度超过了 $700 \times 10^6$ 个细胞/L,并在 2005 年处于历史最低水平,浮游植物和蓝藻密度分别为 $27 \times 10^6$ 个细胞/L 和 $15 \times 10^6$ 个细胞/L。仅在 2004 年、2005 年,才监测到隐藻和绿藻的出现。

| 奇克塞里水库 | 蓝藻 | 绿藻 | 硅藻 | 隐藻 | 甲藻 | 接合藻 | 金藻 | 总密度/ $\times 10^6$ |
|---|---|---|---|---|---|---|---|---|
| 1996 | 98.8 | 1.2 | 0.1 | 0.0 | 0.0 | 0.0 | 0.0 | 368 |
| 1997 | 92.2 | 5.3 | 0.7 | 1.5 | 0.0 | 0.3 | 0.0 | 40 |
| 1998 | 97.0 | 0.8 | 0.3 | 0.3 | 0.1 | 1.6 | 0.0 | 45 |
| 1999 | 97.4 | 1.7 | 0.8 | 0.1 | 0.0 | 0.0 | 0.0 | 385 |
| 2000 | 99.6 | 0.1 | 0.1 | 0.0 | 0.0 | 0.2 | 0.0 | 742 |
| 2001 | 99.5 | 0.1 | 0.0 | 0.1 | 0.0 | 0.0 | 0.0 | 362 |
| 2002 | 82.0 | 13.3 | 0.4 | 4.2 | 0.0 | 0.1 | 0.0 | 101 |
| 2003 | 89.5 | 4.7 | 0.9 | 4.7 | 0.1 | 0.1 | 0.0 | 39 |
| 2004 | 42.9 | 4.4 | 0.1 | 52.3 | 0.0 | 0.0 | 0.0 | 149 |
| 2005 | 56.4 | 20.8 | 14.6 | 7.5 | 0.2 | 0.2 | 0.1 | 27 |
| 年平均值 | 85.5 | 5.3 | 1.8 | 7.1 | 0.3 | 0.0 | 0.0 | |

**图 12.3　奇克塞里水库的藻类密度**

关于弗卢门多萨水库的浮游植物(图 12.4),研究人员在 1999 年、2001—2005 年发现蓝藻的显著优势。1996 年硅藻主导,2000 年绿藻主导,1997 年和 1998 年这 3 个藻类都主导过。总体趋势显示,总密度从 1997 年开始增加,蓝藻密度从 1996 年开始增加;这两个数值在 2002—2005 年都有所下降。在这种情况下,浮游植物总密度和蓝藻密度都在 2002 年达到峰值,约为 $30\times10^6$ 个细胞/L。总密度和蓝藻密度分别在 1996 年和 1997 年降至最低。

| 弗卢门多萨水库 | 蓝藻 | 绿藻 | 硅藻 | 隐藻 | 甲藻 | 接合藻 | 金藻 | 总密度/ $\times 10^6$ |
|---|---|---|---|---|---|---|---|---|
| 1996 | 2.8 | 12.2 | 84.6 | 0.0 | 0.1 | 0.4 | 0.0 | 1.6 |
| 1997 | 24.9 | 30.8 | 34.8 | 7.4 | 0.1 | 2.0 | 0.0 | 1 |
| 1998 | 30.8 | 46.5 | 15.8 | 3.9 | 0.0 | 2.8 | 0.0 | 2 |
| 1999 | 72.2 | 19.6 | 5.8 | 2.2 | 0.0 | 0.2 | 0.0 | 5 |
| 2000 | 6.0 | 89.6 | 2.7 | 1.5 | 0.0 | 0.2 | 0.0 | 7 |
| 2001 | 92.5 | 6.2 | 0.9 | 0.3 | 0.0 | 0.0 | 0.0 | 24 |
| 2002 | 93.6 | 0.3 | 5.3 | 0.2 | 0.0 | 0.2 | 0.4 | 30 |
| 2003 | 95.2 | 1.3 | 2.6 | 0.7 | 0.0 | 0.1 | 0.1 | 21 |
| 2004 | 96.2 | 0.4 | 1.8 | 1.5 | 0.0 | 0.1 | 0.0 | 20 |
| 2005 | 83.4 | 2.6 | 12.7 | 1.1 | 0.0 | 0.1 | 0.1 | 10 |
| 年平均值 | 59.7 | 20.9 | 16.7 | 1.9 | 0.6 | 0.0 | 0.1 | |

图 12.4　弗卢门多萨水库的藻类密度

Is Barrocus 水库中的浮游植物 (图 12.5) 表现出更多的多样性,在这 10 年研究期间里,只有 5 年蓝藻占主导地位,其百分比值从未低于总密度的 64%。在剩下的 5 年里,其平衡被绿藻和硅藻打破了。在奇克塞里水库,总密度和蓝藻密度的最大值和最小值分别出现在 2005 年和 2000 年。

| Is Barrocus水库 | 蓝藻 | 绿藻 | 硅藻 | 隐藻 | 甲藻 | 接合藻 | 金藻 | 总密度/ $\times 10^6$ |
|---|---|---|---|---|---|---|---|---|
| 1996 | 86.5 | 9.3 | 3.4 | 0.7 | 0.0 | 0.1 | 0.0 | 35 |
| 1997 | 92.2 | 3.6 | 2.4 | 1.7 | 0.0 | 0.1 | 0.0 | 29 |
| 1998 | 32.6 | 45.3 | 13.8 | 5.8 | 0.0 | 2.2 | 0.0 | 7 |
| 1999 | 47.4 | 32.3 | 10.3 | 8.3 | 0.3 | 0.8 | 0.0 | 17 |
| 2000 | 99.7 | 0.2 | 0.0 | 0.0 | 0.0 | 0.0 | 0.0 | 2 |
| 2001 | 37.7 | 42.2 | 8.4 | 11.0 | 0.0 | 0.6 | 0.0 | 7 |
| 2002 | 64.4 | 8.6 | 19.8 | 6.5 | 0.0 | 0.5 | 0.2 | 14 |
| 2003 | 3.9 | 28.8 | 29.5 | 35.6 | 0.0 | 0.9 | 0.9 | 8 |
| 2004 | 6.4 | 30.4 | 44.7 | 17.7 | 0.1 | 0.4 | 0.2 | 5 |
| 2005 | 93.6 | 1.7 | 2.1 | 2.5 | 0.0 | 0.0 | 0.0 | 46 |
| 年平均值 | 56.4 | 20.2 | 13.4 | 9.0 | 0.1 | 0.6 | 0.1 | |

图 12.5　Is Barrocus 水库的藻类密度

穆拉贾水库的浮游植物成分(图 12.6)在整个研究期间以蓝藻为主,但 1998 年和 1999 年除外,这两个年份的总密度也最低。

1998 年和 1999 年,蓝藻与绿藻保持了良好的平衡;在此期间也存在硅藻,尽管较少。正如 Barrocus 水库和奇克塞里水库在同一年份中记录了最大和最小的浮游植物总密度和蓝藻密度,在穆拉贾水库其最大值和最小值分别出现在 1998 年和 2002 年。

| 穆拉贾水库 | 蓝藻 | 绿藻 | 硅藻 | 隐藻 | 甲藻 | 接合藻 | 金藻 | 总密度/ $\times 10^6$ |
|---|---|---|---|---|---|---|---|---|
| 1996 | 85.7 | 11.1 | 1.9 | 1.2 | 0.0 | 0.1 | 0.0 | 19 |
| 1997 | 95.9 | 3.4 | 0.5 | 0.1 | 0.0 | 0.1 | 0.0 | 50 |
| 1998 | 38.6 | 50.4 | 6.2 | 1.9 | 2.3 | 0.6 | 0.0 | 4 |
| 1999 | 46.1 | 44.7 | 7.3 | 1.6 | 0.0 | 0.4 | 0.0 | 6 |
| 2000 | 88.6 | 8.7 | 1.9 | 0.5 | 0.1 | 0.1 | 0.0 | 138 |
| 2001 | 99.2 | 0.2 | 0.6 | 0.0 | 0.0 | 0.0 | 0.0 | 160 |
| 2002 | 98.3 | 0.0 | 0.2 | 0.0 | 0.0 | 1.4 | 0.0 | 172 |
| 2003 | 98.1 | 0.4 | 0.9 | 0.4 | 0.0 | 0.2 | 0.1 | 38 |
| 2004 | 94.5 | 3.5 | 0.8 | 1.0 | 0.0 | 0.1 | 0.0 | 36 |
| 2005 | 81.3 | 13.0 | 3.7 | 1.6 | 0.1 | 0.1 | 0.1 | 11 |
| 年平均值 | 82.6 | 13.5 | 2.4 | 0.8 | 0.3 | 0.3 | 0.0 | |

**图 12.6　穆拉贾水库的藻类密度**

通过进一步调查,得到了 4 个水库中最主要藻类物种的具体信息。

在奇克塞里水库(表 12.5),从绝对数量和持续存在时间看,浮丝藻是主要的蓝藻物种,几乎每年都能发现水华鱼腥藻和水华束丝藻,但密度明显较低。尽管铜绿微囊藻仅偶尔出现,但其存在时,密度相当高。在绿藻中,较重要的物种为单角盘星藻(*Pediastrum simplex*)和假微孔空星藻(*Coelastrum pseudomicroporum*),其后是栅藻属。硅藻几乎只属于一个种类,因为只有小环藻不断出现,其密度值显著。红胞藻属(*Rhodomonas minuta*)和隐藻属(*Cryptomonas sp.*)两种隐藻纲与一种鼓藻属(*Cosmarium sp.*)等一起组成奇克塞里水库的浮游植物(Sechi 等,1998)。

在弗卢门多萨水库(表 12.6),1996 年并没有浮丝藻属(*Planktothrix sp.*),1997—2005年却长期存在,而且是水库内最丰富的物种。绿藻中,最常见的两种是网状空星藻(*Coelastrum reticulatum*)和卵囊藻属(*Oocystis sp.*),其后是单角盘星藻,美丽团藻(*Volvox aureus*)的年平均密度值最高,但直到 2000 年才被发现。只有一种硅藻记录的密度很大:小环藻属。有两种隐藻:一直存在的红胞藻属和 2001 年开始发现的隐藻属,以及两种接合藻纲:针状新月藻(*Closterium aciculare*)和纤细新月藻(*Closterium gracile*),这两者虽密度较低却常年存在。

Is Barrocus 水库(表 12.7)是 4 个水库中唯一没有发现浮丝藻属物种的。事实上,蓝藻纲的代表是隐球藻属(*Aphanocapsa sp.*)、隐杆藻属(*Aphanotece sp.*),两个鱼腥藻属(*Anabaena aphanizomenoides*;水华鱼腥藻 *A. flos-aquae*),水华束丝藻和微囊藻属。但在不同的年度周期中,没有一种是长期存在的,而是同时出现或交替出现。在绿藻中,卵囊藻属最丰富,其次是小球藻属(*Chlorella sp.*)、单角盘星藻和胶网藻属(*Dyctiosphaerium sp.*)。硅藻中,除总存在的小环藻外,2001 年发现了巴豆叶脆杆藻(*Fragilaria crotonensis*)。隐藻纲此处唯一的代表是红胞藻属和隐藻属。最后,接合藻纲具有代表性的是针状新月藻和纤细新月藻。

**表 12.5　奇克塞里水库不同藻类的年密度**

| 藻类分类 | 蓝藻纲 | | | | | 绿藻纲 | | | 硅藻纲 | | 隐藻纲 | | 接合藻纲 | |
|---|---|---|---|---|---|---|---|---|---|---|---|---|---|---|
| | 浮丝藻属 | 铜绿微囊藻 | 水华鱼腥藻 | 水华束丝藻 | 浮游鱼腥藻 | 单角盘星藻 | 假微孔空星藻 | 栅藻属 | 小环藻属 | 极微小环藻 | 红胞藻属 | 隐藻属 | 鼓藻属 | 新月藻属 |
| 1996 年 | 339.219 | 18.742 | 0 | 4.901 | 172 | 2.527 | 208 | 16 | 135 | 0 | 86 | 0 | 0 | 0 |
| 1997 年 | 13.486 | 57 | 21.996 | 771 | 0 | 817 | 479 | 116 | 174 | 0 | 544 | 54 | 84 | 1 |
| 1998 年 | 0 | 0 | 43.556 | 116 | 0 | 0 | 291 | 0 | 125 | 0 | 0 | 126 | 667 | 1 |
| 1999 年 | 366.119 | 0 | 0 | 0 | 0 | 5.311 | 375 | 284 | 2843 | 0 | 88 | 439 | 29 | 66 |
| 2000 年 | 736.051 | 0 | 0 | 0 | 0 | 445 | 60 | 322 | 70 | 0 | 39 | 109 | 868 | 229 |
| 2001 年 | 7.231 | 247.995 | 51.958 | 907 | 52.084 | 171 | 349 | 101 | 135 | 0 | 28 | 192 | 8 | 0 |
| 2002 年 | 44.865 | 2.29 | 1.571 | 18.636 | 13 | 141 | 10.403 | 1353 | 225 | 0 | 1558 | 2692 | 71 | 0 |
| 2003 年 | 3.144 | 0 | 1.552 | 1.129 | 32 | 90 | 104 | 1427 | 111 | 0 | 1175 | 678 | 19 | 0 |
| 2004 年 | 0 | 0 | 3.852 | 55.953 | 0 | 1.856 | 115 | 2644 | 113 | 0 | 77415 | 374 | 24 | 0 |
| 2005 年 | 227 | 0 | 983 | 10.265 | 0 | 1.659 | 218 | 1454 | 957 | 2794 | 1547 | 398 | 22 | 18 |
| 年平均值 | 151.034 | 26.908 | 12.547 | 9.268 | 5.23 | 1.302 | 1.26 | 772 | 489 | 279 | 8.248 | 506 | 179 | 32 |

表 12.6 弗卢门多萨水库不同藻类的年密度

| 分类 | 蓝藻纲 | | | 绿藻纲 | | | | 硅藻纲 | | 隐藻纲 | | 接合藻纲 | |
|---|---|---|---|---|---|---|---|---|---|---|---|---|---|
| | 浮丝藻属 | 水华束丝藻 | 隐杆藻属 | 美丽团藻 | 网状空星藻 | 单角盘星藻 | 卵囊藻属 | 小环藻属 | 眼斑小环藻 | 红胞藻属 | 隐藻属 | 针状新月藻 | 纤细新月藻 |
| 1996年 | 0 | 0 | 1 | 0 | 33 | 0 | 0 | 1274 | 0 | 0 | 0 | 3 | 3 |
| 1997年 | 110 | 95 | 18 | 0 | 0 | 296 | 33 | 224 | 0 | 80 | 0 | 20 | 2 |
| 1998年 | 617 | 0 | 0 | 0 | 71 | 68 | 617 | 74 | 0 | 81 | 0 | 53 | 5 |
| 1999年 | 1.495 | 316 | 1.975 | 0 | 22 | 532 | 37 | 263 | 0 | 116 | 0 | 9 | 1 |
| 2000年 | 331 | 0 | 0 | 5115 | 293 | 12 | 40 | 177 | 0 | 95 | 0 | 14 | 2 |
| 2001年 | 22.389 | 0 | 0 | 0 | 1501 | 0 | 9 | 220 | 0 | 61 | 14 | 7 | 2 |
| 2002年 | 27.788 | 0 | 0 | 0 | 44 | 0 | 12 | 725 | 0 | 38 | 34 | 26 | 9 |
| 2003年 | 19.590 | 0 | 0 | 0 | 0 | 0 | 17 | 435 | 0 | 126 | 26 | 1 | 2 |
| 2004年 | 15.376 | 0 | 0 | 0 | 0 | 0 | 4 | 307 | 7 | 199 | 26 | 5 | 4 |
| 2005年 | 8.123 | 1.935 | 0 | 0 | 95 | 0 | 26 | 0 | 1254 | 65 | 21 | 3 | 4 |
| 年平均值 | 9.582 | 235 | 199 | 512 | 206 | 91 | 80 | 370 | 126 | 86 | 12 | 14 | 3 |

**表 12.7　Is Barrocus 水库不同藻类的年密度**

| 分类 | 蓝藻纲 | | | | | | 绿藻纲 | | | | 硅藻纲 | | | 隐藻纲 | | 接合藻纲 | |
|---|---|---|---|---|---|---|---|---|---|---|---|---|---|---|---|---|---|
| | 隐球藻属 | 隐杆藻属 | Ana. aph. | 水华鱼腥藻 | 水华束丝藻 | 微囊藻属 | 卵囊藻属 | 小球藻属 | 单角盘星藻 | 胶网藻属 | 眼斑小环藻 | 小环藻属 | 巴豆叶脆杆藻 | 红胞藻属 | 隐藻属 | 针状新月藻 | 纤细新月藻 |
| 1996 年 | 23.806 | 0 | 0 | 3.267 | 0 | 3.353 | 836 | 1.079 | 1 | 186 | 0 | 1.200 | 0 | 236 | 22 | 3 | 20 |
| 1997 年 | 0 | 23.558 | 0 | 3.157 | 343 | 0 | 592 | 36 | 81 | 38 | 706 | 0 | 0 | 351 | 148 | 7 | 7 |
| 1998 年 | 28 | 1.556 | 0 | 476 | 0 | 0 | 642 | 587 | 265 | 227 | 520 | 0 | 0 | 271 | 112 | 100 | 27 |
| 1999 年 | 1.195 | 0 | 832 | 0 | 5.370 | 0 | 813 | 402 | 2.003 | 427 | 1.470 | 0 | 0 | 691 | 697 | 94 | 11 |
| 2000 年 | 489 | 0 | 1.902 | 21 | 0 | 0 | 0 | 0 | 0 | 0 | 0 | 0 | 0 | 0 | 0 | 0 | 0 |
| 2001 年 | 588 | 502 | 829 | 536 | 0 | 0 | 483 | 538 | 0 | 69 | 106 | 0 | 316 | 151 | 618 | 0 | 25 |
| 2002 年 | 0 | 0 | 6.765 | 1.750 | 0 | 0 | 140 | 5 | 25 | 241 | 228 | 0 | 2.131 | 383 | 511 | 2 | 29 |
| 2003 年 | 0 | 6 | 0 | 0 | 0 | 215 | 471 | 30 | 12 | 0 | 0 | 2.268 | 37 | 2.027 | 911 | 10 | 21 |
| 2004 年 | 0 | 0 | 0 | 105 | 0 | 14 | 240 | 279 | 0 | 745 | 776 | 842 | 153 | 528 | 203 | 0 | 6 |
| 2005 年 | 40.977 | 488 | 0 | 0 | 0 | 1.801 | 97 | 18 | 17 | 0 | 702 | 5 | 0 | 1.023 | 82 | 0 | 6 |
| 年平均值 | 6.708 | 2.611 | 1.033 | 931 | 571 | 538 | 431 | 297 | 240 | 193 | 451 | 432 | 264 | 566 | 330 | 22 | 15 |

穆拉贾水库(表 12.8)中最重要的蓝藻是浮丝藻属,微囊藻的密度值也很高。最丰富的绿藻纲是单角盘星藻,其后依次是网状空星藻和卵囊藻属。最具代表性的硅藻是小环藻属。在隐藻纲中,较丰富的是红胞藻属以及隐藻属。接合藻纲常见的是针状新月藻和纤细角星鼓藻(*Staurastrum gracile*)和纤细新月藻,但它们对总密度的贡献甚微,从 2002 年开始监测到转板藻属出现。大量处理数据表明,这 4 个水库中,蓝藻占浮游植物的主导类型,它们导致湖泊中大面积且规律的水华现象。

在以上水库蓝藻中,主要属类有:浮丝藻、微囊藻和鱼腥藻(表 12.9)。水华期间,其浓度可高达每升水含有几百万个细胞,从而对水资源开发利用造成显著的不利影响。再加上这 3 个属类都有毒,从其浮游植物组成可以很容易地看到,监测表层水质是非常重要的(表 12.10)。

通过采用 Chl-a,或者在 Chl-a 无法使用时采用 TP 和 SD,可在 TSI 值的基础上,使用简化的方法对 QE 值进行归因分析。但是对 1996—2005 年水库中蓝藻群落数据进行分析的结果表明,在 QE 归因分析的基础上,还需要同时考虑优势物种浓度,有两种因素同时考虑是非常有必要的。

在耦合标准下,参考世卫组织推荐的毒性蓝藻最大密度值标准,一般水库中的水质指数 $j \in \mathrm{RES}$,在 $t$ 时刻的水质指数可以计算为:

$$QE_j^t = F(\mathrm{TSI}(\mathrm{Chl\text{-}a}_j^t), D(\mathrm{cyano})_j^t) \tag{12.9}$$

或者:

$$QE_j^t = F(\mathrm{TSI}(\mathrm{TP}_j^t), D(\mathrm{cyano})_j^t) \tag{12.10}$$

$$QE_j^t = F(\mathrm{TSI}(\mathrm{SD}_j^t), D(\mathrm{cyano})_j^t) \tag{12.11}$$

图 12.7 显示了被监测水库的 5 类 QE 指数的频率分布。总体上看,弗卢门多萨水库在整个研究期间表现出较高或良好的环境状况。而对于穆拉贾水库和 Is Barrocus 水库则偶尔发生大片蓝藻水华的现象。Is Barrocus 水库的平均 TSI 值明显高于穆拉贾水库,但这并没有导致更高浓度的蓝藻或更大规模水华。Is Barrocus 水库的水质,在整个研究期间中,有 55% 的月份水质是可接受的,7% 的月份较差,不适用于居民生活用水。

由于水的更新和混合,在冬季和春季奇克塞里水库水质类别属于可接受等级。在夏季,藻类生物的缺氧降解和大片蓝藻水华表明,需要加强取用该水资源对健康风险的影响监测。

对 1996—2005 年 TSI 值和蓝藻浓度的分析,证实了这些指标所提供的信息具有互补性。TSI 是藻类总生物量的描述符,而蓝藻浓度能提供关于藻类组成的更多细节。目前的法律并未规定居民生活用水中的毒素浓度阈值标准,这方面缺乏的原因是因为人们对此现象的认识还不全面。已知的蓝藻毒素很可能只是现有毒素的一部分,而其他的毒素仍有待鉴定。虽然大多数蓝藻水华是有毒的,但此物种可能与有毒和无毒水华有关。此外,不能充分评估藻华现象的毒理特性,由此也凸显出在水华有毒时单独使用 TSI 的固有局限性。

表12.8  穆拉贾水库不同藻类的年密度值

| 分类 | 蓝藻纲 | | 绿藻纲 | | | 硅藻纲 | | 隐藻纲 | | 接合藻纲 |
|---|---|---|---|---|---|---|---|---|---|---|
| | 浮丝藻属 | 微囊藻 | 单角盘星藻 | 网状空星藻 | 卵囊藻属 | 小环藻属 | 美丽星杆藻 | 红胞藻属 | 隐藻属 | 转板藻属 |
| 1996年 | 10.182 | 116 | 735 | 582 | 396 | 350 | 0 | 217 | 10 | 0 |
| 1997年 | 47.500 | 0 | 847 | 0 | 32 | 248 | 2 | 63 | 5 | 0 |
| 1998年 | 104 | 0 | 1.241 | 154 | 16 | 214 | 0 | 77 | 2 | 0 |
| 1999年 | 666 | 1.056 | 2.618 | 81 | 14 | 410 | 0 | 62 | 36 | 0 |
| 2000年 | 94.374 | 16.076 | 7.469 | 1.099 | 654 | 2163 | 291 | 604 | 100 | 0 |
| 2001年 | 29.518 | 127.971 | 26 | 179 | 10 | 838 | 0 | 25 | 18 | 0 |
| 2002年 | 167.960 | 423 | 0 | 9 | 3 | 74 | 81 | 40 | 34 | 2344 |
| 2003年 | 28.567 | 2.811 | 0 | 0 | 114 | 256 | 1 | 76 | 46 | 39 |
| 2004年 | 33.219 | 344 | 6 | 61 | 65 | 101 | 2 | 94 | 41 | 0 |
| 2005年 | 8.179 | 129 | 0 | 711 | 179 | 323 | 1 | 65 | 37 | 0 |
| 年平均值 | 42.027 | 14.893 | 1.294 | 288 | 148 | 498 | 38 | 133 | 33 | 238 |

某些对人类有潜在致命影响的毒素能够完好地通过标准水净化系统,然后进入住户家中,其浓度比世卫组织的标准高出几个等级。在某些月份,表 12.1 中的 TSI 中值与蓝藻的高密度值一致,反之亦然。仅用其中一项指标并不能提供足够信息来支撑本书提出水资源利用中的限制措施。

**表 12.9**           **1996—2005 年不同水库中记录的最重要物种清单**

| 分类 | 奇克塞里 | 弗卢门多萨 | Is Barrocus | 穆拉贾 | Simbrizzi |
|---|---|---|---|---|---|
| 蓝藻纲 | 浮丝藻属 | 浮丝藻属 | 隐球藻属 | 浮丝藻属 | 水华束丝藻 |
| | 铜绿微囊藻 | 水华束丝藻 | 隐杆藻属 | 微囊藻 | 浮丝藻属 |
| | 水华鱼腥藻 | 螺旋鱼腥藻 | *Anabaena aphanizomenoides* | | *Anabaena aphanizomenoides* |
| | 水华束丝藻 | | 水华鱼腥藻 | | 束丝藻属 |
| | 浮游鱼腥藻 | | 水华束丝藻 | | *Planktoiyngbia sp.* |
| | | | 微囊藻属 | | 隐杆藻属 |
| 绿藻纲 | 单角盘星藻 | 网状空星藻 | 卵囊藻属 | 单角盘星藻 | 小球藻属 |
| | 假微孔空星藻 | 单角盘星藻 | 小球藻属 | 网状空星藻 | 卵囊藻属 |
| | 栅藻属 | 卵囊藻属 | 单角盘星藻 | 卵囊藻属 | 栅藻属 |
| | | 美丽团藻 | 胶网藻属 | | |
| 硅藻纲 | 小环藻属 | 小环藻属 | 眼斑小环藻 | 小环藻属 | 模糊直链藻 |
| | 极微小环藻 | 眼斑小环藻 | 小环藻属 | 美丽星杆藻 | 小环藻属 |
| | | | 巴豆叶脆杆藻 | | 针杆藻 |
| | | | | | 颗粒直链藻最窄变种 |
| 隐藻纲 | 红胞藻属 | 红胞藻属 | 红胞藻属 | 红胞藻属 | 隐藻属 |
| | 隐藻属 | 隐藻属 | 隐藻属 | 隐藻属 | 红胞藻属隐藻属 |
| 接合藻纲 | 鼓藻属 | 针状新月藻 | 针状新月藻 | 转板藻属 | 鼓藻属 |
| | 新月藻属 | 纤细新月藻 | 纤细新月藻 | | |

**表 12.10**    **优势蓝藻的种类、季节性和毒性(Sp＝春季;S ＝夏季;F ＝秋季;W ＝冬季)**

| 湖泊名称 | 优势物种 | 密度 | 季节性 | 毒性 |
|---|---|---|---|---|
| 弗卢门多萨 | 浮丝藻属 | 7.343 | Sp/S/F | ＋ |
| 穆拉贾 | 浮丝藻属 | 33.846 | Sp/S/F | ＋ |
| | 微囊藻 | 14.108 | W/F | ＋ |
| Is Barrocus | 隐球藻属 | 6.708 | S | － |
| 奇克塞里 | 浮丝藻属 | 151.034 | Sp/S | ＋ |
| | 铜绿微囊藻 | 26.908 | S | ＋ |
| | 水华鱼腥藻 | 12.547 | S | ＋ |

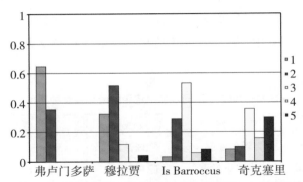

图 12.7　基于 TSI 估算的弗卢门多萨-坎皮达诺流域 QE 指数的频率分布

## 12.6　总结

在一个多用户的复杂水资源系统中,划定各类用水类型的最低水质标准,是一项必要的基础性工作,因为水质是影响水资源可利用量的基本要素。此外,划定标准时这还应该考虑各用水类型所需的水质处理要求。欧盟和意大利的法律确定了少量参数,用于对水体的生态状况进行分类,并根据水库的营养状况对水库的生态状况进行了分类。

在湖沼学领域,定义了一个综合指数,该指数能够反映化学、物理和生物因素共同作用下水库营养条件的复杂性,其依据是卡尔森(1977)的 TSI 指数(营养状态指数)。该指数评估了总生物量(叶绿素浓度、初级生产力、养分浓度)的增加,但它没有评估藻类种群的动态和组成,更不用说它可能的毒理影响。虽然湖泊的藻类水华是众所周知的现象,但在各种用水类型的立法管理中,这个问题并没有得到恰当解决。在意大利,每年 20 个区域中有 7 个区域出现有毒藻类大量繁殖的情况,其产生的毒素是致癌风险物质。显然,必须根据各种有毒藻类的密度值,来恰当地确定各类用水的限制量。本章在 TSI 的基础上,根据宏观描述参数以及优势藻类和最毒藻类的密度计算,提出了一种简化的水库和湖泊水质分类标准。其目的是确定综合水质评估指数 QE,作为水资源规划和管理的决策支撑。Sechi and Sulis ( 2005、2007)提出了在系统优化中引入水评估指标的建模方法。弗卢门多萨-坎皮达诺流域的案例验证了在 WARGI-QUAL 模型优化中加入该指标的有效性。

### 本章参考文献

Brylinsky M,Mann K H. An analysis of factors governing productivity in lakes and reservoirs[J]. Limnology and Oceanography,1973,18(1):1-14.

Brylinsky M,Mann K H. An analysis of factors governing productivity in lakes and reservoirs[J]. Limnology and oceanography,1973,18(1):1-14.

Carlson R E. A trophic state index for lakes 1[J]. Limnology and oceanography,

1977，22（2）：361-369.

Carlson R E. Discussion on "Using differences among Carlson's trophic state index values in regional water quality assessment", by Richard A. Osgood[J]. Water Resources Bulletin, 1983, 19(2)：307-309.

Carlson R E, Simpson J. A coordinator's guide to volunteer lake monitoring methods [R]. Madison：North American Lake Management Society，1996.

Carmichael W W. Health effects of toxin producting cyanobacteria："the cyanohabs" [A]. Freshwater harmful algal blooms：health risk and control management[C]. Rome：[s. n. ],2000.

Della Repubblica I L P. Disposizioni sulla tutela delle acque dall'inquinamento e recepimento della direttiva 91/271/CEE concernente il trattamento delle acque reflue urbane e della direttiva 91/676/CEE relativa alla protezione delle acque dall'inquinamento dei nitrati provenienti da fonti agricole[R]. Gazzetta Ufficiale 124,1999.

Dillon P J，Rigler F H. The phosphorus-chlorophyll relationship in lakes[J]. Limnology and oceanography, 1974，19(5)：767-773.

Harada K，Kondo F，Lawton L. Laboratory analysis of Cyanotoxins，Toxic Cyanobacteria in Water[M]. London：E & FN Spon Publishers,1999.

Lgs D. Disposizioni sulla tutela delle acque dall'inquinamento e recepimento della Direttiva[R]. Decreto legislativo 11 maggio n. 152,1999.

Salis F，Sechi G，Sulis A，et al. Un modello di ottimizzazione per la gestione di sistemi idrici complessi con l'uso congiunto di risorse convenzionali e marginali[J]. L'Acqua, 2005,3：33-52.

Sakamoto M. Primary production by phytoplankton community in some Japanese lakes and its dependence on lake depth[J]. Arch. Hydrobiol. ，1966，62：1-28.

Schindler D W. Factors regulating phytoplankton production and standing crop in the world's freshwater[J]. Limnology and oceanography，1978，23(3)：478-486.

Sechi N，Buscarinu P，Pilo E，et al. Il fitoplancton del lago 奇克塞里 nei primi cinque anni di esistenza[R]. XII congresso A. I. O. L. ，1998.

Sechi，G M，Sulis A. Multi-reservoir system optimization using chlorophyll-a trophic indexes[A]. 6th International Conference of European Water Resources Association[C]. Menton：[s. n. ],2005.

Sechi G M，Sulis A. Reservoirs Water-Quality Characterization for Optimization Modelling Under Drought Conditions Part II-Water-Quality Optimization Modelling[R]. Methods and Tools for Drought Analysis and Management，2007.

Smith V H. The nitrogen and phosphorus dependence of algal biomass in lakes：An empirical and theoretical analysis［J］. Limnology and oceanography，1982，27（6）：1101-1112.

Smeltzer E，Walker W W，Garrison V. Eleven years of lake eutrophication monitoring in Vermont：a critical evaluation［A］. Enhancing States' Lake Management Programs［C］. Washington D. C.：US Environmental Protection Agency and North American Lake Management Society，1989.

Sivonen K，Carmichael W W，Namikoshi M，et al. Isolation and characterization of hepatotoxic microcystin homologs from the filamentous freshwater cyanobacterium Nostoc sp. strain 152［J］. Applied and Environmental Microbiology，1990，56(9)：2650-2657.

Ueno Y，Nagata S，Tsutsumi T，et al. Detection of microcystins，a blue-green algal hepatotoxin，in drinking water sampled in Haimen and Fusui，endemic areas of primary liver cancer in China，by highly sensitive immunoassay［J］. Carcinogenesis，1996，17（6）：1317-1321.

Vollenweider R A. Input-output models：with special reference to the phosphorus loading concept in limnology［J］. Schweizerische Zeitschrift für Hydrologie，1975，37(1)：53-84.

Walker Jr W W. Some analytical models applied to lake water quality problems ［D］. Cambridge：Harvard University，1977.

Walker W W. Water quality trends at inflows to everglades national park［J］. Water Resources Bulletin，1991，27(1)：59-72.

World Health Organization. Guidelines for drinking-water quality［R］. Geneva：Health criteria and other supporting information，1998.

# 第 13 章　干旱条件下水库水质特征的优化建模 第二部分——水质优化模型

G. M. Sechi，A. Sulis
意大利卡利亚里大学

**摘要：**在地中海南部地区,供水系统的绝大部分水源来自人工修建的水库。针对水库的营养状态,本章提出了一种在数学优化模型中引入水质模块的简化方法。近年来,基于卡尔森(1977)分类的营养状态指数(TSI)作为一种合理的水库水质分类方式已被普遍接受,它可以在水管理优化模型中引入水质相关约束,也可以考虑大型多水库和多用户系统的情况。通过设置 TSI 指数和最毒藻类的浓度密度值,利用专门为大型系统管理优化设计的优化模型可以很容易地分析水质方面的问题。模型在撒丁岛南部多水库水资源系统的实际应用验证了水量—水质联合优化—模拟方法的有效性。

**关键词：**复杂水系;水质指标;营养状态;优化;WARGI-QUAL 软件

## 13.1　引言

　　大型水资源系统的数学优化程序虽然可以很容易地并入模拟模型,但是仍然不能处理现实世界的所有复杂问题。然而,由于可以通过构造数学优化程序来有效地求解优化模型,这可以看作对真实水系管理的充分近似,因此后续的模拟阶段可以大大缩小对最优值的搜索范围(Loucks 等，1981；Yeh，1985；Simonovic，2000；Labadie，2004)。通过求解相关模型得到的优化结果,可看作管理的最优目标,因为这些结果是在假定的理想管理情景下得到的。对于利用数学优化模型解决实际问题的方法而言,水质管理需求是优化建模的关键组成部分之一。

　　构建这一高级优化模型的第一个基本要素,是水体水质标准及相关管理要求。确定最低水质要求时,还应考虑到取水用途和处理要求。特别是,在考虑多水源和多用途系统时,不同的水源可能会受到不同类型用户的限制。一般来说,此类最优化求解问题,需要进一步简化水体的水质分类方法,在考虑水体自身水质现状的同时,还需考虑水体本身和用水需求之间的相互作用。

当供水水源大部分来自人工水库时（这在地中海南部地区经常发生），针对水库的营养状态，研究人员提出了一种在数学优化模型中引入水质模块的简化方法，这与水库的开发任务密切相关，其建模需要考虑与流域内人类活动密切相关的各种复杂因素（Sechi and Sulis，2005）。

Begliutti 等（2007）采用卡尔森营养状态指数（Carlson，1977）和最毒藻类的浓度密度值，定义了复杂流域内水库分类的耦合标准。营养状态指数 TSI 近年来似乎在学界获得了广泛认可，它可以通过叶绿素 a、总磷和透明度的测量结果来评估。但是 TSI 并不能充分反映藻华影响的信息，因而有必要对毒藻分类进行更详细的分析。对 1996—2005 年 TSI 值和蓝藻浓度的分析（Begliutti 等，2007），证实了这些指标提供的信息之间具有互补性。TSI 是藻类总生物量的描述符，而蓝藻浓度能反映更详细的藻类物种的组成信息。研究人员还利用耦合方法，在优化模型中加入了一个综合水质指数 QE。

## 13.2 复杂水系的水质优化模型

当前缺水问题比较严峻，迫切需要公众提高对水质问题，尤其是从水库取水过程中的水质问题的认识。水库的营养状态受入库河流水量及其径流特征变化的重要影响，当然也与水库自身的蓄水情况有关（OECD，1982），这些因素可根据入库水量、出库水量和蓄水量进行评价。基于营养状态建立的水质模型需要考虑包括化学、物理、形态和生物等方面的复杂现象。

水质模型能够帮助决策者确定最优水质管理和规划方案，以实现社会、经济和环境的综合目标。如前所述，需要用数学优化模型筛选大量备选方案，同时需要用简化的方法进行水质等级划分。一般而言，引入优化模型的变量可以分为流动变量（或操作）和项目变量（Loucks 等，1981；Labadie，2004；Pallottino 等，2005）。流动变量是指传输到优化系统中不同类型的资源，而项目变量反映的是具体的项目特征，与需要调整的具体项目有关。至于"静态"的或单阶段优化问题，可以用由节点和弧构成的基本图来表示其物理系统。对于"动态"的或多阶段优化问题，可以通过复制时间范围 $T$ 中每个阶段 $t=1$ 的基本图，然后用每个阶段结束时的弧，来连接不同连续阶段的相应水库节点，生成的动态多阶段网络称为跨阶段弧。

水质优化模型的目标函数（OF）应包括运行、维护和维修（OMR）成本和建设成本，以及为确保系统可持续和高效率而采取的措施成本，还有依靠净化升级水质所需的成本（Loucks，2000）。

引入优化模型约束来表示系统变量之间的关系及其属性的限制。在建模过程中，通常需要识别三种类型的约束：节点上的连续性约束；弧上的函数约束；流动变量和项目变量约束。在这三种类型的约束中，流动变量和项目变量都可能出现。此模型可以表示为如下：

$$\min \gamma Y + c_i x_i + c_j(QE)_j x_j \qquad (13.1, \text{I})$$

s. t. :

$$Ax = b \qquad (13.1, \text{II})$$

$$F(Y, x) \geqslant 0 \qquad (13.1, \text{III})$$

$$l \leqslant x \leqslant u \qquad (13.1, \text{IV})$$

$$L \leqslant Y \leqslant U \qquad (13.1, \text{V})$$

$$QE \leqslant QE^{\min} \qquad (13.1, \text{VI})$$

式中，$Y$ 表示项目变量集，代表相关成本；$[x_i \, x_j]$ 是流动变量 $x$ 的子集，成本 $c_i$ 表示 OMR 和用户定义的成本以确保系统的效率，而成本 $c_j$ 表示净化成本。

特别注意的是，净化成本可以固定，也可以根据用水需求而定（水质保护和管理成本）。

约束条件（1. II）表示节点上的连续性方程，其中 $b$ 表示节点上的输入和输出。约束（1. III）表示流动变量和项目变量之间的关系；接下来的两个关系（1. IV 和 1. V）是属于这两组变量集的边界。约束（1. VI）表示水质；特别指出的是，水库水质指数必须符合水体相关的约束条件，才能够使用。

Begliutti 等（2007）从水体的营养状态出发，通过对叶绿素 a 的测量，解决了水质类别确定的问题。用这种方法，可以评估 TSI(Chl-a) 的营养指数和藻类分类，特别是有毒物种的密度。

水库 $j$ 的水质约束，必须确保时间 $t$ 内从水库下泄或取用的水符合相关水质要求。在使用水质指标时，默认采用线性的方法近似表示。对于水库 $j$，水质约束条件为：水库作为一个整体，其总体水质要比输送到最终用户的水的水质级别要更高（或至少水质相同）：

$$QE_j^t y_j^t + \sum_{i=1, n_p} QE_i^t P_i^t + \sum_{i=1, n_f} QE_i^t f_i^t \leqslant QE_j^{t+1} y_j^{t+1}$$

$$+ \sum_{i=1, n_g} QE_i^t g_i^t + \sum_{i=1, n_e} QE_i^t e_i^t \sum_{i=1, n_s} QE_i^t s_i^t, j \in \text{RES} \qquad (13.2)$$

式中，$y_j^t$ 为水库 $j$ 在 $t$ 时刻反映蓄水容量的流动变量；$P_i^t$ 为在时间 $t$ 中的弧 $i$ 向水库输入的水量；$f_i^t$ 为来自节点 $i$ 的水的流动变量；$g_i^t$ 为向节点 $i$ 流出水的流动变量；$e_i^t$ 为水库水量总损失的流动变量；$s_i^t$ 为下游溢出和相关问题的流动变量；$n_p$、$n_f$、$n_g$、$n_e$、$n_s$ 分别为水库的自然输入量、流入量、外流量、损失量和溢出量。

基本上，这个约束意味着节点上的总流入量必须保证比流出量有更高水质类别（或至少是相同水质类别）。显然，线性关系意味着在水质指数和流量之间只有一项为变量，而另一项将受预先赋值的约束。尤其对于水库的出流，可以使用水质指数，但如果出口流量是可变的，那么必须保证出水水质。当简化关于水质假设的非扩散和保守过程时，并没有假定更严格的水质约束。

为了给水系模拟提供一个用户友好的工具，WARGI(Sechi and Zuddas, 2000; Sulis, 2006)优化软件已经按照上述介绍的程序形式进行了开发。WARGI 可描述不同用途的水体和水质，这与大尺度流域的优化问题密切相关。

开发 WARGI 优化工具的主要目的:确保在输入阶段、情景设置和处理输出结果时使用简单;简化系统配置的修改,以进行敏感性分析和不确定性分析;在优化代码输入中使用标准格式,以防止优化程序过时。

WARGI 生成一个 MPS(数学编程系统)文件给服务器,MPS 现在是最有效的商业和非商业数学编程计算机代码所支持的标准格式。标准数据格式可使用任何求解器,是工作中最高效、最适合、最容易获取的数据格式,此外,可以防止使用的求解器过时,同时确保决策支持系统的可移植性。可从预先建立的列表中选择求解器(如果不在列表中的话,可以进行配置)并启动。在目前的工作中,WARGI 已经与 CPLEX(1993)求解器联系在一起。

图形后处理器负责管理决策支持系统的大量信息,解决了优化问题。用户可以在所检查的环境中选择他感兴趣的任何内容。任何类型的情景都可显示弧线附近的动态配置:水库蓄水量、向用水需求端的传输量、需求段的水量亏缺等。

## 13.3 模型在撒丁岛南部实际系统中的应用

在弗卢门多萨-坎皮达诺流域中(意大利撒丁岛),将优化模型应用于考虑水质约束条件的实际多水库系统中。在弗卢门多萨-坎皮达诺流域中使用 WARGI 的结果见图 13.1。相关符合的解释说明可以在该图中的调色盘窗口中找到,其中较为实用的主要元素数据如下:

1)10 座水库,总库容 $7.23\times10^8\,\mathrm{m}^3$;

2)10 个居民生活用水需求点,总需求 $1.16\times10^8\,\mathrm{m}^3/\mathrm{a}$;

3)9 个灌溉需求点,总需求 $2.24\times10^8\,\mathrm{m}^3/\mathrm{a}$;

4)2 个工业需求点,总需求 $1.9\times10^7\,\mathrm{m}^3/\mathrm{a}$;

5)5 个泵站,总提水能力 $4.41\times10^8\,\mathrm{m}^3/\mathrm{a}$;

6)9 座水厂,总供水能力 $1.16\times10^8\,\mathrm{m}^3/\mathrm{a}$;

7)1 座污水处理厂,总处理能力 $2.3\times10^7\,\mathrm{m}^3/\mathrm{a}$。

为了准确描述系统性能,需要在不同的水量和水质数据框架下,考虑不同水文条件、用水需求和管理情景,进行系统优化。优化方法采用 WARGI,并采用比 Begliutti 等(2007)提出的历史数据集更长的时间范围。这些综合数据集采用与撒丁岛区域官方水文数据库相同的时间范围,即 1922—1975 年共 54 年(SISS,1995)。根据区域水资源规划修改了历史数据,即根据过去十年径流减少的平均估计,重新调整了观测径流序列(RAS,2005)。

根据 Begliutti 等(2007),在水库 $j\in\mathrm{RES}$ 中定义了时间 $t$ 时的水质评估 QE 指数,作为通过以下公式评价的唯一指标:

$$\mathrm{QE}_j^t = F(\mathrm{TSI}(\mathrm{Chl\text{-}a}_j^t), D(\mathrm{cyano})_j^t) \tag{13.3}$$

需要指出的是,考虑到综合数据集延长至 54 年,在没有任何水质直接观测数据的情况下,要表征水库的 TSI 和蓝藻浓度等属性值显然是一项艰巨任务,且通过综合重建方法获得的水质数据具有很大的不确定性。

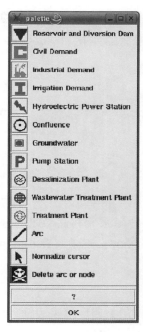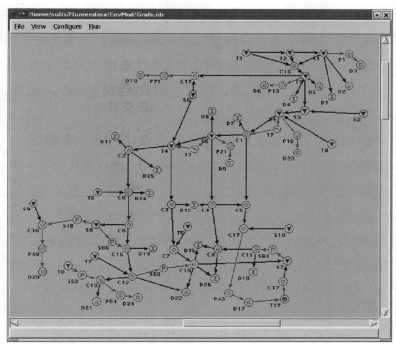

图 13.1　WARGI 系统中显示的弗卢门多萨-坎皮达诺流域

注：系统中的主要湖泊代码为弗卢门多萨(S3)、穆拉贾 (S4)、Barroccus (S6)和奇克塞里(S8)。

针对非观测期，考虑了基于回归分析的几种关系，其目的是模拟水库 TSI 与其他特征参数的依存度/相关关系。实际上，为了确定回归方程，在每个水库的水文参数和 TSI 值之间，确定了一个简单的线性最小二乘曲线。对现研究的水体而言，使用复杂方法并不会产生明显更好的结果。用于模拟水库 TSI 和入库水量之间关系的最终方程，是一个多元线性回归方程，它显示了 TSI 变化，允许曲线的斜率随月份的变化而变化。如上所述，本章使用 1996—2005 年的每月 TSI 值数据，对回归模型进行了校准：

$$\text{TSI}_t = a \cdot \text{TSI}_{(t-1)} + b \cdot T + \text{HI}_t + d \cdot \sum_{i=1}^{N} \text{HI}_{t-i}^{1/i} + h \tag{13.4}$$

式中，$\text{TSI}_t$ 表示在当前时刻 $t$ 的变量；$\text{TSI}_{(t-1)}$ 表示在前一时间段的变量；$T$ 表示时间转换期；$\text{HI}_{t-i}(i=0,\cdots,N)$ 表示之前第 $i$ 个时间段的入库/湖泊水量；$a,b,c,d,h$ 表示回归系数。

表 13.1 列出的是数据样本个数、相关系数 $R$ 和标准差。大量的化学、物理和生物因素及其相互作用决定了水库中蓝藻的密度（Pick and Lean，1987；Dokulil and Teubner，2000）。人们普遍认为，TP 和 TN 供应是促进蓝藻原位生长的最重要因素。一般而言，营养物浓度对蓝藻生长的影响大于 TN 和 TP，有些观察结果并不能说明 TN 和 TP 对蓝藻生长具有重要影响（Xie 等，2003；Vaitomaa，2006）。根据 Dillon and Rigler（1974）和 Vollenweider（1975）的磷—叶绿素 a 模型结果，磷是浮游植物生物中一种重要的营养物质，

此模型对预测湖泊中蓝藻或微囊藻素的浓度也很有用。通过回归分析,叶绿素 a 和蓝藻的最佳拟合结果表明,随着总磷浓度的增加,叶绿素 a 和蓝藻具有相似的变化(Haney and Ikawa,2000)。

**表 13.1**　　　　　　　　　　**4 个典型水库 TSI 指数的线性回归结果**

| 结果 | 弗卢门多萨 | 穆拉贾 | Is Barroccus | 奇克塞里 |
|---|---|---|---|---|
| 相关系数 $R$ | 0.68 | 0.66 | 0.79 | 0.77 |
| 标准差 | 5.93 | 5.98 | 5.64 | 7.71 |
| 抽样次数 | 67 | 98 | 117 | 111 |

初步分析结果表明,弗卢门多萨-坎皮达诺流域的主要水库中,叶绿素 a 和蓝藻之间存在相互作用,同时评价了预测蓝藻密度的可行性。根据 Begliutti 等(2007),水质指数 QE 的评估,主要有两种不同的方法:

1)QE 与 TSI 之间的直接联系采用一种简化的指标来表征;

2)采用耦合的方法,即使用世界卫生组织推荐的 TSI 和有毒蓝藻最大密度值来表征。

然而,当需要延长时间范围,且没有实测水质数据的情况下,可以采用简化 QE 指数进行水质评价。如前所述,在此项工作中可将注意力集中在综合数据集上,以延长优化的时间范围。

弗卢门多萨-坎皮达诺流域是一个多用途(包括市政、工业、灌溉、水电和防洪等)供水系统,不同用水类型对应的水质标准也不相同。整个优化期间,必须保证各类用水需求的最低水质 QE 值。假设如下:城市用水为 1,工业用水为 3,灌溉用水为 4,水电用水则不受水质类别限制。

在图 13.1 所示的系统网络中,水源和用水需求中心之间设立的是水厂,在优化模型中,它们可通过该水厂来更新沿弧线流动的水质指数 QE 属性。

为了表征基于 1954 年综合数据集的系统性能,本章用式(13.4)构建的一个综合 TSI 水质数据情景能够根据水文序列对湖泊水质指标进行属性化。如前所述,这种优化方法在区域水资源规划项目中得到应用(SISS,1995),并采用了 WARGI 系统方法以及综合水文序列数据。以下结果为这一综合水质数据和对应的水文情景。

使用重构水质数据进行 WARGI 系统优化的应用可分为两个阶段:第一阶段采用 WARGI-OPT(WARGI 数量优化模块)进行分析,不以水质为因素,来限制资源的使用;第二阶段在 WARGI-QUAL(WARGI 水质优化模块)中引入了水质评价指数 QE。为了凸显水质约束对水资源利用的影响及后果,本章对灌溉减少用水后的 QE 指数进行了评估,从而弥补第一阶段的缺水量。这种方法突出了由引进水质要求而引起的管理标准的修改。

正如预期的那样,水质指标的引入造成了流域缺水量的增加。图 13.2 显示的是根据 WARGI 和 WARGI-QUAL 得出的 3 个水库总库容随时间的变化比较结果;这 3 个水库位于该流域北部,具有相似的水质。蓄水量的对比突出了水质约束对水库管理的影响作用,通常处于良好状态下的水,用水需求快速增加后,水质因素会引起水资源可用性显著降低(主要是流域北部的水库)。

表 13.2 中缺水量增加是由于采用水库运行规则和水库水质相关约束条件后,程序运行得到的结果。从该表可以看出,因为城市、工业和水力发电需求的缺水惩罚成本更高,为了优先保障这些供水,认为灌溉需求的水量可靠性是最低的(89.10%)。弗卢门多萨-坎皮达诺流域中的城市和工业中心与供水厂相连,在某些情况下,这些供水厂允许具有高 QE 值的用水类型使用。

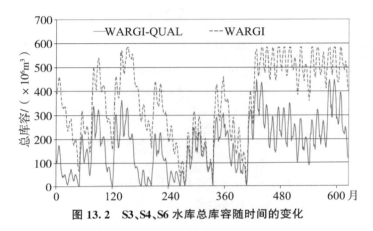

图 13.2 S3、S4、S6 水库总库容随时间的变化

表 13.2                     以水质约束为优化目标的性能指标

| 指标 | 居民生活需水 | 工业需水 | 水力发电需水 | 灌溉需水 |
|---|---|---|---|---|
| 最大年缺水率/% | 0.08 | 0.00 | 33.33 | 71.66 |
| 无缺水的时间保证率/% | 99.83 | 100.00 | 99.17 | 85.67 |
| 缺水 5% 的时间保证率/% | 100.00 | 100.00 | 99.17 | 87.83 |
| 缺水 15% 的时间保证率/% | 100.00 | 100.00 | 99.17 | 88.00 |
| 缺水 25% 的时间保证率/% | 100.00 | 100.00 | 99.17 | 88.33 |
| 供水水量保证率/% | 100.00 | 100.00 | 99.17 | 89.10 |

## 13.4 结论

水质指数是评价供水系统效率的一个重要指标,其对水资源可利用量产生制约作用。在供水短缺的情况下(例如在干旱期间),这些水质约束可能显得特别重要。本章所述的方法,可通过对湖泊营养状态的调查,得到水体和水库水质的量化值,尤其是在地中海地区,可能因富营养化现象而使得湖泊水资源无法被利用。如 Begliutti 等(2007)所述,TSI 和藻的分类都可作为单一指标,用于对复杂流域中的水库进行分类。

在应用中,本章演示了这种建模方法 WARGI 的应用,该工具的特点是考虑了用户友好的图形界面。WARGI 软件包的开发也考虑了利用水质特性来解决大尺度流域优化问题的可能性。

水质优化方法的有效性在 WARGI 应用中得到了验证。根据该模型得到的结果，人们能评价在水质约束的情况下，弗卢门多萨-坎皮达诺流域中用于灌溉目的缺水量的增加值。利用数学规划优化模型来解决水资源规划和管理问题的好处，在水质约束情况下的实际模拟中似乎得到了证实。

## 本章参考文献

Begliutti B, Buscarinu P, Marras G, et al. Reservoirs water-quality characterization for optimization Modelling under drought conditions Part I-reservoirs trophic state characterization[J]. Methods and Tools for Drought Analysis and Management，2007：239-261.

Carlson R E. A trophic state index for lakes 1[J]. Limnology and oceanography，1977，22(2)：361-369.

CPLEX Optimization，Inc. Using the CPLEX Callable Library and CPLEX Mixed Integer Library[R]. Nevada：[s. n. ]，1993.

Dillon P J, Rigler F H. The phosphorus-chlorophyll relationship in lakes 1，2[J]. Limnology and oceanography，1974，19(5)：767-773.

Dokulil M T, Teubner K. Cyanobacterial dominance in lakes[J]. Hydrobiologia，2000，438：1-12.

Haney J F, Ikawa M. A survey of 50 NH lakes for microcystins (MCs)[D]. Durham：University of New Hampshire，2000.

Labadie J W. Optimal operation of multireservoir systems：State-of-the-art review[J]. Journal of water resources planning and management，2004，130(2)：93-111.

Loucks D P, Stedinger J R, Haith D A. Water Resources Planning Analysis[M]. Englewood：Prentice-Hall，1981.

Loucks D P. Sustainable water resources management[J]. Water International，2000，25(1)：3-10.

OECD. Eutrophisations des eaux méthodes de surveillance，d'évaluation et de lutte[R]. Paris：OECD，1982.

Pallottino S, Sechi G M, Zuddas P. A DSS for water resources management under uncertainty by scenario analysis[J]. Environmental Modelling ＆ Software，2005，20(8)：1031-1042.

Pick F R, Lean D R S. The role of macronutrients (C，N，P) in controlling cyanobacterial dominance in temperate lakes[J]. New Zealand Journal of Marine and Freshwater Research，1987，21(3)：425-434.

RAS. Piano stralcio di bacino della regione Sardegna per l'utilizzo delle risorse idriche [R]. Sardinia：[s. n. ]，2005.

Sechi G M，Zuddas P. WARGI：water resources system optimisation aided by graphical interface[A]. Blain W R，Brebbia C A. Hydraulic Engineering Software[C]. Southampton：WIT Press，2000.

Sechi G M，Sulis A. Multi-reservoir system optimization using chlorophyll-a trophic indexes[A]. 6th International Conference of EWRA[C]. Menton：[s. n. ]，2005.

Simonovic S P. One view of the future[J]. Water International，2000，25(1)：76-88.

SISS. Studio dell'Idrologia Superficiale della Sardegna[A]. Cassa per il Mezzogiorno - Regione Autonoma della Sardegna - Ente Autonomo del Flumendosa[C]. Cagliari：[s. n. ]，1995.

Sulis A. Un approccio combinato di ottimizzazione e simulazione per l'analisi di sistemi complessi di risorse idriche[D]. Cagliari：University of Cagliari，2006.

Vaitomaa J. The effects of environmental factors on biomass and microcystin production by the freshwater cyanobacterial genera Microcystis and Anabaena [D]. Helsinki：University of Helsinki，2006.

Vollenweider R A. Input-output models：with special reference to the phosphorus loading concept in limnology[J]. Schweizerische Zeitschrift für Hydrologie，1975，37(1)：53-84.

Xie L，Xie P，Li S，et al. The low TN：TP ratio，a cause or a result of Microcystis blooms[J]. Water Resources，2003，37：2073-2080.

Yeh W W G. Reservoir management and operations models：A state-of-the-art review [J]. Water resources research，1985，25(12)：1797-1818.

## 第 4 部分

# 干旱条件下地下水的监测和管理

# 第 14 章　面向干旱下水资源管理的地下水监测方法和工具

### V. Ferrara

### 意大利卡塔尼亚大学地质科学系

**摘要:**地下水的监测,需要根据含水层的水文地质和水动力特性,选择并建立观测点网络,通过该网络,可以利用状态指标和干旱预测工具对地下水资源进行实时监控。该方法已应用于西西里岛东部地区,在对主要含水层系统进行初步水文地质分析的基础上,选取了地下水结构系统。所选的地下水系统属于埃特纳火山的地下含水层系统,它位于火山的东北侧,那里储存了大量水资源,主要通过泉水资源的方式,向大城市输水管网供水。

根据测压数据和泉水的流量,分析了含水层的水动力特性,并突出了对降雨输入的不同时间响应。从平均蓄水量看,动态资源的更新速率表明含水层的长期调节能力较差。考虑到目前对含水层的开采情况,正确管理现有的地下水资源,需要进行仔细和持续地观测含水层条件,及其与降雨量变化的关系。

**关键词:**水文地质;含水层;水动力特性;测压水位;泉水流量

## 14.1　引言

对西西里岛东部主要含水层进行了研究,其目的是找到有效的地下水监测网络的标准和方法,通过正确管理水资源来预测和预防干旱风险。这些含水层是众多人口的饮用水源和大型灌区的灌溉水源。

地下含水层每年的补给量是变化的,但地下水的可用水量似乎并不能满足上述的用水需求,从而出现干旱缺水问题。多年来,西西里岛地区经常发生干旱缺水问题,与长期平均值相比,近年来降水量相对更少或分布不均,由此带来了地下水的过度开采和不合理使用,且没有考虑到地下含水层的更新速率和可利用量。

最近一次特别严重的干旱危机发生在 2001—2003 年,主要原因是秋冬两季雨量不足,而含水层通常会在这两个季节进行补给,受长时间降水异常的影响,含水层水量难以及时补充,导致了地下测压水位严重下降,地下泉水的出水量也急剧下降。为此,从春末开始,即对可用水量进行限额分配,严重影响了居民生活供水和农业灌溉,尤其是人口密集区,由于用水需求特别高,在抽取地下水时未对地下水动力平衡进行适当控制。同时,这也突显了对地下水资源缺乏有效的管理,从而导致大多数含水层处于过度开采状态,同时伴随着地下水资源水质的恶化。

近期的供水短缺除了与气候变化有关外,还表明管理者对地下含水层的水文地质和水动力特性、可开采资源量以及实际开采情况缺乏足够的了解。在这种情况下,想通过紧急干预和水资源开发规划来抵消干旱的影响是不可能的。

根据含水层的水文地质、水动力和水化学特征,选择合适的监测站网进行地下水监测,对于实现上述地下水管理目标至关重要。从监测中获得的数据,再加上每年补给量、取水量数据,并使用状态指标和相应的工具来预测干旱,能够使人们对地下水资源实现真正控制。

## 14.2　地下水监测站网的设计标准

### 14.2.1　相关方法

为了获取有用的信息,以便规划区域地下水资源的水质监测站网,所需的方法必须包括以下阶段。

第一阶段包括收集区域内一般地质和水文地质特征的相关资料,为此,要搜索和分析所有可能的资料和数据来源,比如科技类出版物、地质和专题地图以及关于区域内水文地质调查的已发布报告等。这些信息将放在数据库中进行整理,以便与后续监测活动中所得的数据进行整合。

第二阶段是根据现有的定量和定性数据,选择区域水资源中最为重要的地下含水层区域,作为分析范围。

第三阶段对组成含水层系统的水力结构进行分析,并定义边界、总体积和含水层饱和区、渗透率、储蓄能力、实际开采量。此类活动生成的图像能够定义水动力条件,并实现含水层的概念模型,还将有助于表现人类活动引起的地下水水质退化的脆弱性特征。

基于上述信息,可以选择最适合的地下水监测点,并安装足够深度的测压计或使用合适的现有井进行测量,从而连续测量测压水位,监测水的某些化学物理特性。监测对象还应包括泉水和渗透廊道,需要连续测量流量和监测水质。

根据本书得出的数据和初步调查结果,不管是正常降水补给还是含水层补给不足的情况,都能够随时估计可用地下水资源的状态,这将使干旱缺水的风险评估和实时采取适当的行动成为可能,进而避免出现水危机。

### 14.2.2　项目要素

地下水监测站网由一组水位测量点组成,这些测量点由水井和测压计组成,它们根据该区域的水文地质特征和预定目标按照不同大小的网格排列。

其主要目的是重建测压面和测量其波动,包括:区分地下水流动方向;识别地质分水岭;确定地表水和地下水的关系;验证从井里抽水的影响效果;评价含水层储存的水资源量的变化情况;验证是否存在过度开采的情况。

在含水层重叠的情况下,地下水监测站网必须由每个含水层的特定测量点构成。测量点的密度必须根据该地区的水文地质特征和含水层系统的大小来确定。测量点的选择应当考虑:简单可行;设备完整、安全;预定期内可重复测量;了解该点的水文地址特征;根据抽水影响半径,估算与现用井保持的适当距离。

测量周期最佳频率为每季度一次,但应不少于水文年的 6 个月。可以连续控制一定数量的战略位置测量点,即通过安装传感器并连接到测压级记录系统,可通过远程数据传输,来实时验证地下水位的变化。

地下水监测站网还应包括测量重要泉水流量的监测站,监测站的设备必须能够连续测量数据,或者根据其含水层的特点和重要性确定测量频率。尤其是,此次调查应在不受降水影响的水文年期间进行,以便能够及时、仔细地验证泉水的水文状况。

## 14.2.3  水文地质特征

地下水资源监测站网的设计需要获取的必要信息包括:含水层的基础地质和水文地质信息,即岩石地层和构造特征;水文地质特征;水动力条件;地下水资源评估。获取上述信息需要进行以下工作:地质和地形调查,并辅以最终的地球物理调查,以及井和钻孔的地层数据收集;分析岩石露头的渗透率特征,并进行井内和测压计的抽水试验;普查监测点,测量井内水位和水压,以及泉水流量。

将所得的数据整理进一个关系数据库,据此可以绘制水文地质剖面图,并计算出含水层的水量平衡数据。为此,将从地质角度分析和表征每个含水层的几何形态(体积和边界)、结构特征和补水区状况。

含水层的水动力学特征首先来自岩石地层的渗透性或导水率,因为它决定了地下水流的形态,从而决定地下水位的水力梯度。为此必需测量井的水位和水压,从其相关性角度出发,利用地质统计学的方法可以推导出含水层的运动场。

通过评估系统的输入和输出,计算单个含水层的水量平衡数据,从而估算出地下水资源量。在计算中,水量输入项包括年平均有效入渗的降水量,以及最终贡献到地下水的相连地表水补给量、已利用水量的回归补给量。输出项包括水井中的开采量和泉水流量。若地下水资源储量变化为负值,则表明过度和无序开采使地下水资源系统不平衡。

分析以上信息使人们能够正确选择地下水监测点,这些监测点的数据能帮助人们了解和控制地下含水层中的资源情况,并预测其可用性及其与降水变化的关系。

## 14.3　案例分析

### 14.3.1　水文结构的选择

地下水监测网的设计标准和方法已应用于选定的地下含水层系统,该标准和方法对于含水层的水资源储量和取水量计算,以及水位和泉水流量测量数据的可用性分析来说,十分重要。

对于西西里岛东部地区主要含水层系统,经初步水文地质分析后,进行了同样的含水层比选,其岩性、渗透率类型和程度、水势和水质各不相同(Ferrara,1999a;Ferrara 等,1999;Ferrara and Pappalardo,2003)。图 14.1 展示了佩洛利塔尼山(Peloritani Mts)含水层系统、埃特纳(Etna)含水层系统、卡塔尼亚平原(Catania Plain)含水层系统、埃雷伊山(Erei Mts.)含水层系统、黑不列恩高原(Hyblean Upland)含水层系统。

**图 14.1　西西里岛东部主要地下含水层系统**

针对居民生活、农业和工业等不同用水类型,在不同时期对地下水的年补给量和储水量进行了测量,再通过比较前几年的测压水位和估算水资源量,并对该系统的现状进行了验证。经过评估,在所有分析的系统中,地下水位逐步降低,同时伴随着盐碱化或深层水域某些离子过量造成的水质恶化现象,见图 14.2。

鉴于上述这些结果,人们认为应当重点关注埃特纳含水层系统,因为埃特纳的地下水资源很重要,开采的地下水主要供居民生活饮用(Ferrara,1975,1991)。

将埃特纳含水层系统作为典型案例进行研究,该含水层由位于火山的东北侧区域组成(图 14.3),含有大量的重要水资源,通过泉水的方式,为爱奥尼亚海岸附近地区提供水源。从该含水层中开采的大量地下水主要用于大城市的市政供水,这对含水层的水动力平衡产生了显著的影响(Ferrara,1999b,2001)。

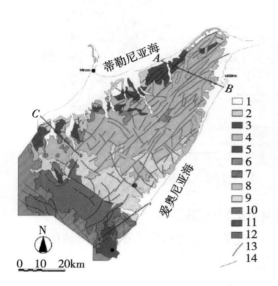

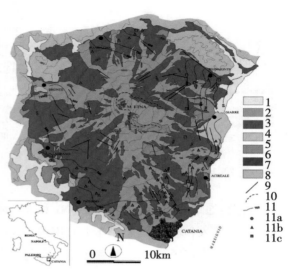

**图 14.2(a)　佩洛利塔尼山含水层系统**

1—冲积层；2—黏土；3—蒸发岩；4—黏土、砂岩和砾岩；5—各种颜色的页岩；8～12—变质岩；13—断层；14—横截面

**图 14.2(b)　埃特纳含水层系统**

1—冲积层；2—历史性熔岩；3—近期熔岩；4—砂质砾岩；5—旧火山产物；6—基底火山岩；7—沉积基底；8—测压等高线；9—地形；10—断层；11—泉水；12—井；13—渗水廊道

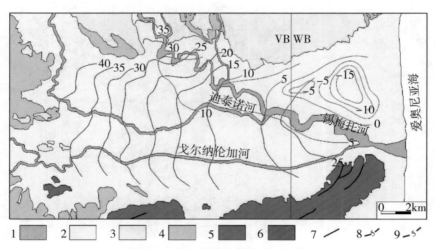

**图 14.2(c)　卡塔尼亚含水层系统**

1—实际冲积层；2—最近的冲积层；3—更新世的砂砾；4—更新世的黏土；5—上新世的火山岩和石灰石岩；6—渐新世、中新世的灰岩；7—断层；8—地下水位等高线；9—测压面等值线

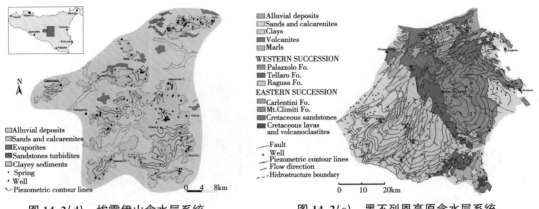

图 14.2(d)　埃雷伊山含水层系统　　　　　　图 14.2(e)　黑不列恩高原含水层系统

因此,通过前期监测的含水层水位和泉水流量数据,分析在正常补给和降水补给亏缺下含水层的输入和输出水量,是十分有用的。这可以确定含水层的状况并获得有用的信息,以此支撑地下水资源管理,从而避免干旱引起的水危机问题。

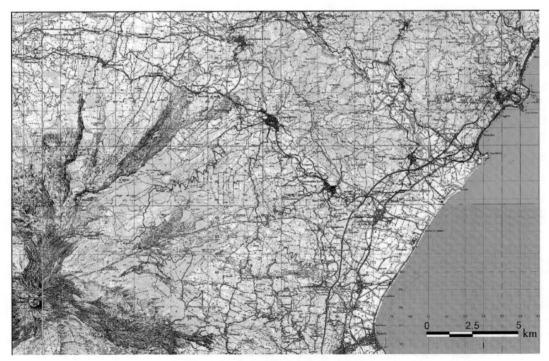

图 14.3　埃特纳东北侧的水文构造

## 14.3.2　地质线性构造

研究区出露的岩石以沉积基底上的火山喷出物为主,基底主要由始新世—渐新世的细粒砂岩和泥质泥灰岩交替构成,广泛出露于研究区东北部边界。甚至在一定范围内,还存在着更新世灰蓝色泥灰土,其露头在火山岩和海岸附近被发现。在当地和海岸沿线也有冲积和砂砾质海滩沉积物,它覆盖着古老的熔岩流和基底的泥质沉积物。

火山喷出物主要为不同年代和成分的熔岩流,分布在不同厚度和有限侧向伸展的河岸中。最古老的熔岩构成了主要的岩性类型,而最近的喷出物则以历史性熔流和火山渣混合的火山碎屑沉积物(火山砾、火山砂和火山灰)为代表(Branca and Ferrara,2001)。

从构造剖面上看,存在区域性断层系统,方向为北东—南西(NE—SW)和北北西—南南东(NNW—SSE),它们形成了明显的斜坡,有时会使得沉积基底露出地面。从水文地质学角度来看,尤为重要的是,断层抬高了海岸沿线的基底,从而阻碍水向地面流出。

### 14.3.3　水文地质特征

研究区的地形可以划分为如下几种。

1)透水地形。主要是冲积沉积物和松散火山碎屑物,其孔隙度与平均渗透率成正比,与粒度组成有关。

2)由裂隙和孔隙形成的透水地形。主要为古时和近代的熔岩和火山渣,其渗透性与不连续点和空隙的出现频率及振幅有关。

3)极少透水或不透水地形。主要为普遍的泥质沉积物,它们构成火山活动的基底。

熔岩和火山渣构成了高渗透性的含水层,降雨从火山顶部渗透到爱奥尼亚海岸的广阔表面,这代表了所研究含水层的水文地质结构(Ferrara,1991,1999b)。

在野外调查,搜集钻孔和地球物理勘探地层数据的基础上,确定了含水层的地质结构(Cassa per il Mezzogiorno,1982)(图 14.4)。

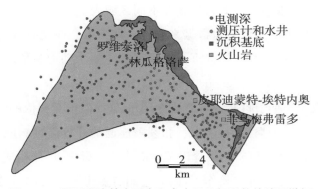

图 14.4　用于重建基底形态和含水层几何形状的地下勘探

利用这些资料重建了沉积基底的地貌,并确定了火山含水层的几何结构(图 14.5)。为此,利用 GIS 软件与关系数据库和各种模型进行插值(地质统计学克里金插值和自然邻近插值方法),得到了地理参考系统中含水层的多个点的插值数据,其结果与半变异函数具有较好一致性。

利用 CAD-DWG 构建了含水层的 DEM 模型,与沉积基底的形态相比,通过该 DEM 模型可计算含水层厚度(图 14.6),并绘制纵向与横向剖面,以证明其可变性。

在山前带的沉积基底的深凹内,含水层出现在常见的熔岩演替上,其基底是皮埃蒙特地层砂—泥质交替的沉积基底。在这一演替中,因为岩浆库的间断分布的变化和熔岩流之间的碎屑物质,所以产生局部半封闭的状况。这些材料在火山演替内部形成不同厚度的层次,其组成材料来源和侵位方式的不同而不同。它们既有混合细粒的砂卵石沉积物,也包括含稀有卵石和块石的泥质沉积物。岩性包括火山岩和沉积岩,成分类似于在连续熔岩流侵位间形成的古土壤。厚达数米的碎屑沉积物可用于解释熔岩流阻碍急流的现象(Branca and Ferrara,2001)。

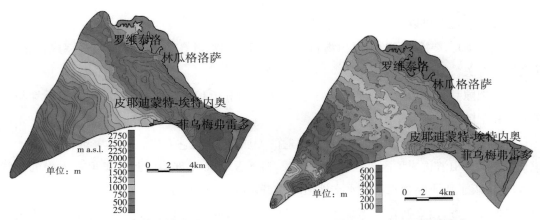

图 14.5　沉积基底的地貌　　　　　　图 14.6　含水层厚度分布

受上述因素影响,含水层的水动力参数在不同区域表现出显著的差异。同时使用钻井抽水试验的数据及其附近的水位测量数据来确定这些参数。在现有资料的基础上,利用自由含水层和半承压含水层常用公式,计算了含水层的主要水动力参数。特别地,经计算,含水层导水系数均值为 $5.09\text{m}^2/\text{s}$(Ferrara,1999b)(图 14.7)。

这些水流特点大多类似于喀斯特岩溶系统,少部分类似于互相依赖的排水系统,还有部分类似于分散系统。在第一类型中,熔岩管和裂隙连通的开放区域构成了地面流的优先路径。在第二类型中,熔岩块受紧密的裂缝以及含渣物质的影响,虽然构成了低速水流运动的区域,但是在陆面水循环中具有重要作用,因为它们有稳定的水资源量储备,可以在降水亏缺时,为市政供水管网提供连续稳定的水源供给(Ferrara 和 Pennini,1994)。

通过对前几年在山前测量的水位与沿海地区测量的水位,进行相关性分析,重新设置了测压面,该测压面位于平均海拔 320m 的丘陵地带,从皮埃蒙特镇往下大约 50m,直到海岸附近的泉水出露处。平均水力梯度在坡上估计为 5%,并在坡下显著减小,直到接近海岸线时略大于 1‰(图 14.8)。

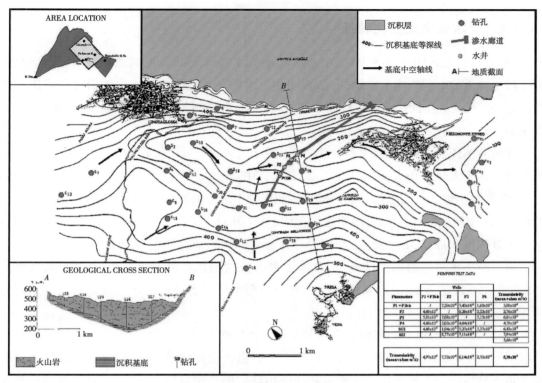

图 14.7　含水层的导水系数的评估

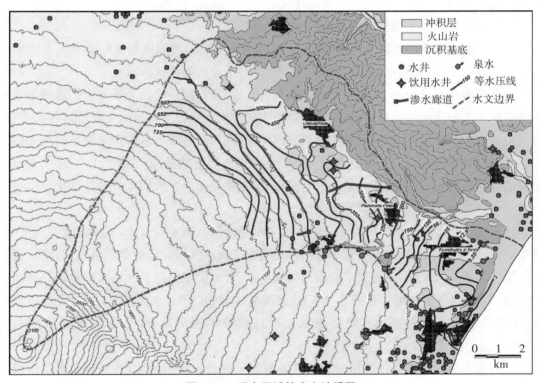

图 14.8　研究区域的水文地质图

### 14.3.4　含水层系统变化特征

1993 年 6 月至 1996 年 8 月,在山前地带开展的 12 个测压计监测数据显示了地下水位对于降水输入的时间响应和波动变化,表明地下水循环变化是由含水层的岩性和构造条件所决定的。有些测压计显示出了较高的灵敏度,然而有些测压计受降水输入的影响较小,不太灵敏。

在所有测压数据中发现,显著变化主要发生在 1995—1996 水文年(图 14.9)。当年的降水量远远高于多年平均水平(1921—2000 年),其中从 1995 年 11 月到 1996 年 3 月的集中降水,非常有利于地下水的水渗补给。降水对测压计中水位的影响是很明显的,在山前带降水峰值开始后,即大约 2 个月后,测压水位开始上升(图 14.10)。不同的测压计数据显示,测压水位上升幅度从最低 1m 到最高 20m 不等(Ferrara,1999b)。

通过地下水水位的相关性分析,重建了最大高度期间(1996 年 3 月)和最低高度期间(1995 年 10 月)的静水压面,从而推断出整个山前地区降水补给的水位变化量及其空间分布,并对各区域进行比较(图 14.11)。

在埃特纳火山的高海拔地区,降水补给地下水的作用有如下特征,即不同地区水流转移的时间有所不同:高渗透性通道的流动时间更短,低渗透性通道的流动时间更长,这主要取决于地下含水层的水循环模式。水位在峰值出现后的几个月内有下降的趋势,这个趋势表明,含水层中的调节储量逐渐减小,从而导致枯竭期的出现;在此阶段,地下水流主要由系统中渗透性最低的部分水循环渗水补给。

除了监测皮埃蒙特地区的地下水位之外,区域水文机构对该地东侧的爱奥尼亚海岸附近的泉水进行了大约 40 年的流量监测,并对其进行了分析和评价。

菲乌梅弗雷多(Fiumefreddo)泉水群以出水流量大而著名,它位于熔岩流扩散端与基底不透水沉积地形之间的接触点,地层主要含海岸带冲积沉积物间露出的更新世蓝泥灰土(图14.12)。由 1929—1964 年的间歇性流量测量结果可以看出,该泉水群春季流量的最大值为 2510 L/s,最小值为 1492L/s。连续数年进行的月尺度测量结果,显示出了 1986 年前泉水流出量的周期性变化,其最大值和最小值相差很大,主要是因为含水层年补给量变化。但是在这些年中,干旱结束时的泉水流量都未到达枯竭点。

从 1987—1988 水文年开始,在上游地区含水层内稳定地抽取泉水,泉水流量一直下降。从 1989 年到 1991 年的三年中,夏季和初秋均测出了泉水流量的历史最低值,当时除了用于居民生活饮用的开采外,还进行了农业开采取水,而含水层中储存的水已接近枯竭。1992—1993 水文年,降水量的增加使得泉水流量逐渐增加,1995—1996 水文年,由于降水异常充沛,出现了泉水流量最高值。随后泉水流量连续数年逐渐减少,直到恢复到从前的状况(图 14.13)。

分析泉水流量与降水量的相关关系可使人们了解含水层的特性,特别是含水层内部的水动力过程。

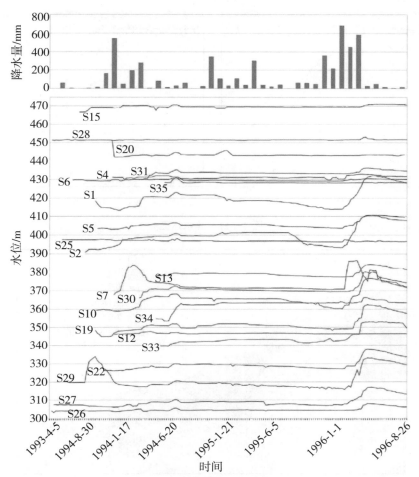

图 14.9　1993 年 4 月至 1996 年 8 月林瓜格洛萨站的水位波动及降水量

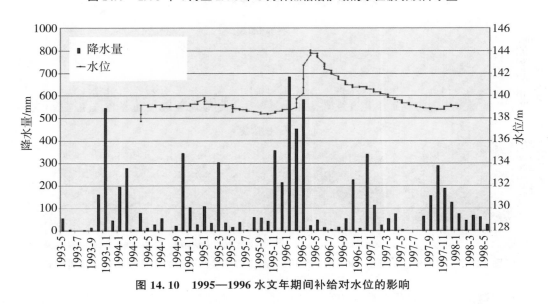

图 14.10　1995—1996 水文年期间补给对水位的影响

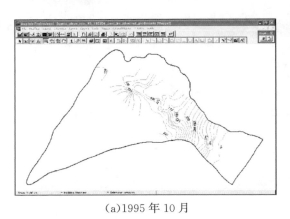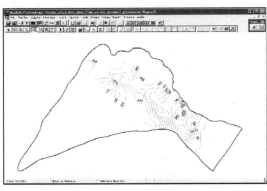

(a)1995年10月　　　　　　　　　　　　(b)1996年3月

图14.11　静水压面

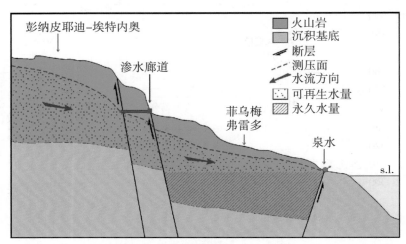

图14.12　菲乌梅弗雷多泉水群截面

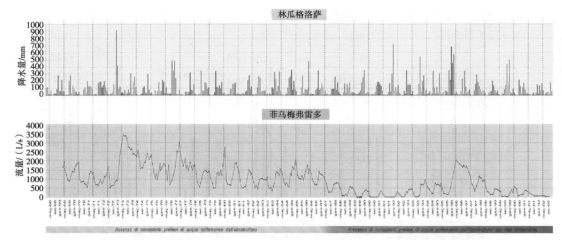

图14.13　(1968年5月至2002年9月)菲乌梅弗雷多泉水流量和林瓜格洛萨降水量比较

鉴于这是一个普遍存在裂缝的水文地质系统,所使用方法考虑了泉水的年流出曲线,该曲线一般分为两部分:"水箱"的填注线(补给线)[$Q = f(t)$增加]和排空线[$Q = f(t)$减少],由流量最大值分割。后者(排空线)还可以再分成两个部分:递减线和损耗线(Castany,1968;Civita,2004)。

Boussinesq(1904)和 Maillet(1905)提出的指数模型,考虑了从最大流量的峰值到函数$Q = f(t)$的反转点(开始新补给)的完全排空曲线:

$$Q_t = Q_0 \cdot e^{-a \cdot t} \tag{14.1}$$

那可用来求解$a$(损耗系数):

$$a = \frac{\lg Q_0 - \lg Q_t}{0.4329t} \tag{14.2}$$

并可计算在$t = 0$时刻的储存量$w_0$,时间为 0 到$+\infty$,得到:

$$w_0 = \frac{Q_0}{a} \cdot 86400 \tag{14.3}$$

而当$t \neq 0$时,流出量为:

$$w_d = \frac{Q_0 - Q_t}{a} \cdot 86400 \tag{14.4}$$

在对数正态图中,引入在不受降水影响时间内测量的流量值,可得到泉水群的消耗曲线。

由式(14.3)和式(14.4),计算了$t = 0$时含水层的储水量和从排空开始的流出值。

1969—1987 年的实测泉水流量表明,从含水层中不断抽水不会影响到泉水状况,这也表明系统存在水量平衡。在干旱期泉水流量略有下降,但在随后的补给到达时可恢复到正常状态。消耗系数的变化也反映了类似情况(图 14.14)。

从 1988 年开始,在泉水上游地区大量开采地下水,导致系统的水量平衡发生了重大变化,显著影响了泉水的状态。除流量变化明显外,与前一个时期相比,损耗系数变得异常。在 1992—1995 水文年出现了上述变化(图 14.15)。

从 1988 年到 1995 年,尽管该地区没有出现特别明显的降水不足,但泉水平均流量还是减少了 70%。1995—1996 水文年,降水明显高于平均水平并且集中在几周内,含水层的响应也很明显,与此同时,泉水的出流量达到了 1969—1987 年的平均值,损耗曲线也出现了同样的情况。

在接下来的几年中,地下含水层系统逐渐恢复到以前的状态(图 14.16)。在 1995—1996 水文年的第一阶段,尽管上游不断抽水,但在大约 4 个月后,测压水位开始上升(与降水入渗补给作用一致),泉水流量在 4 月达到了 2.020m$^3$/s。

至于同一时期的有效入渗量,系统中储存的可再生水量,取决于含水层中渗透性较好区域的快速饱和,从而使测压水位和泉水流量迅速变化。

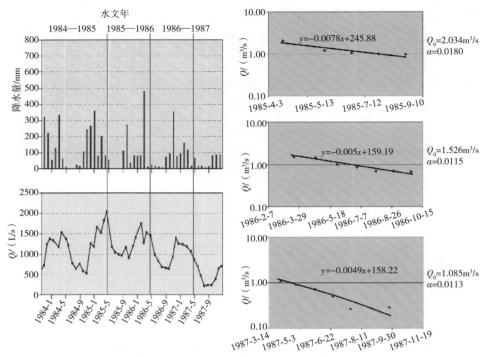

图 14. 14　1984—1987 年泉水流量的损耗曲线

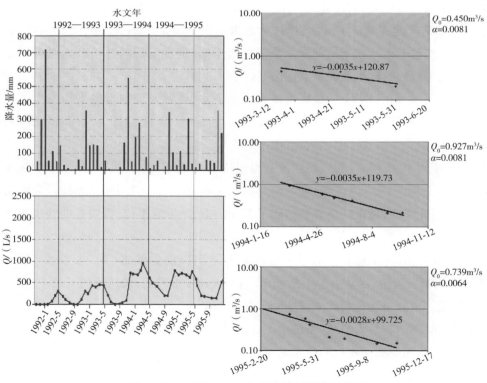

图 14. 15　1992—1995 年泉水流量的损耗曲线

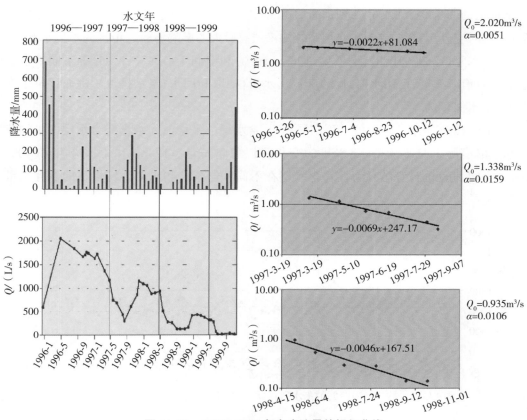

**图 14.16  1996—1999 年泉水流量的损耗曲线**

在含水层渗透性较差的区域,降水的连续入渗补给作用,有助于维持测压水位和泉水流量直到下一个水文年开始获得补给。这揭示了地下含水层的适度调节能力以及地下水循环的存在,它就如泉水状态证实的一样,可以快速补给和快速排空。

在考虑含水层平均储水容量($w_{0m}$)的基础上,结合 1969—2002 年的地下水补给量($85.30 \times 10^6 \, m^3/a$)和地下含水层系统的平均损失值(用抽水和泉水流出量来衡量排空能力 $w_m$,同期估计值为 $79.20 \times 10^6 \, m^3/a$),对地下水更新率($T_{rin}$)和最小更新时间($t_{mr}$)进行了计算,结果分别为 0.92 年和 1.08 年。这些值解释了所有进入地下含水层系统的水是如何在 1 年多的时间里流出的,以及含水层的长期调节能力为何较差。

将持续抽水用于居民生活饮用期间(1988—2002 年),平均补给水量为 $87.29 \times 10^6 \, m^3/a$,而含水层的水量损失为 $82.88 \times 10^6 \, m^3/a$。考虑到连续多年降水少于平均降水,计算的更新率 0.95 与之前的更新率相似,更新时间 1.05 年也与之前结果相近。

## 14.3.5  地下水储量的评价

对 1969—2002 年由渗透决定的含水层年平均补给量进行了估计,见图 14.17。结果表明,整个含水层的理论可用水资源量约为 $85.30 \times 10^6 \, m^3/a$。实际上,该数量每年均发生变化,从最低的 33.30 $\times 10^6 \, \text{m}^3/\text{a}$ 到最高的 171.90 $\times 10^6 \, \text{m}^3/\text{a}$ 不等,它与每一个水文年的降水高度及其时空分布有关,这对含水层系统的渗透有极大的影响。通过传统的水量平衡方法,计算了平水年(1969—1986)、干旱年(1987—1990)和湿润年(1995—1996)等不同情景下的流入水量(有效渗透、已用水再过滤)和流出水量(抽取和用水、泉水排放),进而评价了含水层的地下水储存量。

　　1969—1986 平水年期间的计算结果表明,含水层的平均流入水量与含水层的平均流出水量之间,实际上是平衡的,储水量的变化可以忽略不计。1987—1990 干旱年和 1995—1996 湿润年期间的计算结果为计算含水层在不同补给条件和水动力特性下的储存水量提供了有益的参考。

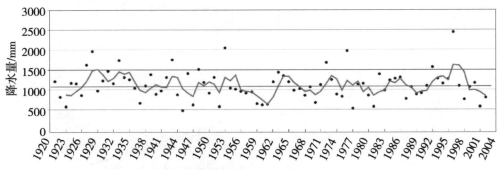

**图 14.17　林瓜格洛萨站的降水量(红线为年平均值;蓝线为 3 年滑动均值)**

　　在 1987—1990 干旱年期间,由于连续多年的降水亏缺,而且在地下水补给期间,降水时空分布不均,降水补给含水层的水量较少,大量抽取地下水用于生活饮用导致水资源短缺问题。水量亏缺累积后,影响了泉水的产量,据估计,含水层中储量减少了 80%。

　　1995—1996 湿润年的异常降水,暂时恢复了含水层的储水量,从而对水位和泉水流量产生了明显影响。从测压面的正变化出发,利用该地区钻井抽水试验得出的储系数平均值,估算了含水层饱和体积的增量和相应可再生储水量。在补给期的第一阶段(1995 年 10 月至 1996 年 4 月),测压面水位平均增加约 5m,到 7 月底逐渐减少到 3m。含水层的储水量约为 1.1684 $\times 10^{10} \, \text{m}^3$,比 1969—1986 年的有效入渗值 7.538 $\times 10^9 \, \text{m}^3$ 增加约 55%。尽管上游有同样的流量,但泉水的流量已经迅速增加到将近 2 $\text{m}^3/\text{s}$ 的峰值。

## 14.4　结论

　　通过对地下含水层水文地质结构的初步研究,以及对测压水位和泉水流量测量方法的阐述,解释了可再生储量(相当于有效入渗平均值)如何既保证地下水从含水层中持续流出,还能兼顾从 1987 年到 1988 年的连续开采。在这种情况下,如果目前的开采量保持不变,理论上含水层的储水量足以避免市政供水系统的水危机问题,还能避免泉水附近的菲乌梅弗雷多河自然保护区的水危机问题。

根据含水层的水动力特性,如果含水层补给量长期处于小于均值的情况,以及秋季至次年春季期间补给量不均衡的情况,正如 1988—1994 水文年所发生的一样,那么含水层的可用水量裕度将十分有限,而且无法维持地下水的稳定流出。在此期间,虽然降水量没有远低于平均值,但有效入渗量不能够维持现有开采负荷下的含水层流出水量,含水层中储水量几乎耗尽,动态储水量的恢复将变得十分困难。

1995—1996 水文年出现的降水异常事件,其特点是降水量大且集中在几个月内,使得地下含水层得到了较多的水量补给,在这类事件发生后的几年内的实测水位和泉水流量(1999—2002)也证明了这一点。

因此,为了减轻干旱引起的水资源短缺风险,正确管理地下水资源,监测受雨量变化影响的地下水位和泉水流量,以及对含水层进行仔细和持续观察成为必然。

正确建立监测网络和解释相关数据,都离不开对含水层系统岩石地层、结构、水动力和渗透率以及水化学等特征的理解。

## 本章参考文献

Boussinesq J. Recherches théoriques sur l'écoulement des nappes d'eau infiltrées dans le sol et sur le débit des sources[J]. Journal de mathématiques pures et appliquées, 1904, 10: 5-78.

Branca S, Ferrara V. An example of river pattern evolution produced during the lateral growth of a central polygenic volcano: the case of the Alcantara river system, Mt Etna (Italy)[J]. Catena, 2001, 45(2): 85-102.

Castany G. Prospection et exploitation des eaux souterraines[M]. Dund: [s. n.], 1968.

Ferrara V. Idrogeologia del versante orientale dell'Etna[J]. Atti, 1975, 3: 91-144.

Ferrara V. Modificazioni indotte dallo struttamento delle acque sotterranee sull'equilibrio idrodinamico e idrochimico dell'acquifero vulcanico dell'Etna[J]. Memorie della Società Geologica Italiana, 1991, 47: 619-630.

Ferrara V. Vulnerabilità all'inquinamento degli acquiferi dell'area peloritana (Sicilia Nord-Orientale)[M]. Pitagora: [s. n.], 1999.

Ferrara V. Strategie di gestione delle risorse idriche sotterranee a fini integrativi, sostitutivi e di emergenza nel settore nord-orientale dell'Etna. 3 Conv[A]. 3 Conv. Naz. sulla protezione e gestione delle acque sotterranee per il III millennio[C]. Parma: [s. n.], 1999.

Ferrara V, Barbagallo M, Maugeri S. Carta idrogeologica del massiccio vulcanico dell'Etna[R]. Firenze: [s. n.], 2001.

Ferrara V, Pennini A. Caratteristiche idrogeologiche dell'acquifero vulcanico dell'

Etna e metodologie per ottimizzare lo sfruttamento delle risorse idriche sotterranee [A]. Rencontre Int. des Jeunes Chercheurs en Géologie Appliqué [C]. Lausanne: EPFL-GEOLEP - Swiss Federal Inst. of Tech. ,1994.

Ferrara V, Maugeri S, Pappalardo G. Gli acquiferi dell'area centro-orientale della Sicilia: risorse idriche, qualità delle acque e vulnerabilità all'inquinamento[C]. Parma: 3 Conv. Naz. sulla protezione e gestione delle acque sotterranee per il III millennio, 1999.

Ferrara V, Pappalardo G. Intensive exploitation effects on alluvial aquifer of the Catania plain, eastern Sicily, Italy[A]. 1st Internacional workshop Aquifer Vulnerability and Risk[C]. Salamanca: [s. n. ],2003.

Maillet O E. Essais d'hydraulique souterraine & fluviale[R]. Hermann: [s. n. ], 1905.

Mezzogiorno C. Indagini idrogeologiche e geofisiche per il reperimento di acque sotterranee per l'approvvigionamento del sistema V zona centro-orientale della Sicilia[R]. CMPSpA,1982.

Regione Siciliana-Assessorato Lavori Pubblici. Lavori di utilizzazione delle acque di Piedimonte Etneo per l'approvvigionamento idrico della città di Catania[R]. [s. n. ],1994.

# 第 15 章　西西里岛西南部沿海地区海水入侵的研究和监测

P. Cosentino，P. Capizzi，G. Fiandaca，

R. Martorana，P. Messina，S. Pellerito

意大利巴勒莫大学地球化学与物理学系(CFTA)

**摘要：**本章利用地球化学、水文地质和地球物理技术，对西西里岛西南部(马尔萨拉和马扎拉德尔瓦洛之间)的沿海含水层进行研究。含水层由于遭过度开采，受到严重海水入侵。对该水域进行的初步化学和物理分析包括测量它们的电导率和氯化物含量，由此可以推测沿海含水层中的海水入侵情况。在整个区域内进行了一系列电磁测深，并用测井数据适当校准，建立含水层电阻率分布的三维展示模型，从而识别主要入侵方向和含水层形态。

此外，在一个海水入侵较为典型的区域，沿一条大致垂直于海岸的线，绘制了综合地球物理 2D 剖面。实地测量包括 ERT、IP、TDEM 和地震测深，旨在重建高度详细的地球物理剖面。地震测量清楚地显示了淡水和咸水之间的横向变化，比如含水层的覆盖层和黏土层的变化。

本章研究的最终目标是提出一种地下资源的优化模型，利用不同的技术来确定地球物理剖面图的相关经验教训表明，需要采用一种综合方法来确定含水层中海水入侵区域。

本章所采用的方法可被适当扩展和推广，以供地中海沿海地区中的其他类似区域研究参考。

**关键词：**海水入侵；地下水；地球物理调查

## 15.1　引言

通过建立标准化的监测和研究流程，可以增强对地下水尤其是受海水侵入的沿海含水层水质的认识。为此，拟订了一个试验项目以确定在危急情况下沿海含水层的管理准则，该项目包括利用地球物理监测技术(电、电磁和地震层析成像、多参数测井)进行的一系列综合研究。

　　试验现场位于西西里岛西南部马尔萨拉和马扎拉德尔瓦洛之间的海岸区域（图 15.1）。由于当地过度开采地下水，这里的沿海含水层受到海水入侵的影响。由于这种有害的做法，沿海含水层地下水流量发生了变化，反过来又破坏了生态系统的平衡，导致更严重的海水入侵。马尔吉曾是该地最潮湿的沿海地区，因为有不同寻常的动植物群而出名，然而现状是动植物群已经消失。

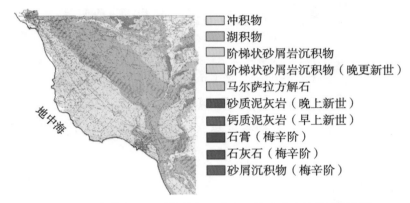

图 15.1　马尔萨拉和马扎拉德尔瓦洛之间沿海地区的地质示意图

## 15.2　水文地质和地球化学调查

　　对该区域进行的初步调查（Cosentino 等，2003）使含水层的水文地质特征，以及海水入侵的优先方向得以确定。进一步的地球化学调查使根据地下水中氯化物和碳酸盐含量分布来描述地下水的化学特征。

　　地下含水层延伸约 $150 km^2$，主要是更新世砂层和灰屑岩沉积物，它们的底层是黏土砂。水动力模型（图 15.2）描述了一个受海水入侵影响较大且过度开采的地下含水层。

　　在自然条件下，近地表的地下水流向海洋，在海岸附近的地表流出，因而会局部形成湿润区域，即所谓的马尔吉地区（Margi）。马尔吉地区的水大量蒸发，海水入侵仅限于马尔吉与大海的接触区域，部分地下水流随小溪流走，现在几乎完全干涸了，剩余的水流重新注入含水层表层，从而为马尔吉地区补水，并阻止了海水入侵面的推移。

　　马尔吉地区的存在形成了一种微妙平衡的自然景观：表层淡水与海水入侵形成抗衡之势，因此马尔吉地区的面积变化主要由蒸发与地下水贡献之间的关系决定。对该区域的钻井进行水文地质调查，使地下水压力得以测定（图 15.3）。通过对水样进行地球化学分析，绘制了一系列专题地球化学图。其中地下水导电性见图 15.4。通过对这些地球化学图进行分析，可以确定海水入侵的主要方向。

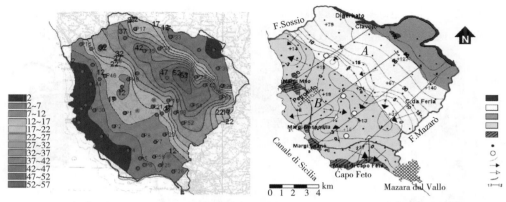

图 15.2　马尔萨拉—马扎拉德尔瓦洛沿海地区　　图 15.3　马尔萨拉—马扎拉德尔瓦洛沿海地区
　　　　　含水层的水压测定　　　　　　　　　　　　　　含水层的水文地质略图

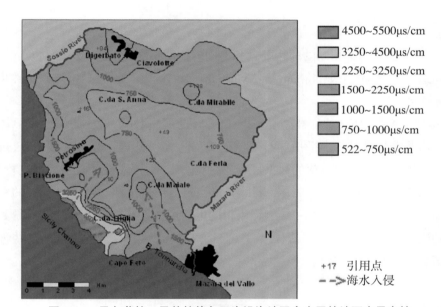

+17　引用点
--->　海水入侵

图 15.4　马尔萨拉—马扎拉德尔瓦洛沿海地区含水层的地下水导电性

## 15.3　综合地球物理测量的含水层电阻率三维模型

为了获取含水层主要结构特别是海水入侵带的形状的三维模型,进行了一系列综合地球物理测量、含水层三维地球物理模拟和海水入侵的主要区域定位。还进行了 50 次时域电磁法(TDEM)测量,并用 4 个测井曲线和 2 个 2D 电子断层扫描进行校准。图 15.5 标明了此次调查的位置。

TDEM 测量是根据一些优先方向(SSW-NNE)进行定位,从而形成海水侵入带的电地层剖面(Fitterman and Stewart,1986)。使用 TEM-FAST 48 仪器(图 15.6)是因为它有以下特点:精确、易于操作和采集快速。在 TEM-FAST 48 仪器中,放置在土壤上的线圈(发射线圈)会产生一系列的电磁脉冲,这些脉冲在各个深度的土壤中扩散而产生电涡流。它们会产生二次电磁场。通过分析和解释由接收回路获得的感应信号,用户能够识别下层土壤的视电阻率。

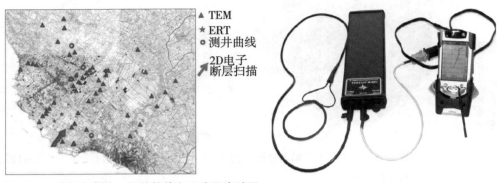

图 15.5　在马尔萨拉—马扎拉德尔瓦洛沿海地区
进行地球物理测量的位置

图 15.6　TEM-FAST 48 仪器

　　TDEM 的测量使用了相同的环路配置和不同的线圈长度(12.5m、25m 和 50m),以保证每处都有合适的穿透深度(Nabighian and Macnae,1991)。用 3A 发射电流采集数据。时间范围是 2048～4096$\mu$s。

　　TEM-RESEARCHER 软件被用于解析 TDEM 的测量数据,解决时域电磁测深的反演问题。每一次测深都是基于水平地层与下层土壤的一维模型进行解析。首先,通过深度变化电阻率的一维模型对每次测深的数据进行解析(图 15.7)。然后对模型数据进行分析,让研究者得以估算与 Marnoso-Arenacea della Valle del Belice 顶部相对应含水层的泥质基底的高度。随后,将 TDEM 测深的一维解释所得的电地层柱连接起来(图 15.8),得到 8 个电阻率剖面的组合(5 个垂直于海岸线,3 个平行于海岸线)。为获得这个组合,某些视电阻率曲线的重新解释可能会受到影响。

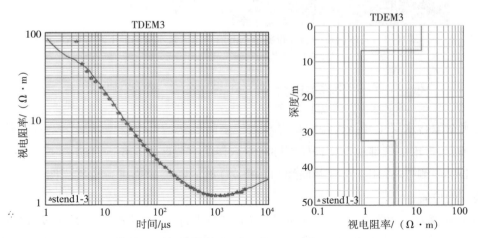

图 15.7　左图为视电阻率与 TDEM3 测量时间的关系图,
右图为解释性电地层模型图,显示了视电阻率与深度的关系

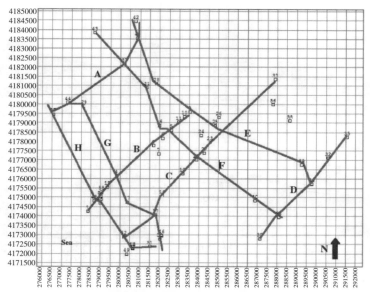

**图 15.8** 在马尔萨拉—马扎拉德尔瓦洛沿海地区进行 TDEM 测量的位置,其中红线表示视电阻率剖面的轨迹

视电阻率剖面(图 15.9)结果显示,存在一个极不规则的基底和一个大凹陷,这与研究区域的中心区重合。此地区与 Borgata Adragna 一样,其凹陷深度达 30m,而 Baglio Barberi 附近则深达 40m。

从名称为 Case Campanella 的地区开始,向内陆地区移动,研究区域的北部附近基底高程达到 100m 以上。最后再次分析了 1D TDEM 的全部反演数据,得到了含水层电阻率的三维模型(Fitterman and Hoekstra,1984)。通过将这些结果与水文地质图的等压线显示的结果进行比较,这张三维分析图(图 15.10)清楚显示了海水入侵的主要方向。

结果分析表明,沿 1km 宽的海岸带存在极低的电阻率值,显然该区域的海水入侵比内陆区域更强烈,此外,TDEM 数值与水文地质结果基本吻合。图 15.11 为该区域的航空照片的透视图,其中,电阻率图和海水侵入的主线在所谓的玛吉沿海区域重叠。从测井资料中得到的数据证实电磁测量所得含水层几何形状可靠。通过图 15.11 还能识别一些砂和黏土含量较高的狭窄地层,这些地层可以通过封闭某些地区的含水层来限制垂直方向上的地下水流动。

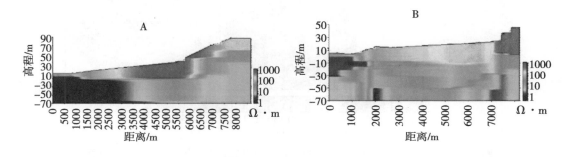

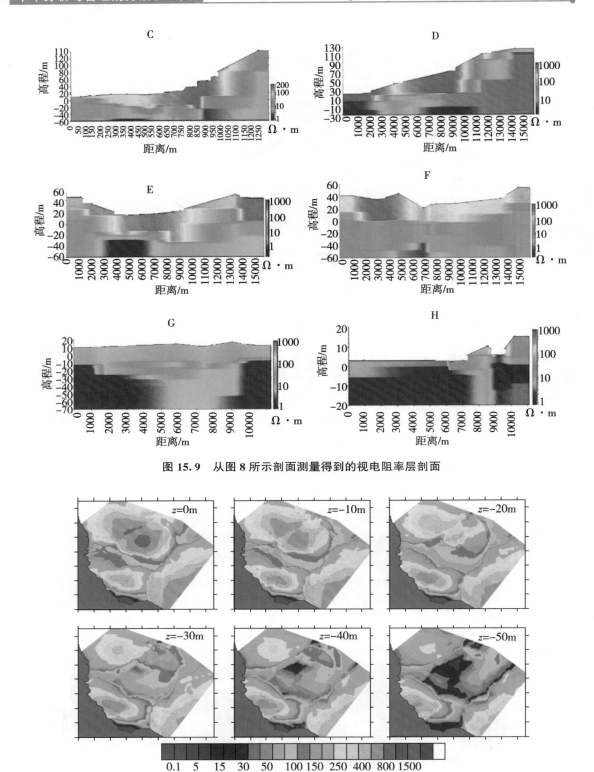

图 15.9　从图 8 所示剖面测量得到的视电阻率层剖面

图 15.10　采用 TEM-FAST 测量法和 3D 插值相结合,得到的视电阻率水平切面

**图 15.11　航空照片与电阻率水平切面的重叠(黄色箭头表示海水入侵的主要方向)**

## 15.4　电阻率层析成像技术(ERT)研究

先前对海水入侵的常规模式研究结果表明,有必要进行更深入的调查,以便详细解释受入侵影响地区的含水层重建情况。实际上,对地下电阻率分布的地电研究,有助于对地下水结构进行详细重建,如果进一步优化受海水入侵影响海岸含水层的研究成果,那么数据采集的地电方法就可以派上用场。因此,通过构建与海水入侵案例相一致的电参数的综合模型,可以进行地电方法的研究(图 15.12)。在选定的模型中,底土的横向电阻率和纵向电阻率的变化,基本上是由淡水和海水边界地带的地层模型所决定的。模型模拟了沿海含水层(80Ω·m)的海水入侵(视电阻率为 0.2Ω·m),其底部为黏土基底(2Ω·m),顶部为电阻覆盖层(150Ω·m)。淡水和海水之间的横向通道可以是尖锐的,也可以是平滑的,这取决于所考虑的模型。

使用经典阵列(温纳阵列、温纳-斯伦贝谢阵列和偶极子阵列)及多电极阵列(线性网格阵列)作为假定剖面,运行模型程序后,得到了视电阻率的理论模拟值。后一种阵列(Fiandaca 等,2005)可以对每一个电流偶极子进行大量测量,从而减少了采集时间。通过优化当前偶极子的数目和位置,可以得到至少与经典阵列类似的较好结果。

线性网格阵列是视电阻率网格阵列的二维推导(Cosentino 等,1999;Cosentino and Martorana,2001),它考虑了对每一个电流偶极子使用大量的电位偶极子。事实上,在同一剖面上使用的电流偶极子数量有限,但电位偶极子数量却很高。阵列优化(图 15.13)后,可以与多通道电阻率计一起使用。

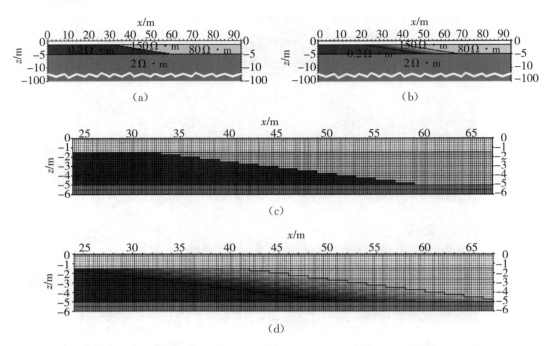

图 15.12　(a)海水侵入楔形含水层的模型,具有从海水侵入区到淡水区的横向通道。含水层底部由导电基底分隔,表层覆盖着电阻层。(b)该模型与之前的模型相似,只是在海水和淡水之间有一个过渡区。(c)和(d)分别为(a)和(b)的放大图,显示了模块的几何形状和大小

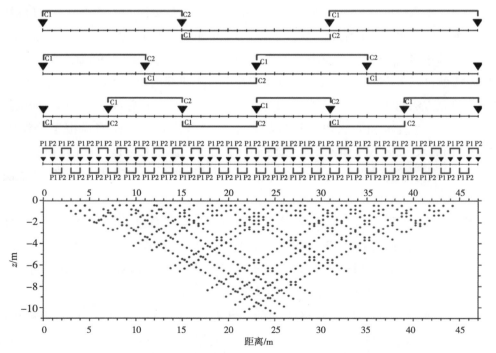

图 15.13　上图为线性网格阵列的轮廓,对每一个电流偶极子 C1-C2,对每个相邻的电极偶极 P1-P2 进行电位测量。下图为假定剖面中测量的参考点

对 48 个等间距排列电极和 21 个不同的电流偶极子进行了综合模拟,每次使用 2 个电流电极,其余 46 个用于电位测量。最后确定了电流电极的数目和位置,以便在研究区域获得良好的采样密度。

利用同样优化的反演参数,使用 RES2DINV 软件(Loke and Barker,1996),对加入不同噪声百分比(2%和5%)的合成视电阻率数据进行了反演,再将理论假定剖面得到的反向模型与初始的综合模型进行了比较,用几个比较参数估计了初始综合模型和解释模型之间的兼容性。因此,当解决此类水文地质问题时,可以定量评估每个测试阵列的分辨率。通过对结果的比较(图 15.14),可以推断出使用双极-偶极子和线性网格阵列的结果最佳。

为了估计模拟的近似度,采用了一维失配参数。图 15.15 给出了其误差为 2%的模拟结果,解释模型被细分为 3 个部分,分别对应剖面的 3 个不同区域:海水入侵区、过渡区和淡水区。在海水入侵区,当使用温纳阵列(Wenner array)无法准确定位基底深度时,得到了最差的结果,相反,双极-偶极子和线性网格能很好地识别出黏土基底和含水层。

## 15.5 用综合方法获取地球物理剖面

继含水层的三维地球物理建模和海水侵入区识别之后,下一个阶段是:通过高分辨率地球物理测量,对这些区域进行详细表征,旨在重建海水入侵区的几何结构。测深区选在 Capo Feto 和 Margi Spano 之间的海岸,其测量断面长约 1300m(图 15.16)。此项工作的目的是:以高精度重建含水层和海水入侵区域的二维几何结构,同时描绘测压水面、从海水到淡水的通道以及粉质黏土基底。

沿着选定的 AB 线,绘制了一系列综合地球物理剖面图,采用的技术方法如下:TEM-FAST 电磁测量;二维电阻率层析成像;二维激发极化层析成像;折射地震剖面。

采用上述技术对采集的数据进行了综合解释,其目的是将不同底土参数(视电阻率、荷电率、地震波速度等)的相关解释模型尽可能地联系在一起。

沿 AB 线,采用同步环路配置和边长 50m 的方形线圈,进行了一系列 TEM-FAST 测量,其目的是获得 40m 以上的探测深度。根据视电阻率数据绘制的假定断面图,定性地反映了底土的视电阻率。但是受线圈尺寸的限制,近地表区域表征得不是很详细。

采用一维分层模型对测量结果进行了解析,并将反演模型的结果进行空间插值,得到了电阻率的二维垂直电磁剖面(图 15.17)。该剖面显示了从极低视电阻率(蓝色区域)到较高视电阻率(绿色区域)的横向通道上的电阻覆盖层,这种变化可以清楚地解释从海水到淡水的过渡带位置。

视电阻率和激发极化的测量,是通过将一系列 2m 间隔排列的电极放置在地面上,并将它们连接到 Syscal Pro 电阻率仪来进行的,这样就可以自动将电流自动注入地面并测量表面电势。利用相同的阵列,测量视电阻率或激发极化,从而可以得到视电阻率和激发极化的垂直剖面。

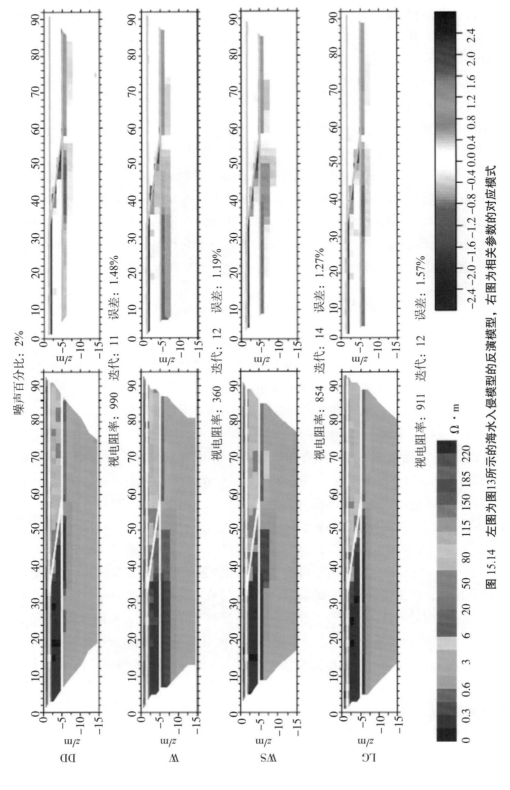

图 15.14　左图为图 13 所示的海水入侵模型的反演模型，右图为相关参数的对应模式

注：采用双极-偶极子（DD）、温纳（W）、温纳-斯伦贝谢（WS）和线性网格（LG）阵列进行模拟。下同。

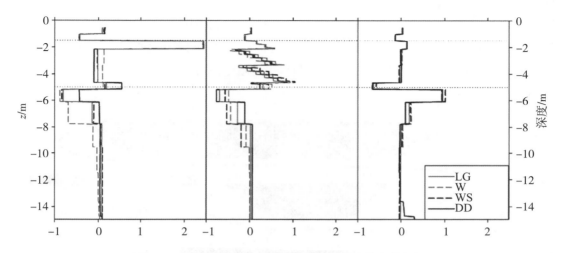

图 15.15  与反演模型 3 个不同区域(左图为海水侵入区,
中间为过渡区,右图为含水层淡水区)相关的一维失配参数

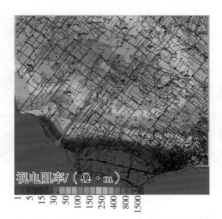

图 15.16  Capo Feto 地区 $z = -10\text{m}$ 处含水层视电阻率剖面

注:红线表示详细地球物理剖面的轨迹。

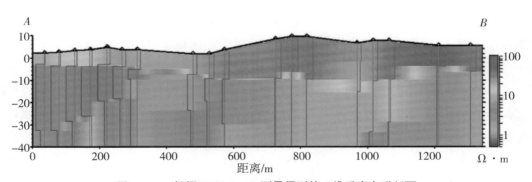

图 15.17  根据 TEM-FAST 测量得到的二维垂直电磁剖面

利用之前优化的线性网格阵列,沿着 *AB* 线对 336 个间距为 2 m 的电极进行了 5 次电阻率层析成像,由此产生的垂直电磁剖面见图 15.18。此外,这些剖面还显示了一个悬垂在导电区域的电阻盖,当与海岸带的距离增加时,视电阻率横向增加。

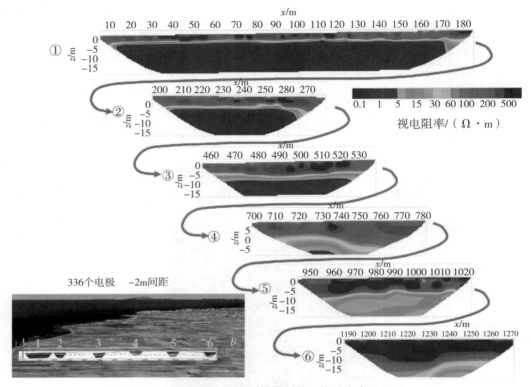

图 15.18　根据电阻率测量得到的二维垂直电磁剖面

用相同的阵列进行激发极化测量,所得的荷电率剖面见图 15.19。由于荷电率与水并不存在直接相关性,而它与黏土含量的关系更大,所以数据解析起来比较困难。然而不幸的是,根据调查深度未能获得黏土基底的相关信息。

最后,使用一系列间隔 3m 排列整齐的检波器进行地震测量,其中这些检波器通过多通道电缆连接到 ABEM Terraloc MK6 地震仪上。每个剖面都是用 48 个检波器并在不同偏移下进行横向和中间的拍摄获取的,每个剖面共拍摄 7 次。这样就得到了波到达时间和震源检波器距离的图形(图 15.20),而地震波在地面上的速度,则是由这些值推导出来的。对地震剖面的解析结果显示出存在不规则的覆盖层,其特征是地震速度值较低(1000～1300m/s)的波,覆盖在速度较高(1950～2150m/s)的波之上。

使用不同方法,对相同地区的地球物理数据进行综合分析,从而对不同的反演模型进行关联。结果表明,对地下水位、海水与淡水过渡带、含水层和基底的岩性结构的定位和划定是正确的。

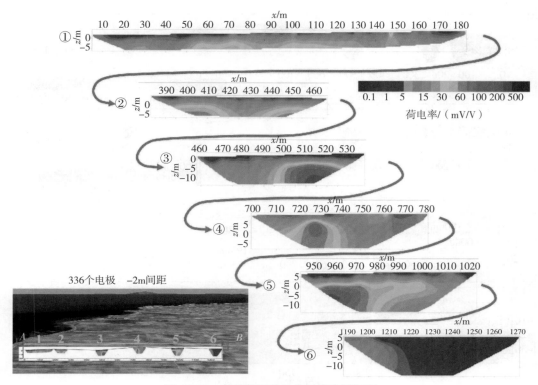

图 15.19　测量得到的二维垂直电磁剖面

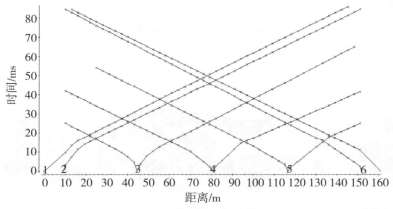

图 15.20　将地震数据表示为传播时间标图,从中推导出下层土的地震速度,
对每一个地震剖面采用了 7 个不同偏移距进行拍摄

　　对使用不同的技术解释模型得到结构进行叠加和对比分析,结果见图 15.21。其结果中存在大量的相似之处,但也存在一些差异,产生差异的原因包括:所分析的参数(如视电阻率、荷电性或地震速度)不同,以及分辨率和调查深度不同。

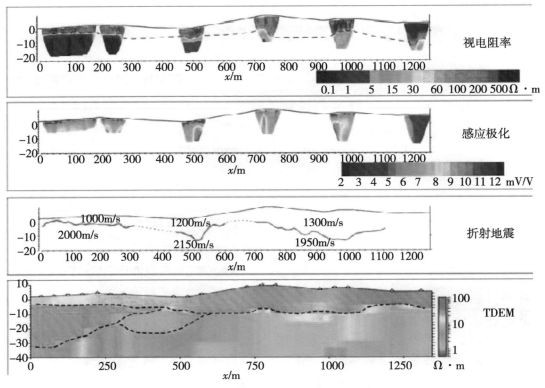

**图 15.21　基于不同地球物理方法的二维解释模型之间的比较**

　　对不同地球物理方法调查结果进行综合解析，可以得到解释剖面（图 15.22），其中：含水层、覆盖层和地下水位描述得很详细，而且海水入侵区、过渡区和淡水区的划分精度较高，粉质黏土层的上限较为明显。

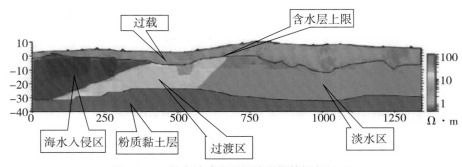

**图 15.22　综合地球物理反演所得的解释剖面**

## 15.6　结论

　　地球物理调查以及地球物理监测技术的实施，使研究者能够检验、实施，并某种程度上证实了马尔萨拉—马扎拉德尔瓦洛沿海地区含水层之前的水量平衡（Cosentino 等，2003）。

通过对所选地球物理方法(地电、低频电磁学 TDEM、折射地震学和地球物理测井)进行综合集成,以及对所得各种几何模型的叠加,减少了各种反演的不确定性限制。事实证明,TDEM 和地电调查是此类研究的基本工具。

进行地下水的水量平衡状态研究发现,地下水开采面临一些不确定性因素,这主要与当地的地下水实际开发情况有关,可通过对官方或非官方公布的数据进行比较来分析。此外,虽然地下水的开采存在不确定性,严重影响了水量平衡状态,但通过使用地球物理方法,可以获得相关基本信息,当含水层的输入和输出数据更加可靠、确定时,这种信息的效用就会完全显现。

本章所选方法的研究结果,可以帮助管理人员制定一些指导方针,指导受海水入侵风险影响的沿海含水层的相关研究。尤其是,本章提出的新地电阵列,可在没有任何质量损失的情况下,显著降低采集时间,这不需要在初步研究阶段提出,而且还可用于延时监测和定期控制。

上述指导方针包括相关方法和技术建议,可推广到地中海沿岸具有类似水文地质特征的其他区域。

## 本章参考文献

Cosentino P L，Deiana R，Martorana R，et al. Geochemical and geophysical study of saltintrusion in the southwestern coast of Sicily［A］. Coastal Aquifers Intrusion Technology：Mediterranean Countries［C］. Madrid：IGME，2003.

Cosentino P，Martorana R. The resistivity grid applied to wall structures：first results ［A］. Proceedings of the 7th Meeting of the Environmental and Engineering Geophysical Society，European Section［C］. Birmingham：［s. n. ］，2001.

Cosentino P L，Martorana R，Terranova L M. The resistivity grid to optimize tomographic 3D imaging［A］. 5th EEGS-ES Meeting，European Section［C］. Budapest：［s. n. ］，1999.

D'angelo U，Vernuccio S. Carta geologica del Foglio 617 Marsala scala 1：50000［J］. Bollettino Società Geologica Italiana，1992，113.

D'Angelo U，Vernuccio S. Note illustrative della carta geological Marsala（F°. 617 scala 1：50000）［J］. Bollettino della Società geologica italiana，1994，113(1)：55-67.

Fiandaca G，Martorana R，Cosentino P L. Use of the linear grid array in 2D resistivity tomography［A］. Near Surface 2005-11th European Meeting of Environmental and Engineering Geophysics［C］. Palermo：［s. n. ］，2005.

Fitterman D V，Hoekstra P. Mapping of saltwater intrusion with transient electromagnetic soundings ［A］. Proceeding of the NWWA/EPA Conference on Surface and

Borehole Geophysical Methods in Ground Water Investigations[C]. San Antonio: National Water well Assn. ,1984.

Fitterman D V, Stewart M T. Transient electromagnetic sounding for groundwater [J]. Geophysics, 1986, 51(4): 995-1005.

Loke M H, Barker R D. Practical techniques for 3D resistivity surveys and data inversion1[J]. Geophysical prospecting, 1996, 44(3): 499-523.

Nabighian M N, Macnae J C. Time domain electromagnetic prospecting methods[J]. Electromagnetic methods in applied geophysics,1991(2A):497-520.

# 第 5 部分

# 干旱影响及缓解措施

# 第 16 章　抗旱措施规划和实施指南

G. Rossi，L. Castiglione，B. Bonaccorso

意大利卡塔尼亚大学土木和环境工程系

**摘要:**近年来,世界各地发生的严重干旱使人们不得不认真看待干旱危害性。干旱与其他自然灾害不同,其持续时间很长。因此,根据监测系统的指示,通过实施预先规划的抗旱减灾措施,可以有效减少干旱灾害影响。本章讨论了立法对于有效干旱管理的重要性。积极主动的应对方法包括旨在减少供水系统脆弱性的长期措施以及在干旱期间实施的短期措施。此外,本章建议使用多标准分析方法对不同的减灾措施进行比较,找到一种长期措施和短期措施的最佳结合,提出的干旱风险评估的流程框架包括抗旱减灾措施的及时有效实施,以及建立高效的监测预警系统。

**关键词:**抗旱减灾措施;抗旱管理;主动措施;干旱影响;干旱应急方案

## 16.1　引言

与洪水或地震等其他自然灾害不同,干旱不是突然发生的,而是在很长一段时间内逐渐演变发展起来的(Rossi,2003)。如果有一套及时可靠的干旱监测系统投入运行(Cancelliere等,2007),并且制定相应的实施计划,为减少干旱造成的严重损害(经济、社会和环境方面)而采取的必要行动(Rossi,2000),那么有效抗旱减灾就会成为可能。

特别需要注意的是,干旱有效管理的关键在于预先确定好抗旱减灾的措施,这些措施主要针对供水系统、生产部门和生态环境等领域。为此,针对不同的干旱条件,制定出对应的抗旱减灾措施,并明确实施原则是极为有益的。

本章讨论了抗旱措施的相关概念,以及保障措施得到落实所需的立法和制度支撑。在简要叙述基本概念、干旱类型和主要影响后,介绍了过去几十年国际上对抗旱措施的不同分类。接下来,分析了西班牙干旱管理的法律框架,西班牙是欧洲在干旱管理方面最先进的国家之一。本章还总结了意大利应对干旱的法律框架,并对旨在防止干旱缺水问题的相关立法提出了一些改进建议。最后,本章详细探讨了制定抗旱措施指导方针的主要技术标准以及抗旱措施的实施情况。

## 16.2　旱灾现象及其影响

　　人们在区分干旱、干燥和荒漠化方面存在着普遍共识（Yevjevich 等,1983）:干燥指的是常年或季节性降雨量很少的永久性气候条件;而荒漠化一词则用来表示长期的以及不可逆转的生物土壤潜力的降低或破坏的过程,它受气候、土壤性质以及人类活动（占主要因素）等多种因素的影响;而干旱一词,是指可用水量相较于正常值持续减少的一种偶然和随机的自然现象,并且持续了一段相当长的时间、影响范围很广。

　　根据受干旱影响的自然水文循环对象,可以将干旱划分为气象干旱、农业干旱和水文干旱(图 16.1)。气象干旱指的是降水量相对于正常值减少的情况,其中降水变化可能是由地球过程所导致的,例如:陆地与海洋的交互作用、生物圈与太阳辐射能量波动的交互作用等。农业干旱取决于由气象干旱转化而来的土壤中的水储存效应,其直接后果是土壤水分缺失。随后,当水分缺失影响到地表水体（河流）和地下水体（含水层）时,就会发生水文干旱,因为地表和(或)地下径流相对于正常值减少。最后,干旱会对供水系统产生影响,进而导致干旱缺水。有时,对供水系统影响的干旱被定义为社会经济干旱,当与环境、经济和社会系统特征相关联时,它可能会产生经济损失和间接影响。水资源可利用量的降低及其影响,以及干旱事件的严重性,都取决于供水系统和社会经济系统管理者所采取的抗旱减灾措施的效率。

　　尽管对干旱影响进行详细分类是一项难题,但主要影响可分为三类:经济影响、环境影响和社会影响,三者各不相同,与受影响的具体部门有关。表 16.1 中初步列出了干旱影响的部门清单。

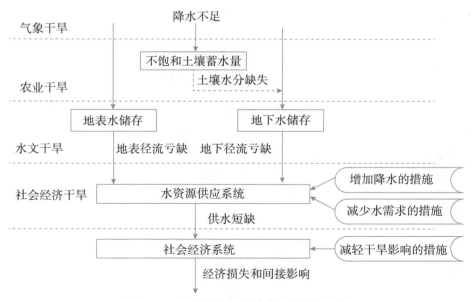

**图 16.1　干旱现象和抗旱减灾措施的作用**

**表 16.1　　干旱对经济、社会和环境的主要影响（Yevjevich 等，1978；Rossi，2004）**

| | 经济影响 |
|---|---|
| 1 | 对农业生产造成经济损失（作物减产、破坏养殖、虫疫、植物疾病） |
| 2 | 对林业生产造成经济损失（森林面积减少、森林火灾、树木病害） |
| 3 | 对原乳制品和牛肉产业造成经济损失（牧场生产力下降、畜牧被迫减产、关闭或减少用作牧场的公共农场、盗窃多发、牧场火灾） |
| 4 | 对渔业造成经济损失（径流减少对鱼类造成损失） |
| 5 | 对与农业生产有关的工业造成经济损失（食品工业、工业生产施肥等） |
| 6 | 水电能源减少对工业造成经济损失 |
| 7 | 生产减少导致失业 |
| 8 | 溪流、河流和运河的适航性下降造成经济损失 |
| 9 | 供水减少给旅游业造成损失 |
| 10 | 对娱乐业造成经济损失（顾客减少等） |
| 11 | 对娱乐设备生产者和贸易商造成经济损失 |
| 12 | 给金融机构带来压力（贷款风险增加、资本减少等） |
| 13 | 公共和地方管理收入损失（由于税收减少，对狩猎或捕鱼许可进行征税等） |
| 14 | 供水公司因供水减少导致收入减少 |
| 15 | 水资源综合利用产生的额外费用 |
| 16 | 改善资源和减少需求的应急措施成本（水运和清除的额外成本、减少用水的广告成本等） |
| | 环境影响 |
| 1 | 导致生活供水缺乏 |
| 2 | 含盐量增加（溪流、地下水、灌区） |
| 3 | 对天然湖泊和人工湖泊的损害（鱼类、景观等） |
| 4 | 对河流生物的伤害（植物群、动物群） |
| 5 | 对空气质量的损害（例如污染尘） |
| 6 | 对景观质量的损害（土壤侵蚀、粉尘、植被覆盖减少等） |
| | 社会影响 |
| 1 | 增加供水系统配水的难度 |
| 2 | 污染浓度增大和不连续的供水带来居民健康问题 |
| 3 | 对生活方式的影响（失业、储蓄能力下降、个人护理困难、家中重复用水、禁止清洗街道及车辆、质疑未来、集会和娱乐减少、财产损失） |
| 4 | 干旱影响和抗旱减灾措施实施中存在不法行为 |
| 5 | 更加频繁的火灾带来公共安全风险（森林、牧场） |
| 6 | 放弃生产活动，移民数量增加（极端干旱情况） |

## 16.3 各类型抗旱减灾措施综述

### 16.3.1 总论

通过表 16.1 所列举的干旱影响可推断出:一场严重干旱凭借其导致的后果可被视为一场自然灾害。然而,应当指出的是,受影响的程度主要取决于所涉及部门的干旱脆弱性。事实上,供水系统缺水的风险不仅与干旱事件的严重程度有关,还与在预防阶段和紧急情况下对供水系统中的不同要素所采取的结构性、管理性、行政性和经济性的行动有关。

在相关文献中,已经提出了关于抗旱措施的分类,接下来通过综述的方式,展示了一些国际重要会议所采用的干旱分类,以及一些专著中关于干旱的分类。

### 16.3.2 基于目的的抗旱措施分类

1997 年 12 月,在美国柯林斯堡的科罗拉多州立大学举行了"干旱研究需求"会议,会议上提出关于抗旱减灾措施的综合分类至今依然很有价值(Yevjevich 等,1978),是确定有效应对干旱战略所需的研究课题的重要起点。这一分类共包括三类措施:增加供水措施、减少用水需求措施和干旱影响最小化措施(表 16.2)。

**表 16.2 抗旱减灾措施的综合分类(Yevjevich 等,1978)**

| 增加供水措施 | | |
|---|---|---|
| 现有供水措施 | 增加供水措施 | 联合供水措施 |
| 地表蓄水 | 湖泊应急取水 | 联网供水 |
| 地下蓄水 | 海水淡化 | 多水源联合调水 |
| 跨流域调水 | 开采化石水 | 冰雪水资源管理 |
| 节约用水 | 人工降水 | |
| 减少用水需求措施 | | |
| 主动措施 | | 被动措施 |
| 法律限制和公众压力 | | 用水户水重复循环利用系统 |
| 经济激励措施 | | 调整用水户生产规模 |
| 干旱影响最小化措施 | | |
| 干旱预测 | 分散干旱风险 | 减少干旱损失 |
| 预测和预警 | 引入干旱保险 | 采用抗旱作物 |
| 跟踪预测和预警 | 个体加强防护 | 调整农业种植技术 |
| | 干旱灾害救助 | 调整城市绿化植被 |

第一类主要为供水干预措施,包括通过更好地利用现有水资源,来增加干旱期间的供水量;采用新的供水水源;在水资源利用过程中采取合适的管理规则。

第二类为以需求为导向的措施,旨在不考虑减少供水的情况下,通过减少用水量来满足人们的用水需求。这些措施包括法律限制用水、定量分配水量(也是基于公平原则的有限水资源的再分配)、经济激励措施以及循环用水和节约用水技术。

第三类为使干旱影响最小化的措施,主要是通过风险分散来减少干旱事件造成的损失,包括基于监测系统的干旱预测、增强人们抗旱意识的宣传活动、干旱保险、改变耕作方法等。

## 16.3.3　基于实施方法的抗旱措施分类

《应对干旱》一书(Yevjevich 等,1983)收集了里斯本的北约高级研究学院于 1980 年提出的主要成果,其中抗旱措施的定义已包含于各种问题(干旱识别、干旱影响、降低干旱风险等)所组成的有机多学科框架之中,该书中还特别提出了应对干旱的两种方式,即被动抗旱和主动抗旱。被动抗旱指的是一旦干旱发生且影响已经出现,个人或组织表现的行动或采取的措施。这些被动抗旱包括不采取任何行动(但这得基于个人或组织具有足够的抗旱能力)以及干旱结束后的恢复行动。主动抗旱措施(或预防性的措施)是指所有预先设想并准备的,可能有助于减轻旱灾后果的措施。

主动措施和被动措施的区别主要在于方法不同:前者属于规划活动,后者属于临时采取的各种应对措施。Werick (1993)和 Whipple(1994)提出了一种非常相似的分类:战术措施和战略措施。其中战术措施指的是在干旱已经发生,建新供水设施为时已晚时,应对水资源短缺问题而采取的行动;战略措施指的是预先规划的行动,包括完善水利基础设施、修改现行法律法规和制度等。

## 16.3.4　基于时间周期的抗旱措施分类

Dziegielewski(2000)提出了长期措施与短期措施的根本区别:长期措施旨在完善抗旱准备;短期措施为干旱发生后采取的旨在减轻干旱事件影响行动,重点针对干旱引发的供水问题。

一般来说,利用长期措施来缓解干旱,需要对现有的供水系统进行结构性和非结构性的调整,目的是降低供水系统对于干旱响应的脆弱性,进而减少缺水损失风险,避免系统受未来干旱的影响。Dziegielewski 提出的长期措施可分为三大类:提高蓄水设施的储水量、大范围的水资源综合管理、提高用水效率。

除了长期措施外,该书作者还建议实施短期措施,提高应对持续干旱的能力。这些措施包括干旱发生之前就已计划要采取的行动(包含在抗旱应急方案中),以及当干旱发展成为严重事件时要采取的针对性措施,即通过寻找新水源增加供水,以及减少用水需求等。

尽管明确了干旱期间短期措施和长期措施的具体内容,但是在干旱发生时,在不同类型措施之间进行选择,并不是一件容易的事。长期的干预措施可能更适合需经常采取应急抗旱措施的地区,如果在规划期间干旱造成损害的风险较低或只是中等,那么最适合选取短期措施。此外,公共供水机构倾向于支持长期的抗旱减灾措施,他们认为长期措施不仅会降低干旱应急措施的实施要求,而且会最大程度降低干旱缺水事件的概率;然而环保主义者倾向于支持短期抗旱减灾措施,以减少水利基础设施的建设和取水需求,进而避免损害河道内生态环境。管理者只有充分了解长期预防措施和短期抗旱措施的不同作用,才能更加有效地缓解干旱。因此,可以将干预成本最低化作为选择长期和短期组合措施的判别标准。

## 16.3.5　干旱缺水组织提出的分类

2006 年,干旱缺水组织( Water Scarcity Drafting Group)就欧盟国家的抗旱减灾措施,给出了通用的建议。在 2003 年许多地中海国家发生干旱事件后,欧盟水主管倡议成立了这样一个小组,目的是代表欧盟委员会缓解干旱造成的缺水问题。

水主管会议(2006 年 6 月 2 日)上提交的文件,确定了欧洲和地中海国家为应对干旱缺水问题,而采取的信息共享和共同应对的措施及程序。该文件强调要通过采用干旱监测系统,从传统的基于危机管理的做法,转向以干旱风险管理为导向的新方法。此外,制订以干旱风险规划和管理为导向的具体实施计划,被认为是成功缓解干旱影响的关键。开发干旱监测系统是干旱管理策略行之有效的一个重要因素,该系统能够就抗旱减灾措施作出及时决策,并且在国家、区域和地方各级之间进行协调。

抗旱计划的目标应该是降低供水系统在干旱下的脆弱性,以及提高供水系统适应缺水的能力。因此,有效的抗旱计划必须同时结合短期和长期措施,并根据适当的标准,确定最优措施组合。该文件所列主要综合措施见表 16.3。

**表 16.3**　　　　　　　　**2006 年欧盟干旱缺水组织提出的抗旱措施清单**

| 措施分类 | 具体措施 |
| --- | --- |
| 需水管理 | 自愿或强制节约用水 |
| | 用水优先权的分配 |
| | 调整供水价格 |
| | 节约用水教育和节约用水宣传 |
| | 鼓励城市节约用水 |
| | 鼓励农业节约用水 |
| | 鼓励工业用水循环利用 |
| | 寻求用水的替代方案 |

| 措施分类 | 具体措施 |
|---|---|
| 调整水资源管理措施 | 联合供水方案 |
| | 水权交易 |
| | 水库下泄水量规则的长期优化 |
| | 干旱条件下水库运行规则的变化 |
| | 制度变革 |
| | 法律变更 |
| | 供水系统之间的优化协调 |
| 增加可供水量 | 利用地下水作为抗旱战略储备 |
| | 处理后废水的再利用 |
| | 海水淡化 |
| | 水资源重新配置 |
| | 通过船舶进口水资源 |
| | 将水质较差的水资源用于特定用途 |
| | 地下水的临时加大开采 |
| | 新建供水水库 |
| | 增加供水系统的互连互通性 |

## 16.4 干旱管理的法律框架

### 16.4.1 西班牙典型案例

有效缓解干旱需要进行专项立法,以明确抗旱减灾的措施,并规定涉水管理公共机构的相关权限。西班牙干旱管理法律框架可能是在欧洲该领域最先进的(Rossi,2004)。

表16.4显示了负责应对干旱影响的不同组织机构的权限划分,值得注意的是,流域管理机构的基本作用是不可忽视的,其任务是制订抗旱专项计划,应对抗旱应急问题,并预先提出必要的解决办法来满足用水需求。这些抗旱专项规划,应特别注意与城市干旱应急预案之间的协调,尤其是当涉及供水、水量强制分配、管理策略修订、放宽环境限制以及随着水资源可用性下降而实施更多限制性措施时候。

除表16.4的内容外,框架还指出常设管理办公室在抗旱过程中的责任分工,其任务是协调农业部门在干旱情况下采取必要的措施。

表 16.4　　　　　　　　西班牙干旱管理立法中的不同组织机构的权限划分

| 组织机构 | 内容 | 能力 |
|---|---|---|
| 环境部 | 第 10/2001 号法律(第 27 条) | 建立水文指标体系,以预测自治区境内的干旱事件 |
| 水文协会<br>(流域管理局) | 第 10/2001 号法律(第 27 条) | 制定的干旱管理规划方案包括在应急情况下采取的措施(在与包括利益相关者在内的水理事会协商并取得环境部门批准后实施) |
| | 第 1/2001 号法令(第 55 条) | 确定水库的下泄水量和地下含水层的开采量,限制干旱期间的水权,并允许用户之间临时交换水权 |
| 市政供水组织 | 第 10/2001 号法律(第 27 条) | 为人口 2 万以上的地区制定抗旱应急计划 |
| 国家政府 | 第 1/2001 号法令(第 58 条) | 采取必要措施以应对极端干旱和地下水过度开采 |
| 农业部 | 第 87/1978 号法律 | 在自然灾害恢复行动中规范旱作农业和牧场干旱损害保险制度 |

## 16.4.2　意大利典型案例

与西班牙不同的是,意大利应对干旱的法律框架还不够充分,其原因有:采取积极主动方法应对干旱灾害的必要性和有效性似乎未得到广泛认同;长期和短期措施之间缺乏明确区分;管理组织、地区、国家和民防机构之间的权限分配不明确。

表 16.5 描述了应对干旱的措施的立法依据,还指出了每项法律所要求的规划的实施情况,其中最新的第 152/2006 号法令,还提出了对规划实施效果进行确认。

表 16.5　　　　　　　　意大利应对干旱影响的法律框架

| 内容 | 技术工具 | 措施 | 区域单位 | 实现状态 | 第 152/2006 号法令 |
|---|---|---|---|---|---|
| 第 183/1989 号法律 | 流域规划 | 长期措施 | 流域 | 未批准的流域规划,无干旱风险指示 | 确认流域规划中包含的内容 |
| 第 225/1992 号法律 | 自然灾害预测和预防规划 | 短期措施 | 流域或区域 | 无干旱风险指示 | |
| 第 36/1994 号和 DPCM 47/1996 号法令 | 干旱风险区域确认(仅适用于市政供水) | 短期和长期措施 | 最佳地理单位(OTU) | 未明确干旱风险区 | |
| 第 152/1999 号法令和 CIPE 21/12/1999 决定 | 易受干旱和荒漠化影响地区的个性化和相关保护措施的定义 | 长期措施 | 水文分区 | 仅在少数情况下包含脆弱地区 | 保护规划内容的确认 |

第183/1989号法律虽然没有明确提及干旱,但是它可以根据流域规划的指示,为有效抗旱减灾打好基础。虽然这些少数经批复的流域规划涵盖为降低供水系统在干旱下的脆弱性而采取的行动(长期措施),但是一般未明确提及干旱风险的应对方案。

第225/1992号法律可被视为在自然灾害已经发生并被察觉后,应采取的干预措施(短期/紧急措施)的法律依据。然而,该法在干旱问题上的适用,仅限于公共灾害的声明和涉水突发事件下紧急专员的任命上。

DPCM 47/1996法令建议使用供需平衡分析工具,来评估城市的供水短缺风险。然而,在编制最优地理单元(OTU)的计划时,通常没有特别考虑到水资源的可变性,且管理机构的任务中未指明包括干旱管理计划(或水资源应急预案)的起草。

第152/1999号法令提供了干旱和荒漠化导致缺水的具体参考资料,并规定了各地区和流域当局必须对其领域内易受干旱和荒漠化影响的地区进行核实,并最终为这些地区制订具体的水资源保护计划(WPP)。水资源保护计划是通过确保有效供水,来保证流域水资源环境质量水平的一个规划工具。虽然有部分地区已经批准了水资源保护计划,但其他地区仅仅是刚着手对其区域内的情况进行初步调查。据不完全统计,已批复水资源保护计划的区域清单如下:截至2004年底,有马奇、皮埃蒙特、拉兹奥、利古里亚、伦巴第、艾米利亚-罗马涅和威尼托;2005年有托斯卡纳和撒丁尼亚;2006年有瓦莱达奥斯塔。尽管有了上述立法规定,但却并不总能取得预期结果,一般而言,各地区批准的水资源保护计划只是稍微提及干旱和荒漠化问题。艾米利亚-罗马涅就是个成功的例子,在其计划中,根据流域管理局的前期研究成果和干旱指数SPI的空间分布确定了干旱敏感地区范围(Regione Emilia Romagna,2004),它还将保护行动分为四类:土壤保护;可持续水资源管理;减少对生产活动的影响;减少对土地资源的影响。此外,该区域还确定了农业和工业等领域干旱管理方案的技术标准。

威尼托地区(Regione Veneto,2004)是水资源保护计划的另一个典型成功案例。该地区由于水资源的过度开发和频发的野火,制定并通过了《应对荒漠化区域方案》(2000年6月),将山麓地区确定为易荒漠化地区,并将地下水的限量供应作为该地区的保护措施之一。

此外,撒丁岛地区(Regione Sardegna,2004)基于区域农业气象局之前关于荒漠化脆弱性的研究(SAR,2004),通过4个指标(土壤质量、气候质量、植被质量和区域管理质量)进行评估,确定了易荒漠化的区域范围。虽然水资源保护计划的许多内容都对降低干旱风险起着积极的作用(例如与水库蓄水量相关的预警等级),但它还是未能提供具体的减灾措施。另外,这些地区还计划进行新的调查,基于地理信息系统,监测受干旱和荒漠化影响的区域,以便出台保护这些地区的具体法律。

## 16.4.3 一项关于干旱管理法律和体制框架的提案

如前所述,意大利在干旱水资源短缺风险应对方面的实际立法还远远不够。最近出台的关于环境保护的第152/2006号法令,并没有改善以往法律在干旱应对方面的相关指示。

最近的一项提案（Rossi，2004）特别强调立法的必要性，立法能为有关组织机构之间的能力共享提供一个综合框架，以提升抗旱准备、应对和执行能力。该法将由环境保护部门颁布，内容包括：缓解干旱的长期措施和短期措施清单；各相关机构部门的明确职责分工；干旱预防及抗旱措施通用标准和准则，作为区域层面抗旱工作的行动指南。

图 16.2 简要地展示了与抗旱管理能力共享有关的提案，以及在共享过程中不同类型机构之间的联系，这些提案主要针对要实施的抗旱干预措施，来减缓干旱所致的缺水问题。显然，所有规划文件都应像欧盟第 2000/60 号指令要求的那样，能够预见到广泛的信息，并共享要实行的干预措施。除此之外，为避免规划执行时出现令人无法接受的拖延情况，所有的规划文件都应采用有效的激励和惩罚机制。

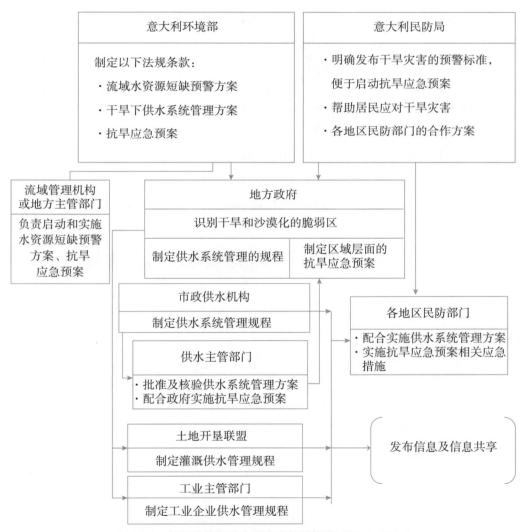

**图 16.2　与抗旱管理能力共享有关的提案（Rossi，2004）**

## 16.5　抗旱措施的选取准则

抗旱措施的选取准则应包括采用积极主动的办法、确定短期和长期抗旱措施的最理想组合、比较和排序备选方案的适当工具等,具体讨论如下。

### 16.5.1　采取积极主动的办法

第一项抗旱措施的选取准则是:有必要采取积极主动的抗旱方法,而不是目前采用的被动办法,实际上,被动的抗旱方法是远远不够的,因为干旱现象开始并被察觉后再制定应急措施往往意味着财政资源的浪费。相反,为应对干旱水资源短缺风险,积极主动的办法似乎更为合适,使用这种方法主要包括两个不同的阶段:避免和(或)减少紧急缺水的计划筹备阶段和干旱事件发生前、期间及之后的计划实施阶段。

在对水资源满足长期发展需要的能力进行初步评估之后,主动抗旱的第一阶段为:分析供水系统的不同要素来评估水资源短缺风险,进行经济、社会和环境调查,确定易受干旱现象影响的因素(图16.3)。在分析干旱对不同部门领域的影响之后,在规划文件(特别是流域综合规划或流域分区管理规划)中确定了长期干预措施,这些规划并不是专门针对干旱管理的,但它们可以发挥重要作用,通过增加供水和(或)减少用水需求(或减少耗水)来降低供水系统在干旱下的脆弱性。在这一阶段中,还包括两个直接与抗旱行动有关的两个计划,即供水系统管理计划和抗旱应急计划,前者应包括由各供水系统的管理机构为避免真正发生缺水紧急情况而采取的措施,而后者应包括干旱导致严重影响时应采取的短期措施。

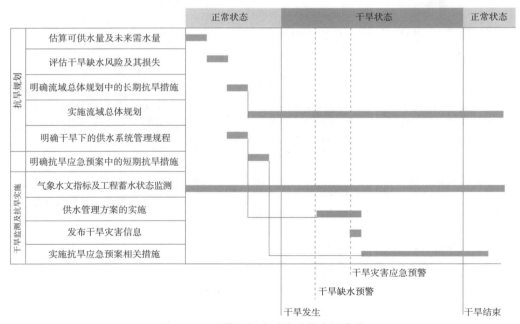

**图16.3　干旱积极应对方法的主要步骤**

在主动抗旱的第二阶段,需要连续监测水文气象变量和蓄水状态,以确定可能出现的水危机情况,并在水危机事件发生前采取必要措施。然而,若无法避免水危机(经政府部门确定之后),则将执行干旱应急计划,直至恢复到正常情况。显然,积极主动的抗旱方法虽然比传统方法更为复杂,但是更有效,因为它允许提前实施缓解干旱的措施(包括:长期和短期措施),以提高抗旱干预措施的效果和质量。

## 16.5.2 确定长期和短期抗旱措施的最理想组合

同时采取长期和短期抗旱措施,是评判抗旱措施有效性的第二个准则。根据抗旱措施的统一分类,可以区分如下。

实施长期抗旱措施旨在降低供水系统在干旱下的脆弱性。这些长期抗旱措施已被纳入水资源综合规划(干旱缺水战略防备方案纳入流域综合规划或流域分区管理规划)。而且,这类长期措施可供设计干旱等级下,超过固定概率的干旱事件应对方案的参考。

实施短期抗旱措施旨在减轻干旱事件发生后造成的损害,降低比设计干旱等级(在长期抗旱措施中已考虑到)还要严重干旱的影响。这些短期措施应被纳入预先制定的应急方案。当监测系统显示有旱情时,管理者将执行该方案。

表 16.6 和表 16.7 分别列出了不同领域(工业、农业等)的长期和短期抗旱措施的分类情况,共分成 3 类,在前文已作阐释。

表 16.6　　　　　　　　　　　　　　长期抗旱措施(据 Rossi,2000 修订)

| 分类 | 具体措施 | 涉及领域 | | | |
|---|---|---|---|---|---|
| 降低需水 | 节约用水的经济激励措施 | U | A | I | R |
| | 减少耗水量的灌溉技术 | | A | | |
| | 旱作物取代灌溉作物 | | A | | |
| | 城市用水采用分水质供水 | U | | | |
| | 工业用水提高循环利用率 | | | I | |
| 增加供水 | 双向交换的供水网络 | U | A | I | |
| | 处理后废水的再利用 | | A | I | R |
| | 跨流域和流域内的引调水 | U | A | I | R |
| | 新建水库或增加现有水库的库容 | U | A | I | |
| | 建造农场池塘 | | A | | |
| | 咸水或海水淡化 | U | A | | R |
| | 控制渗流和蒸发损失 | U | A | I | |

续表

| 分类 | 具体措施 | 涉及领域 | | | |
|------|----------|:---:|:---:|:---:|:---:|
| 干旱损失影响最小化 | 关于抗旱准备和节约用水意识的宣传教育活动 | U | A | I | |
| | 根据各类用水水质要求，重新配置水资源 | U | A | I | R |
| | 发展早期干旱预警系统 | U | A | I | R |
| | 实施抗旱应急计划 | U | A | I | R |
| | 干旱保险计划 | | A | I | |

注：U=城市；A=农业；I=工业；R=景观娱乐。下同。

**表 16.7    短期抗旱措施（Rossi，2000 年修订）**

| 分类 | 具体措施 | 涉及领域 | | | |
|------|----------|:---:|:---:|:---:|:---:|
| 降低需水 | 公共节约用水宣传运动 | U | A | I | R |
| | 限制某些城市用水（洗车、园艺等） | U | | | |
| | 限制一年生作物的灌溉 | | A | | |
| | 水价调节 | U | A | I | R |
| | 强制性配给 | U | A | I | R |
| 增加供水 | 提高现有的供水系统效率（漏水检测方案、新操作规则等） | U | A | I | |
| | 使用低质或高开发成本的额外水源 | U | A | I | R |
| | 过度开采含水层或使用地下水 | U | A | I | |
| | 通过放松生态或娱乐用途的用水限制来增加分流 | U | A | I | R |
| 干旱损失影响最小化 | 水资源临时重新分配 | U | A | I | R |
| | 公共援助以补偿收入损失 | U | A | I | |
| | 减税或延迟付款期限 | U | A | I | |
| | 农作物保险的公共援助 | | A | | |

## 16.5.3    比较和排序备选方案的适当工具

在抗旱措施的备选方案中，需要根据干旱的实际严重程度以及供水系统的脆弱性，来确定长期和短期措施的最优组合。鉴于抗旱措施的数量多、类型各不相同，所以有必要采取适当的评估程序，来选择最优组合方案。

一个可用的方法是：联合应用流域模拟模型和多准则分析方法（Rossi 等，2005）。一旦确定了短期和长期抗旱措施，并确定了评估经济、环境和社会影响的具体标准，并考虑到利益相关方表达的意见，上述方法就可以根据所选标准选择出更可取的备选方案。

图 16.4 显示的是对抗旱措施备选方案进行比较和排序的程序（Rossi 等，2006）。首先，通过计算适当的性能指标，用模拟模型来评估供水系统在当前和未来情景干旱下的脆弱性。在此基础上，提出可能的短期和长期抗旱措施，并优先考虑那些在经济、法律和体制约束方

面具有较高适用性的措施。

下一阶段是根据预先确定的经济、环境和社会标准对干旱影响进行评估；在此阶段，模拟模型也可用于对不同备选方案下的干旱影响进行初步评估。评估标准的选择取决于供水系统对干旱的脆弱性、各级管理部门的战略，以及以往干旱期间所采取的政策。一旦确定了评估标准及每种备选方案下的干旱影响，就可以通过使用文献中提出的相关技术对备选方案进行排序。最后，可以通过考虑利益相关方表达的不同观点，来选择更可取的备选方案。

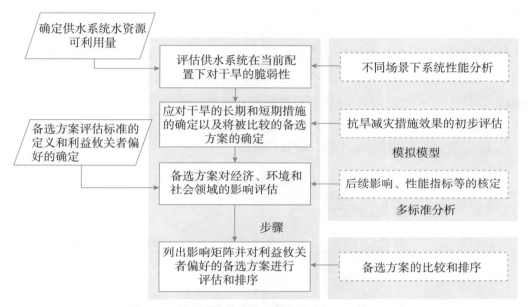

图 16.4　抗旱减灾措施的比较和排序（Rossi 等，2005）

## 16.6　抗旱措施实施框架

### 16.6.1　应对干旱风险的工具

在实施抗旱准备和行动前，应先回答一些关键问题，例如：如何知道干旱何时发生？哪个机构负责处理干旱相关的问题？什么类型的措施必须在何时实施？可采用何种工具来评估已执行措施的有效性？

综合的干旱管理就是一个全面的解决办法，它包括以下步骤：规划→监测→执行规划好的措施→管理未预见的紧急情况以及干旱损失的恢复。

同样，只要建立起一个充分的体制和立法框架，并明确地界定相关机构的任务和职责分工，就可以建立完全符合积极主动抗旱要求的战略措施。

根据第 4.3 节中所讨论的提议，干旱管理规划主要利用 3 个工具：干旱缺水战略防备计划、供水系统管理计划和抗旱应急计划，详细内容如下。

干旱缺水战略防备计划的主管机构为流域或区域水行政主管部门,应当包括以下内容:确定干旱脆弱地区的标准;针对特定供水系统制定适当的长期干预措施;确定不同用户(如市政、农业和工业)在干旱缺水情景下水量分配的优先次序;确定可接受的限制供水量;用来比较备选抗旱措施的标准;确保干旱问题充分公开的宣传工具。

各供水系统主管机构编制的供水系统管理计划的主要内容,应当包括:确定干旱指标来反映三大预警等级;确定为避免出现紧急情况而应采取的措施(长期和短期措施相结合);对措施进行成本评估并指明资金来源;提高利益相关方的参与度以及公众抗旱意识。

最后,抗旱应急计划主要是用于确定干旱发生时应采取的短期干预措施,它特别规定了干旱致灾的指标;设立抗旱机构委员会的指示(如抗旱工作队);短期抗旱措施的清单(如增加供水、减少用水需求、最大限度减少干旱影响等)及其相关成本;国家政府、地方政府和供水机构之间协调行动的特别指令;提高利益相关方的参与度,提高公众抗旱意识;干旱灾后恢复的措施清单。

图 16.5 展示了上文描述的干旱管理规划流程。

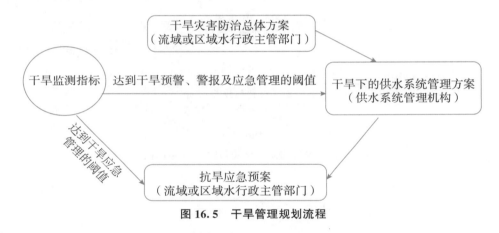

**图 16.5　干旱管理规划流程**

为了每次都能成功实现规划目标,规划编制过程必须是动态的,因此有必要对这些规划进行定期评估(每 5 年评估一次),且每次干旱发生之后都要进行评估。评估包括以下内容:确定干旱指标阈值水平的性能和适用性、长期和短期抗旱措施的实际应用效果,以及规划的总体效果。

## 16.6.2　抗旱措施的选择与实施

有效预防和缓解干旱的关键,还体现在对不同干预措施的选择和实施上。抗旱措施的选择主要基于不同用途水量分配的优先次序、干旱监测系统提供的指示以及评估干旱风险所采取的方法等。为此,在《地中海干旱预防和抗旱减灾规划》中取得的结果可能是有参照意义的(Medroplan,2006),这些结果被收录在干旱管理准则的草案中。

首先,干旱管理干预措施的选择必须优先考虑两个事项:第一,确保为公共卫生、安全和福利提供充足的生活用水;第二,尽量降低干旱对经济、环境和社会福利的负面影响。

　　干旱监测系统应提供气象条件、地表水和地下水可用水量以及干旱监测和预测指数等相关信息。此外,干旱监测系统不仅支持使用水文干旱指数,还支持使用描述社会、经济和环境干旱后果的相关指标。

　　干旱风险评估应参照不同抗旱措施对应的阈值水平,如预警、警报和紧急情况,图 16.6 显示了阈值和相应的目标。

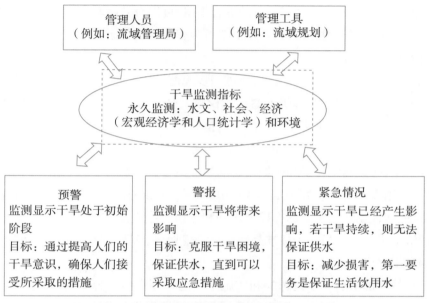

**图 16.6　拟采取的措施不同阈值和相应的目标(Medroplan,2006)**

　　当监测显示干旱处于初始阶段时,就会宣布预警状态,此时干旱风险等级为中等,即约 10% 的用水需求将无法根据现有系统储水量进行满足,这个阶段是要做好准备以防旱灾加剧。这意味着要提高公众对干旱可能造成的社会影响的认识,来确保当干旱加剧时公众能接受需要采取的相关措施。在预警状态下采取的一般是间接措施,由利益相关方自愿实施,且通常成本较低。

　　当监测显示干旱正在发生,若不立即采取措施,未来可能会产生较大影响时,就会宣布进入警报状态。在这种情况下,近期缺水的可能性很大(大于 30%)。警报的目的是通过制定节约用水政策,调动更多的水源供应来避免出现干旱紧急情况。尽管在警报状态下,采取的措施可能对利害相关方产生重大影响,但他们一般都是直接的、强制性的措施,而且实施成本一般较低、中等。大多数措施都不是结构性的,而是针对特定的用水群体,其中需求管理措施包括对用水的部分限制,限制了特定用户的用水优先权,但不会影响生活饮用水以及水量交易。

　　最后一种情况就是紧急情况。当干旱指标显示灾害影响已经发生,且如果干旱持续下去则无法保障供水时,就会宣布进入紧急状态。其目的是减轻旱灾影响并最大程度减少损失。它优先满足人们对生活饮用水和作物用水的最低需求。紧急情况下采取措施,要付出较高的经济和社会成本,而且它们多是直接性和限制性的措施,而部分特殊措施可以是非结构性的,例如限制所有用户的用水量、发放旱灾补贴、提供低息贷款等。

## 16.7　结论

减轻干旱影响是水资源管理中最具挑战的难题之一。通过制定并实施一项由规划、监测、规划执行、应急措施及灾后恢复组成的综合策略,可以有效减轻干旱影响。然而,这样的策略非常依赖于法律框架的支持,该法律框架可为有效地进行干旱管理提供规划工具,同时明确各部门的权限和责任分配。

首先,本章提出了一项立法提案,旨在进一步规范干旱引起的水资源短缺风险预测和预警活动。除了具体的规划内容和明确的机构权限划分外,该立法提案还应符合技术和管理要求的截止日期,以及相关机构违约时的惩罚措施。

其次,正确的干旱管理应建立在长期和短期抗旱措施相结合的基础上。在几种可能采取的备选方案中,必须确定长期和短期措施的最优组合。特别要注意的是,为了选择抗旱措施最优组合,使用多标准分析方法是非常有用的,因为它能够考虑到有关利益群体所表达的不同观点,且能够根据预先定义的标准来识别和选择更好的替代方案。

正确缓解干旱状况的另一个标准是动态抗旱规划,包括干旱缺水战略防备计划、供水系统管理计划和干旱应急计划。

综合干旱管理的最后一步是选择和实施不同的干预措施。为此,必须考虑三个主要因素:各种用途水的水量分配的优先顺序、干旱监测系统提供的信息以及评估干旱风险的方法。针对干旱风险评估,制定差别化的风险等级水平(预警、警报和紧急状态),实施相应的抗旱措施,将具有重要价值。

总之,综合的干旱管理策略是减轻干旱影响的关键一步,因为它可使人们从被动应对干旱,转变为主动抗旱,人们普遍认为化被动为主动是取得抗旱减灾成功的最好方法。

### 本章参考文献

Cancelliere A, Mauro G D, Bonaccorso B, et al. Drought forecasting using the standardized precipitation index[J]. Water resources management, 2007, 21:801-819.

Dziegielewski, B. Drought preparedness and mitigation for public water supplies[A]. Wilhite D A. Drought: a Global Assessment[C]. London: Routledge, 2000.

Medroplan. Drought Management Guidelines (Draft). Regione Emilia Romagna Piano di Tutela delle Acque[EB/OL]. http://www.ermesambiente.it/PianoTutelaAcque.

Regione Veneto. Piano di Tutela delle Acque[EB/OL]. http://www.regione.veneto.it/Terri-torio+ed+Ambiente/ Ambiente/ Acqua/Ciclo-Acqua/ Piano+di+ Tutele+delle

+Acque. htm.

Rossi G. Drought mitigation measures: a comprehensive framework[A]. Drought and Drought Mitigation in Europe[C]. Dordrecht:Kluwer Academic Publishers,2000.

Rossi G. Requisites for a drought watch system[A]. Tools for drought mitigation in Mediterranean regions[C]. Dordrecht:Kluwer Academic Publisher,2003.

Rossi G. Prevenzione e mitigazione delle carenze idriche dovute a siccità[J]. L'Acqua, 2004, 4: 9-22.

Rossi G. Siccità: dalla gestione dell'emergenza alla gestione del rischio di deficienza idrica[J]. L'Acqua, 2005, 3: 117-127.

Rossi G, Cancelliere A, Giuliano G. Case study: multicriteria assessment of drought mitigation measures[J]. Journal of Water Resources Planning and Management, 2005, 131 (6): 449-457.

Rossi G, Cancelliere A, Giuliano G. Role of decision support system and multicriteria methods for the assessment of drought mitigation measures[J]. Drought management and planning for water resources, 2006: 203-240.

Servizio Agrometeorologico Regionale per la Sardegna (SAR). Carta delle aree sensibili alla desertificazione, a cura di Motroni[R]. Basilicate:SAR, 2004.

Water Scarcity Drafting Group(WSDG). Water Scarcity Management in the context of WFD[R]. Salzburg:WSDG,2006.

Werick W J. National study of water management during drought results oriented water resources management[A]. Proceedings of the 20th anniversary conference: Water management in the 90s[C]. New York:ASCE,1993.

Whipple Jr W. New perspectives in water supply [M]. Boca Raton: Lewis Pubblication,1994.

Yevjevich V, Hall W A, Salas J D. Drought Research Needs[M]. Fort Collins:Water Resource Publication,1978.

Yevjevich V, Da Cunha L, Vlachos E. Coping with droughts water resources[M]. Fort Collins:Water Resource Publication,1983.

# 第 17 章　干旱对农业的影响：
# 水源涵养和节约用水管理

L. S. Pereira

葡萄牙里斯本理工大学农艺学院

**摘要：**本章主要修订了农业特别是旱作农业和灌溉农业部门所采用的抗旱措施。采取这些措施能减少用水需求量和消耗量，从而达到减轻干旱影响的目的。本章的分析重点是水源涵养、节约用水实践和管理措施实施后，对降低用水需求量和消耗量，以及提高用水效率和效益所发挥的作用。

**关键词：**旱作农业；灌溉农业；灌溉方式；非充分灌溉

## 17.1　水源涵养和节约用水的概念与方法

水源涵养和节约用水这两个术语，一般与缺水时的水资源管理有关，但它们具有不同的含义，其含义与对应的学科和水的用途有关。通常，这两个术语被看作同义词，水源涵养指的是旨在节约或保护水资源以及防治水质退化的每一项政策、管理措施，而节约用水的目的是限制或控制任何用水需求，以避免水的浪费和滥用。虽然这两个术语在实践中是相辅相成和相互关联的，但是它们不应该被当作同义词。

当干旱引发缺水时，为了做到节约用水，需要采取与其他缺水情况相同的政策和做法（Pereira 等，2002），然而，应对干旱需要区分防范（主动抗旱）和应急（被动抗旱）措施，前者指的是在干旱期间和干旱发生之后，根据干旱的严重等级和影响程度采取相应的措施。

制定干旱防范措施相当于风险管理，即制定保护农业和其他易旱部门免受干旱影响的措施（图 17.1）。首先，干旱防范包括相关措施的准备，尤其是准备与干旱发生时要处理的预期问题相对应的减灾措施，即制定抗旱应急计划；对天气和全球环流异常的观测，如：北大西洋振荡（NAO），最理想的情况是通过干旱天文台或干旱观测系统（Rossi，2003）进行观测；对未来气象资料、干旱情况的预测模型构建（Paulo 等，2005；Paulo and Pereira，2007）；对干

旱跟进,以描述干旱演变、干旱等级以及干旱结束时间。干旱减缓措施是在干旱期间实施的,其特征取决于干旱的严重程度及其影响。

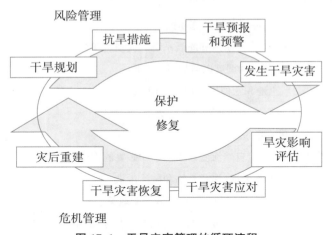

**图 17.1 干旱灾害管理的循环流程**

(来源:美国国家干旱管理中心、美国内布拉斯加大学)

制定被动抗旱措施相当于危机管理,旨在恢复受干旱影响的系统(图 16.1),被动抗旱措施包括干旱影响评估,以及旨在恢复平衡状态的干旱应对、恢复和重建措施。

干旱对农业的影响主要取决于作物种类和种植模式,干旱发生在作物生长周期的哪个阶段,以及可能用来补偿短缺水资源的可利用量。此外,干旱对农业的影响还取决于干旱的严重程度和持续时间。对一年生雨养作物而言,如果降水稀少但恰好满足了它的最低需水量,那么作物就能实现产量目标;如果作物在生长关键时期没有降水,那么可能无法实现产量目标。对多年生雨养作物而言,如果作物的根系能够探测到更深的水,那么干旱的影响可能较小;但如果土壤较浅且土壤没有足够的水分储备,那么作物将受到较大的影响。如果以地下水为主要灌溉水源或在干旱加剧之前将地面水库蓄足水量,灌溉就能克服干旱的影响;但是如果蓄水不足,那么灌溉对于减轻干旱影响的作用将十分有限。此外,是否要采取非充分灌溉战略,则取决于多种因素,如:商品价格的变化等,如果非充分灌溉下干旱造成的产量损失超过了经济限度,那么非充分灌溉战略可能无法实施。

在实践中可能发生各种情况,水源涵养和节约用水措施能否有效减轻干旱影响难以评估。尽管涵养水源、节约用水都能为有限水资源利用创造更好的条件,二者都倾向于减轻干旱的影响,但是其抗旱效果取决于当地情况以及管理者应对干旱的能力和手段。下文将对水源涵养和节约用水进行详细综述。

## 17.2 通过水源涵养和节约用水来应对干旱

水源涵养指的是一系列旨在更好地利用现有水资源或在正常情况之外增加水资源而采

取的措施和做法(表 17.1)。

表 17.1 　　　水源涵养的措施和做法及其在抗旱中的相对重要性(Pereira 等,2002)

| 水源涵养的措施和做法 | 相对重要性 |
|---|---|
| 建立气象和水文信息系统以支持水库和灌溉系统的规划、实时操作与管理 | H |
| 水库蓄水和调度以增加可用水量 | H |
| 土地和水使用规划和管理 | L |
| 加强水质管理的措施和做法 | L |
| 改善供水系统的运行、维护和管理条件 | H |
| 出于生态目的,维持自然河流和水体中的必要的排放 | L |
| 控制地下水抽取、注意补给和防治污染 | L |
| 针对普遍存在的问题执行水资源分配政策 | H |
| 特定用途下,通过经处理的废水、排污水和低质水的再利用来增加可用水资源 | H |
| 开发非传统水源 | H |
| 开发终端用户节约用水技术 | H |
| 针对旱作物和灌溉作物,采用不同的水土涵养方法 | H |
| 恢复土壤质量和加强作物管理 | L |
| 防治盐碱化 | L |
| 发展水管理的参与机构,包括法律和监管措施 | M |
| 采用有利于提高用水效率、污水处理、再利用的水定价和财政奖励办法 | H |
| 对水浪费和滥用资源行为进行惩罚 | H |
| 提高公众对水资源的经济、社会和环境价值的认识,包括对自然保护区的认识 | H |

注:H 表示重要性非常高;M 表示重要但没有第一优先权;L 表示重要但有低优先级。下同。

在干旱发生前,所采取的水源涵养措施包括:

1)开发建立干旱监测系统,并将这些监测系统看作气象水文信息系统的组成部分;

2)预测干旱的发生、演变和结束时间,以及不同等级干旱之间的转换;

3)加强水库蓄水和调度管理,以减轻干旱期间水量减少的影响,此外,加强供水系统的运行、维护和管理条件,降低管网漏损,提高供水灵活性;

4)控制大规模的地下水开采,并制定开发利用与保护规划,以增加干旱期间地下水资源的可用水量;

5)考虑水的社会、经济、环境等的多用途属性,制定干旱期间执行的水量分配政策;

6)规划在干旱期间增加水资源可利用量的方案,包括废水再利用和非常规水资源的利用方案;

7)开发出由终端用户采用的节约用水技术,以减少用水需求并控制水资源的浪费;

8)完善干旱防范相关的体制机制,保障抗旱措施得到及时应用;

9)完善水价和财政奖惩机制以减少水的消耗和使用,避免水的浪费和滥用,控制废污水排放,避免水质出现恶化;

10)提高公众对水的经济、社会和环境价值的认识,从而推动抗旱减灾措施的实施。

当干旱发生时,为减轻旱灾损失而采取的水源涵养措施包括:

1)利用干旱监测系统,监测干旱的发生、发展和结束,并为决策者和用水户提供信息;

2)调整水库和地下水管理规则;

3)实施以抗旱为导向的水量分配和调度政策;

4)采取农田蓄水和水土保持的做法,这些做法在干旱期间不起作用,但在干旱开始之前必须做到位。

水源涵养措施必须与节约用水方案相结合,但是这些方案基本上属于被动做法。表17.2 概述了为缓解干旱所采取的节约用水措施和做法。

**表 17.2　　　节约用水的措施和做法及其在抗旱中的相对重要性(Pereira 等,2002)**

| 节约用水的措施和做法 | 相对重要性 |
|---|---|
| 减少水库的蒸发损失 | H |
| 减少水渠和管道的漏失 | H |
| 控制水渠和其他液压基础设施的溢漏 | H |
| 为决策者、供水系统管理和改善用水信息系统(干旱观测系统) | H |
| 实施水库和地下水管理规则 | H |
| 实施以水资源缺乏问题为导向的水量分配和输水政策 | H |
| 采用需求减少的作物,改进种植模式(抗旱种植模式)和灌溉技术 | H |
| 采用旨在控制由农用化学品、肥料和侵蚀沉积物导致的非点源污染的种植和灌溉技术 | L |
| 采用非充分灌溉的做法 | H |
| 采用有利于盐度管理的灌溉和排水的做法 | H |
| 采用农田蓄水和土壤蓄水的做法 | H |
| 将用劣质水处理后进行灌溉 | H |
| 水价格政策与使用的水量、具体用途和用水效率挂钩 | H |
| 减少水需求量和消耗量的奖励措施 | L/M |
| 惩罚过度用水以及低质排污、回流的行为 | H |
| 将促进终端用户节约用水的工具和做法进行宣传和推广 | H |

## 17.3　旱地农业节约用水研究

旱地农业也被称为雨养农业,是指无灌溉的作物生产活动,作物的需水量完全由季节性降雨来满足。通常情况下,旱地农业主要分布在干旱缺水地区,因为该地区在雨季的降水量足以满足作物的生长和生产需要,但其产量通常比灌溉农业低,受降水量变化趋势的影响,每年的产量变化幅度很大。在缺水条件下,为保障正常的农业生产活动,通常需要使用水源涵养的措施。

旱地农业的水源涵养措施与其他地区可能很不一样,具体包括:选择受雨水亏缺影响较小的作物、采用有利于提高作物摆脱水分胁迫能力的种植技术、有助于保持土壤中水分供作物使用的土壤管理方法等。针对该问题,Unger 和 Howell(1999)就此发表了一篇综述型论文。

通常,旱地农业的水源涵养技术是指提高土壤渗透和储存水量的技术。然而,它还包括提高作物水分生产率的其他技术,其中水分生产率是指单位水量产生的作物产量。事实上,通过提高水分生产率,水的使用效率得到了改善,作物用水的需求量得到了控制,其他类型的用水量得到了满足。

在旱地农业中,作物品种的选择要考虑到它们对水分胁迫条件的耐受力,这些条件也是它们生长环境的特征。总体而言,这些作物是相当于几个世纪以来自然环境中原生植物的驯化产物,但是在过去的几十年里,通过科学的植物育种和改良方案,引进了新的品种,最常见的粮食作物是谷物中的小麦、大麦和小米,以及豆类中的黄豆、豇豆和鹰嘴豆,以及向日葵和红花(safflower)。

根据作物的生理和形态以及相关特征,Pereira 等(2002)对作物水分胁迫的抗性机制做了总结。植物育种家和生理学家通常使用"抗旱性"这一术语来描述水分胁迫的抵抗机制。这些抵抗机制有三大类:逃旱性、避旱性、耐旱性。

逃旱性是干旱环境中植物生理的典型特征,干旱环境使植物能够摆脱长时间的水分胁迫,例如作物生长速度非常快,生物周期很短,或者具备有利于减少供水不足影响的形态特征。

避旱性是指减少水分蒸腾作用,为从土壤中汲取水分创造良好条件的植物特性。这些特性增加了水蒸气从植物向大气输送的阻力,从而减少了水分蒸腾量。但是,由于植物光合作用受到影响,产量降低了。

耐旱性包括使其能够应对缺水的植物特性,即细胞内压的调整后细胞组织中保留水分的能力、在蒸腾减少的情况下保持光合作用的能力以及控制叶片衰老和脱落的能力。干旱地区的许多灌木就拥有耐旱性。同样,随着蒸腾量的减少,光合作用也减少了,作物的产量也很低。但是,这些特征在作物改良方案中是很有用的。

包括基因编辑育种在内的作物育种研究尽管取得了明显进展,但其结果仍然有些令人失望。改变作物对水分胁迫反应的基因数量过多使基因编辑育种变得困难,研究进展缓慢。相反的是,侧重于对特定疾病或盐度抗性的作物改良取得显著成功,至少对某些作物品种来说是如此。作物对水分胁迫的反应通常与作物的产量响应是相反的,即耐水分胁迫的作物品种往往比其他同类作物的用水量更少,但是其产量却比易受水分胁迫的品种要低,因此农民很难接受该耐旱作物品种。此外,作物对水分胁迫的反应,受到其他环境因素,如风和温度,以及种植条件等的影响(Wilkinson,2000)。

受作物育种方案的局限性,研究还着眼于评价水分利用效率(单位耗水量的作物产量)和水分生产率(单位用水量的作物产量,在干旱和半干旱地区较为常用)。这些研究的实验往往对水量—作物产量响应的评估,与改进的作物管理技术等评估相结合,如:施肥、土壤耕作、种植的日期、水源涵养等因素。此外,还考虑了灌溉水量是否处于作物水分胁迫的关键时期的因素。最大限度地提高水分生产率通常是不被接受的,因为较高的水分生产率可能不利于提高土地生产力,从而不利于农民获得更高的收入。然而在干旱的情况下,当干旱的主要限制因素不是土地而是水时,那么这个目标可能是可以接受的,并且有望用同样数量的水,来增加灌溉面积(Pereiraet 等,2002)。

作物管理。旱地农业的水源涵养措施主要是指作物管理技术和土壤管理实践。表 17.3 概述的应对干旱缺水问题的作物和土壤管理措施主要包括三类:

1)作物风险管理的措施依靠作物管理技术,旨在最大限度减少作物歉收的风险,并利用现有可用的降水量来进一步增加作物产量。

2)降低缺水和水分胁迫对作物生长和产量的影响的相关措施。

3)基于水源涵养的种植措施。该技术旨在增加可用的土壤水分,通过控制蒸发造成的土壤水分流失,最大限度地减少杂草的蒸腾作用及其对水分的竞争,同时还可以在水分胁迫极端严重时减少作物的水分蒸腾作用。这些基于水源涵养的种植技术与土壤管理密切相关。

土壤管理。土壤管理措施主要是指有利于降雨渗入土壤的耕作和土地开发方法,具体包括促进根系在土壤内蓄水,收集径流以渗入土壤,控制土壤和杂草的蒸发损失,将从植物的根系中提取的水分用于作物的生长等(表 17.3)。

**表 17.3　　　　　　应对供水短缺问题的作物和土壤管理措施(Pereira 等,2002)**

| 措施 | 效益 |
|---|---|
| **1.作物风险管理** | |
| 在作物耕作模式的选择中,考虑可利用的雨季降雨量以及作物的水分生产率 | 降低干旱期水分亏缺的影响 |
| 可能发生干旱时,选择耐旱能力强的作物品种 | 对产量的影响较小 |
| 使用短周期作物/品种 | 降低作物需水量 |
| 雨季开始后种植 | 确保作物生长 |
| 早播种 | 规避在收获期受水分亏缺影响 |
| 牧草作物早收割 | 避免作物退化 |
| 遭干旱损坏的田地用来放牧 | 在粮食减产时,用于替代 |
| 在旱地作物生长关键期补充灌溉 | 当干旱发生时,避免作物减产 |
| **2.控制水分胁迫效应** | |
| 可耕种的裸露土壤休耕 | 土壤水分增加 |
| 易干旱地区种植大间距乔木作物,一年生大行距作物和低密度播种谷物 | 植物可利用的土壤体积大,有效土壤水分增加 |
| 降低施肥率 | 适应减产潜力和尽量减少盐的影响 |
| **3.涵养水源的灌溉技术** | |
| 水土保持耕作 | 控制土壤水分蒸发的损失 |
| 适当的种子安置法 | 预防种子周围的土壤快速干燥 |
| 沟底播种与洼地种植 | 将土壤含水率置于其中的根系 |
| 将根系放在土壤储水更好的地方,控制杂草的萌发 | 缓解水资源亏缺影响,避免除草剂对作物的影响 |
| 早期落叶 | 减少作物的蒸腾作用,可用树叶喂养动物 |
| 防风林 | 减少风对蒸发的影响 |
| 抗蒸腾剂和反射剂,减少植物蒸腾 | 植物蒸腾减少 |
| **4.以水源涵养和径流控制为目的的土地管理** | |
| 实施土壤表层耕作,增加土壤表面粗糙度 | 在发生洪涝积水时,增加雨水入渗时间 |
| 沟和脊(等高或分级)的耕作 | 控制径流和侵蚀,将雨水在沟里储存,增加入渗时间 |
| 残留物和作物覆盖 | 达到径流阻滞效果,增加雨水的渗透量 |
| 修建沟堤 | 雨水储存在沟盆/坑内,入渗量增加 |
| 床面栽培 | 控制径流,增加雨水渗入 |
| **5.增加土壤渗透水量的土壤管理** | |
| 改善聚合的有机物 | 改善土壤团聚并增加渗流 |
| 实施保护性耕作 | 改善土壤团聚并增加渗流 |

| 措施 | 效益 |
|------|------|
| 地膜覆盖和作物残留 | 加强土壤表面保护,改善土壤团聚并增加渗流 |
| 流量控制 | 降低土壤压实度并增加种植区水的渗流 |
| 增加土壤团聚性 | 有利于改善土壤团聚并增加渗流 |
| 6.增加土壤储水的土壤管理 | |
| 松土耕作 | 增加土壤孔隙度,增强土壤水分的传递和保持 |
| 实施下层土壤耕作 | 改善土壤水分的输送和储存,增加土壤深度利用 |
| 黏土层深耕/剖面改良 | 增加渗透和土壤深度利用 |
| 盐渍土壤的化学和物理处理 | 增加渗透和土壤深度利用 |
| 7.控制土壤蒸发的土壤管理 | |
| 浅耕种植 | 增加土壤保水性 |
| 采用化学表面活性剂 | 降低表面张力 |
| 坡地径流控制的土地管理:梯田、等高线脊和带状田 | 减少径流、增加降水入渗、提高土壤含水量 |

众所周知,这些做法对旱作农业的节约用水和水源涵养起着积极的作用。然而,使用任何土壤管理技术的结果都取决于土壤的理化性状、土地形态和地貌、气候及使用的工具类型等因素。这些因素相互作用,在作物产量方面产生了不同的影响。因此,当一种技术被引入一个特定的环境时,并且与当地农民普遍采用的行之有效的做法有很大的不同时,建议在被广泛采用之前应进行适当的测试。然而,无论农场大小、耕田工具类型或土地耕作条件如何,旨在涵养水源的土壤管理原则都是普遍适用的。

旨在涵养水源的土壤管理措施,通常与水土保持的做法相同,也就是说,它们不仅为作物的生长提供了更多的土壤水分,还有助于控制土壤侵蚀和土壤的化学退化,导致土壤入渗速率、入渗总量、土壤蓄水量和径流量的变化,可能会改变局部水量平衡状态。旨在涵养水源的土壤管理措施,可分为以下几类:

1)控制土壤表面的径流,并改善土壤表面的保水性,使更多的雨水能够渗透到土壤中,并为渗透提供更多的时间机会。

2)提高土壤渗水速率,主要是指增加土壤渗水和保持高渗透速率,由此减少雨水的流失或蒸发。

3)通过改善土壤持水特性、增加土壤根区深度或者改善土壤水分的汲取条件等,来提高土壤蓄水能力。

4)控制土壤水分蒸发,可以通过很多方式实现,但主要还是通过改变地面覆盖的条件来控制。

5)坡地的径流控制,即坡地的水土流失控制,该措施主要通过减小坡长、降低坡度、改变土地形态等为坡地的水源涵养提供条件。

6)径流集蓄,这一在干旱地区使用的措施能最大限度地提高用于作物的降雨量比例,包括:微集水、微流域蓄水、径流农业和水流扩展灌溉,但是这些措施通常不用于干旱缓解。

## 17.4 灌溉农业中的水资源节约与保护

### 17.4.1 概述

干旱缺水条件下的灌溉需求管理,主要是指减少作物灌溉需水,这就需要提高灌溉的执行效率,既要加强节约用水、控制系统水量损失、增加单位用水量的作物产量,也要采取农艺、经济和技术方面的措施和管理决策。灌溉用水需求管理要实现的目标可概括如下。

1)降低用水需求。通过选择低需求作物的品种或作物模式,采用非充分灌溉法,即灌溉不足会刻意产生作物胁迫,能达到减少需水量的目的。此举是出于节约用水的考量。

2)实现水资源的节约与保护。这主要是通过完善灌溉系统,尤其是提高水资源分配的均匀性和利用效率,再利用溢出水和径流回流,控制土壤蒸发,以及采用适合于增加土壤贮水的土壤管理措施来实现。

3)提高单位用水量的作物产量。则需要采用最佳耕作方式,也就是采纳的方式必须很好地适用于当前环境,而且在关键时期还需要避免出现作物胁迫。这是在农艺和灌溉举措的共同作用下所做出的改进。

4)增加农民收入。即种植高质量作物,或经济作物,此项改进主要是出于经济层面上的原因。

前文详细探讨了灌溉需求管理在农艺方面的相关措施,其核心是作物品种的改良,如提高作物的抗水分胁迫能力和水分生产率,采用先进种植技术、加强水源涵养及土壤管理等;而经济决策措施的核心是灌溉需水量较低类型的作物,耕作方式的决策过程包括节约用水措施的经济效益及可行性评估。本节将重点阐述灌溉需求管理中的相关技术,涉及灌溉过程中的一些实际操作。

灌溉需求管理通常是指灌溉制度的管理,而不是针对灌溉方法,因为灌溉方法对于需求管理而言,仅起到次要作用。一套综合的灌溉方法是必需的(Pereira,1996;1999)。灌溉制度是指农民的用水决策过程,如"什么时候灌溉""每次灌溉多少水";而灌溉方法关注的则是"如何"将水灌溉到合适的深度及灌溉时间,换句话说,就是灌溉的频率,这取决于作物的生长阶段、对水分胁迫的敏感度、气候要求以及土壤水资源的可利用性等多种因素。然而灌溉频率取决于灌溉方法,即通常与农田灌溉系统相关的水深,因此,灌溉方法和灌溉制度相辅相成,互相关联。

灌溉制度的设计需要充分了解作物需水量、作物产量对水分的响应关系(Allen 等，1998)，灌溉方法的特定约束和农田输水系统(Pereira and Trout，1999；Pereira 等，2002b)，以及供水系统自身供水能力的制约因素，同时也要考虑灌溉行为的经济效益回报。改进灌溉方法时，需要考虑诸多影响水力过程的因素，包括入渗至土壤的水量以及整个农田的用水均匀性等。因此，下文将从灌溉系统和灌溉制度两个方面探讨面向干旱缺水问题的灌溉需求管理。

### 17.4.2　灌溉系统

目前在农田灌溉中一般使用以下几类性能指标：灌溉水量分布均匀性 DU、灌溉用水效率 AE。

灌溉水量分布均匀性通常用来评价水资源应用到整块土地的均匀度，即入渗水量较低的 1/4 土地平均入渗水深与整个土地的平均入渗水深之间的比值(Burt 等，1997；Pereira，1999)。分布均匀性本质上取决于灌溉系统的特性，受农民管理的影响较小，换句话说，只有当农民管理好灌溉系统，且灌溉系统的设计和维护都不错的情况下，DU 值才会高。如果灌溉系统的设计和维护都不尽如人意，DU 值则肯定较低(Pereira 等，2002b)。

灌溉用水效率是指灌溉到根区的平均水深和实际被田间利用的平均水深之间的比值，是农民衡量管理灌溉质量的标准，与灌溉时间和灌溉水量密切相关。受农田系统特性的限制，AE 取决于灌溉水量分布均匀性，一般来说，如果观察到 DU 数值较高，那么当灌溉制度合理时，AE 值也会高。

灌溉水量分布均匀性和作物产量呈正相关，这表明高 DU 值是实现高应用效率的先决条件，因此要求灌溉的水量和作物需求关系相互匹配。DU 能够较好地反映灌溉系统特征，是一个有利于节约用水且提高单位水分生产率的评价指标。正如 Pereira 等(2002)所分析的，本章主要讨论农田灌溉方法以及灌溉系统的改进优化，对灌溉水量分布均匀性的影响。

(1)地面灌溉系统

几种在实际中使用的地面灌溉方法如下。

1)淹灌。淹灌是世界上最常用的灌溉系统，淹灌指的是通过堤坝将平整田地进行包围，并进行灌水。淹灌可分为两种类型：一种是水稻灌溉，在水稻生长期内保持积水；另一种是其他类型作物的灌溉，其积水时间短，当灌溉水量渗透至土壤后，灌溉即结束。后一种灌溉方法还可分为两种类型：一般性盆地和现代平整盆地，其中一般性盆地的规模较小且平整，现代平整盆地呈放射状、平坦、规模大，且形状规整。对行栽作物而言，通常在盆地凸起的河床上种植作物，对于谷物和牧场来说，盆地内的土地通常是平整的。当土壤入渗速率适中或较低，且土壤持水能力较高时，淹灌最为实用，可进行大规模灌溉(水量>50mm)。淹灌的入流速率必须相对较大,才能使盆地快速被水淹没,从而为整个盆地的均匀渗透提供时间,而且盆地必须非常平坦,以便沿着灌溉田地均匀分配水量。

2)沟灌。沟灌是指将水灌溉于小型且形状规则的渠道中,也称为沟渠。水沿着沟渠流淌的同时,每道沟都维持较小的流量,以利于水分渗透。沟灌主要用于行栽作物,要求田地必须有一个倾斜的缓坡,流入的水流速度应不快不慢,即水流从上游端开始流入到另一端的时间必须与入渗的时间保持一致,以避免下游径流过多或上游地区入渗过度。沟灌要想达到高效,灌溉时间必须比流淌时间长,下游末端的径流通常接近所用水量的40%,该部分水量应收集储存后重复利用。

3)畦灌。畦灌是指将水灌溉于短条形或长条形的田地上,两侧筑堤,下游端开口,在上游端放水,并沿田畦移动。畦灌主要用于种植密集型作物,诸如饲料作物、果树等。该方法最适用于坡度较小、土壤渗透率适中、供水率高的地区。在缓坡上,畦灌最为常见而且非常实用,但在渗透率过大且作物生长密集的陡坡上,畦灌也同样适用。要想设计和管理好平坦的田畦,需要十分平整的土地,且水流速率应适中。

在传统的灌溉系统中,水流控制主要由人工根据灌溉设备的性能手动调控。在小盆地或边界地带以及短沟中,当水不再流淌时,灌溉设备应切断水源供应。但这种做法导致每次灌溉的水量变化很大,很难控制耗水量,所以经常导致过度灌溉。现代化灌溉系统是自动化控制,由于这些土地通常十分平整且坡度精确,可以很容易地控制灌溉供水时间和流入速率。

在地面灌溉系统中,灌溉水量分布均匀性主要取决于控制水沿田地推进的系统变量以及水在整个田地中的分布和渗透方式(Pereira 等,2002)。这些变量包括流量、土地长度和坡度,与土地平整度有关的地基均匀性,以及田间供水的持续时间等。除这些变量外,水分利用率还会收到在灌溉开始时土壤水分亏缺程度的影响。农民的灌溉技能在一些方面可发挥重要作用,如控制灌溉用水的持续时间、确定适应土壤水分亏缺的用水量以及维持灌溉系统的良好运行状态。但是如果农民要实现更高效率的灌溉,就不得不受到系统特性的限制,此外,通常还会受到供水调度规则的制约。这些规则与灌溉供水时间、持续时间和排放流量有关,且均由供水网络管理员所决定。因此,是否采用改进的调度和管理规则并不是农民所能决定的,他们也没有这个能力决定,主要的制约还是来自农场内外的系统限制。

为应对干旱缺水问题,并尽可能减少灌溉耗水量、提高灌溉水资源生产效率,可对地面灌溉系统作出改进(表 17.4),适用于所有方法的通用技术如下。

1)土地平整。减少灌溉水流推进时间,减少完成推进所需的水量,提高灌溉水量分布均匀性和利用效率,为非充分灌溉和浸出率创造更佳的环境。

2)有预期截留的灌溉。在灌溉水流推进完成之前,切断流入盆地或土地边界的水流,或在下游地区灌溉之前切断流入沟渠的水流。此项技术能减少耗水量,但经常导致 1/4 或 1/2 的土地灌溉不足。此法应用便利,但可能会影响产量和经济回报。

3)田间实地评估。监控农民土地的灌溉情况,实地评估本身不涉及节约用水一环,但它为农民和推广人员提供了大量供选择的信息,并进一步采取措施来纠正和控制渗流和灌溉入流,提高 DU 和 AE 值。采用节约用水的方法,提高灌溉的及时性和持久性,进而实现灌溉系统的有效管理和田间盐度的有效控制。

4)改进后的设计和模型。从田间实地评估结果来看,但通过选择土地大小、坡度、入流量和灌溉时间的最佳组合,为控制深层渗透、径流、浸出率应用和非充分灌溉,优化各种条件,以此达到节约用水的目的。实地评估需要推广服务的支持,结果必须建立在实地研究数据的基础之上。

**表 17.4　　　　　　　　　　　　应对供水短缺问题的改进地面灌溉技术**

| 灌溉技术 | 主要优势 |
|---|---|
| **1. 淹灌** | |
| 更高的灌溉流量、更小的灌溉宽度和/或更短的灌溉长度 | 推进时间短,所需水量少,使非充分灌溉更易使用,且更易控制浸出率 |
| 更高的田埂 | 可应对暴雨,利用于灌溉 |
| 为行栽作物提供波涌灌溉 | 推进更快,改进根系,提高种植于土床作物的存活率,轮番种植行栽作物和水稻 |
| 保持水稻盆地低水深 | 渗透损失更低,储存暴雨的条件更好 |
| **2. 犁沟和边界** | |
| 沟渠交替灌溉 | 有利于减少整块农田和作物的深根水 |
| 重复利用尾水径流 | 避免径流损失,提高系统效率和控制回流流量 |
| 封闭的沟渠和边界 | 避免下游端出现径流 |
| 水平畦沟 | 控制坡地径流和侵蚀 |
| 波涌灌溉 | 除系统自动化外,推进也更加快速,渗透和径流损失减小 |
| 流入率逐渐减小 | 通过不断调整流量以适应渗透,控制渗透和径流损失,为自动化做好准备 |
| **3. 田间水源分布** | |
| 封闭式管道和分层管道 | 更容易控制排放、控制渗流以及自动化 |
| 埋藏的管道 | 更容易控制排放、控制渗流以及自动化 |
| 良好的农田土壤建设和内衬运河 | 更容易控制排放、控制渗流 |
| 农业系统的自动化和远程控制 | 完善操作条件,改进灌溉制度的适用性,包括实时更新以及精确灌溉管理技术 |

总体而言,地面灌溉系统并不适用于灌溉所需深度较小的地方,只适用于灌溉较深的地

方。受供水系统和调度规则的限制,灌溉制度必须相对简单,需要选用简单易懂的灌溉日历或采用由灌溉制度的促进模型所制定的进度表,并将实际天气考虑在内。这两种方法都有效果。

(2)喷灌系统

喷灌系统主要由以下部位组成。

1)设置系统。将洒水器固定起来进行灌溉,可适用于浅水或深水灌溉。可以将系统设置为固定系统和定期移动系统,可根据作物的特点、土壤状况以及环境状况选择各式各样的洒水器。

2)移动式喷枪。当灌溉矩形田地时,高压洒水喷头可以不断地移动。由于使用频繁和具有可移动的特点,移动式喷枪不适用于灌溉水量过小或过大的地方,也不适用于灌溉黏重土壤和敏感作物。此外,该系统耗能较高,在炎热、干燥和多风的条件下运作时,经济性能低,蒸发损耗高。

3)续移动支管。当灌溉器沿圆形或直线移动时,洒水器或喷头便开始运转。该系统适用于在大型田地中进行小范围的频繁灌溉。

在喷灌中,灌溉的均匀性本质上取决于描述该系统特征的变量,如喷头的压力、流量、应用频率、喷头之间和安装喷头的支管之间的间距,以及沿管道系统的水头损失。这些变量在设计阶段便设置完毕,农民无法进行二次修改。

DU 是描绘灌溉系统性能的指标,AE 取决于与 DU 相同的系统变量,以及灌溉活动的持续时间和频率。AE 往往随 DU 的变化而变化,并在很大的程度上取决于其所应用的灌溉制度。因此,灌溉设备对提高灌溉均匀性的作用不大,在对灌溉性能进行改进时,灌溉器的选择还必须受到灌溉系统类型的限制(Pereira 等,2002)。

田间实地评估可为农民提供有效信息,让他们了解如何提高灌溉管理水平。在固定喷头中,当喷头和支管之间的间距过大、操作系统内压力变化过大、喷头处的压力不足或压力过大时,DU 会降低。移动式喷枪存在的主要问题是:两条道之间距离过远、压力不足、湿角不对称、灌溉推进速度易变。在横向灌溉移动系统中,灌溉不均匀的常见原因有以下几点:横向上的压力分布不均衡,这种情况主要出现在非平坦地区;利用率远高于渗透率;在没有适当压力来源的情况下使用末端喷枪洒水喷头;在有喷雾器的系统中压力过大,而风效应在所有系统中都很常见。上述问题通常是设计不佳或缺乏设计所引起的。此外,农民对自己的系统认识不足,且不接受系统选择的推广支持,没有维护和管理系统的能力。

为应对干旱缺水而对喷灌系统的改进涉及一系列的措施,包括减少灌溉耗水量、避免灌溉中出口径流的产生、限制风吹和蒸发损失、增加 DU 和 AE,以及提高水分生产率等,其他稍显宽泛的措施也有助于增强喷灌系统中水资源利用效率(表 17.5)。然而,其中大多数措施仅适用于具有先进技术支持的大型商业农场。自动化和远程控制可以为水资源合理利用、实时灌溉制度和能源管理策略等提供支持。考虑到土壤条件和作物生长习性的差异性，如果先进的信息系统能够根据土壤条件和作物的生长习性，提示使用不同的水量和化肥量，就也能提示何时进行滴灌施肥，促进肥料与灌溉用水合作使用。

**表 17.5 应对供水短缺问题，以减少耗水量和提高水分生产率为目标对喷灌系统做出的改进方案**

| 目标 | 技术 |
|---|---|
| 对洒水喷头的重叠问题进行改进 | 采用适当的洒水喷头间距 |
| | 采用适当的移动式喷头间距 |
| | 使用可承受压力的洒水喷头 |
| | 改进不断横向移动系统 |
| 操作系统内的流量变化降到最小 | 设计的压力变化不超过平均喷头压力的 20% |
| | 在坡地使用压力调节器 |
| | 在移动设备上安装末端喷枪的助推器 |
| | 监控和调整泵送设备 |
| 尽量减少蒸发和风吹损失 | 在无风时期灌溉 |
| | 多风地区的安装距离更小 |
| | 在有风的地区，有低喷射角的洒水器 |
| | 悬挂式喷头或 LEPA 管道和头部，而不是在移动侧边顶部的洒水器 |
| | 在有风的地区喷头喷水大，利用率高 |
| | 在垂直于盛行风向的方向设横向移动灌溉器和移动式喷枪 |
| | 避免在大风和难耕的土壤下使用喷枪 |
| 最大限度的渗透，避免径流 | 采用比渗透率小的利用率 |
| | 有利于土壤渗透管理实践 |
| | 已播种的行栽作物上筑沟坝 |

（3）微灌系统

微灌系统适用于对单种或几种作物进行灌溉，为了避免灌溉过程中产生积水，应用微灌溉的频率通常较低，并尽量使用最小的配水管。目前常用的微灌溉系统可分为如下几种。

1）滴灌，就是通过塑料管上的小开口慢慢供水灌溉，滴灌管和灌水器可铺设在土壤表面，也可埋在地下或者悬挂在架子上。

2）微喷灌，也叫微洒，将水喷洒在土壤表面，微喷雾系统主要用于稀疏型植物，例如果树。但在许多地方，微喷灌还用于封闭小块田间的作物。

3）泡沫灌溉系统，使用小管道将小股水流输送至邻近的小流域，气泡系统可以用流量发射器加压，也可在没有流量发射器的情况下，在压力下运行。

　　微灌水量分布均匀性,主要取决于各类系统变量,如压力变化、喷头流量变化、喷头流动特性、喷头材料、喷头间距、横向管道水头损失、由斜坡引起的压力变化、过滤特性等。除了维护系统外,农民就如何实现灌溉分布均匀性方面所能做的不多。DU 是检验喷灌系统性能的重要指标,其值取决于喷灌系统是如何设计的,而水分利用率指标 AE 主要取决于与 DU 相同的变量,以及与灌溉频率和持续时间有关的管理变量。因此,在采用合适的灌溉制度方案后,农民可提高 AE,但提升的效果会受到系统本身的设计限制。

　　田间实地评估在指导农民灌溉、设计新灌溉系统、产品设计和后期质量的监控、提供必要信息等方面发挥着重要作用。田间实地评估的结果表明,微灌技术的效果通常不如预期,DU 值较低的主要原因包括压力控制不当、操作装置内的排放变化、渗透和过滤器维护不足、缺乏压力调节器、所选的灌水设备质量差、制造说明书和特征信息不完备等。

　　改进干旱下的微灌溉系统使整块田的灌溉水量空间分配更加均匀,这也是实现高效节约用水目标、提高水分生产率的关键前提,表 17.6 对此进行了详细说明。

**表 17.6　为应对供水短缺问题,以减少耗水量和提高水分生产率为目标对微灌溉系统做出的改进**

| 技术 | 优势 |
| --- | --- |
| 用于双排作物的单滴水管道 | 减少用水 |
| 高渗透土壤中的微喷雾器 | 避免由滴管产生的深层渗透损失 |
| 在低渗透坡地土壤中使用滴管 | 避免微喷雾器产生的径流损失 |
| 调整土壤和作物的施用持久性和时间 | 控制土壤中的渗透损失、盐分分布和累积 |
| 在大型设备和坡地采用压力调节器 | 避免操作设备内的压力变化,为灌溉得更均匀做好准备 |
| 在狭长倾斜的土地上采用自动补偿灌溉器 | 避免各侧向压力变化,保证补偿灌溉的均匀性 |
| 适当地过滤和改变过滤器位置 | 避免灌溉器堵塞以及灌溉不均匀 |
| 过滤器清洁要频繁 | 避免灌溉器堵塞 |
| 用化学方法处理灌溉器堵塞 | 有助于合理发挥灌溉器的功能 |
| 细心维护 | 充分利用系统的有益特性 |
| 自动化 | 帮助灌溉制度实施,实现实时灌溉 |
| 采用施肥和化学处理 | 提高水、化肥和化学品的有效性,控制杂草和预防土壤疾病 |
| 在水资源短缺的情况下改进系统管理设计 | 选择灌溉器和进行系统布局,有助于系统在有限的供水条件下运行 |
| 实地评估 | 针对系统的管理和维护,识别系统的纠正措施 |

　　有证据表明,微灌系统在可用水量有限的条件下使用时,需要进行良好的设计和管理。这些系统仅用于对田间的一部分区域和作物根部附近供水,因此与其他灌溉系统相比,它们能够使用更少的水来实现更高的产量。虽然随着时间的推移,灌溉成本往往会变得更低,但

是总体而言,这些系统仍旧比地面灌溉系统和喷灌系统昂贵得多,这就意味着微灌系统缺乏经济上的可行性。只有产量足够高,才能带来农业高收入。为达到这一点,设计的系统必须能在不损失系统水量的情况下,获得最佳效果(提高作物产量),而不仅仅是为了节约用水。当水分不足以完全满足作物需求时,需要在设计方面取得进展,以找到解决方案,使系统能够在次最佳条件下运行。

## 17.5 灌溉制度和非充分灌溉

为改进提升灌溉制度,研究人员已经开展了大量的研究,并为灌溉制度设计提供了一系列的参考方案。灌溉制度的核心是:开始灌溉的及时性、灌溉水量的充足性。农民在实践过程中,通过灌溉制度技术可实现多种不同的目标,如:通过灌溉制度设计,可以及时进行灌溉,并优化所需的水量,进而能够控制灌溉水量回流、水分的深层下渗、避免肥料和农药从根区的流失、避免过量灌溉产生的田间水涝等,为产量提升创造了更好的灌溉条件,带来了更好的经济和环境效益。

当水源有限,不足以实现最大产量时,必须执行某种降低用水需求的灌溉制度,即非充分灌溉。非充分灌溉是指在控制条件好的情况下进行水量管理,当干旱发生时,才减少灌溉,从而将水分胁迫的影响降至最低。非充分灌溉是一种优化策略,在这种策略下,作物被有意允许维持一定程度的缺水和减产。非充分灌溉也是一种补救策略,即在更关键的生长期,使用最少的可用水量灌溉作物,这样可以获得一些产量,对于多年生作物而言,未来产量可能不会受到影响。因此,就非充分灌溉而言,必须妥善安排好灌溉的及时性和所需的水量,以使灌溉作物的经济效益得到优化;与充分灌溉不同的是,非充分灌溉只将水分生产率作为优化目标。然而,在盐碱化条件下很难进行非充分灌溉,因为无法协调好非充分灌溉和盐分控制。减少灌溉用水需求所采取的方式,就是控制咸水灌溉量,在大多数季节定期进行淋洗,但在缺水年份则不进行淋洗。一旦水量增加,就必须制定额外的浸出规定。

灌溉制度技术的设计主要考虑以下几点因素。

1)土壤水分指标,包括土壤电阻、土壤水势、土壤含水量和遥感监测的土壤水分;

2)作物指标,如冠层温度、茎或果实直径变化、树干液流、作物水分胁迫的遥感监测;

3)气候指标,利用蒸发皿监测的信息、作物蒸散发信息、降雨量、遥感监测信息;

4)为保证土壤水分,制订灌溉计划主要使用模型和相关信息技术,如网络等。

基于气候指标的灌溉制度设计技术得到了广泛应用,这些技术需要采用当地的气候数据,并结合某种水量平衡方法,灌溉制度设计的准确程度取决于气候数据的性质、质量和空间化程度,以及使用的水量平衡方法。最好将蒸散发数据作为实时运行的水量平衡模型的输入数据或历史数据使用。

只有当农民能够控制灌溉开始时间和持续时间时,才能实施适当的灌溉制度,其中灌溉的加压输送和分配系统通常是按需管理的,农民可自由地选择更适合其作物和耕作办法的灌溉制度。但在干旱缺水期内,供水系统管理员可能会强制执行严格的供水规则,这就限制了农民的灌溉决策。

实施灌溉制度,需要尽量让水源和农业管理机构、农民组织、用水户协会和其他相关组织参与进来,以激励农民和组织者们使用这些技术。农民只有在了解了利益、得到了相关消息、获取了适当支持,且有组织参与时,才会这样做。因此,在采用新灌溉制度技术之前,必须要明确所需要解决的问题,并设定相关目标,明确政府、市场或任何其他机构可以采用的工具和方法。然后,农民可采用改进后的灌溉制度来提高水分生产率,同时还能控制环境影响、实现节约用水和增加农业收入的目的。

同前所述,非充分灌溉是一种优化策略,在这种策略下,有意让作物维持一定程度的水分亏缺和减产,此类优化方法在经济上可行;允许范围内的水分亏缺有利于节约用水,能控制渗透和径流,进而减少化肥和农药的流失。采用非充分灌溉意味着除了需要适当了解作物的蒸散发、作物对水分短缺的反应之外,还要确定作物生长关键期,了解减少产量带来的经济影响。因此,适当的非充分灌溉需要一定程度的技术开发作为支撑,这些技术开发都是建立在验证过的灌溉制度模拟模型或广泛的实地试验的基础之上。在这种情况下,最优的灌溉制度通常以用水效率和水分生产率理念为基础。而实验研究通常包括对种植日期的评估,因为水分生产率受作物降雨利用的影响,而降雨利用随种植日期而变化。

在根据当地条件,对灌溉制度模拟模型进行校准或验证后,可以利用该模型,为非充分灌溉制定出优化灌溉策略。当使用现场试验数据进行校准时,这些模拟模型特别有利于将实地测试结果扩展到其他地区和其他土壤类型上。然而,还需要把经济效益同用水量和产量数据联系起来,以评估哪些需求的减少策略在经济上是可行的。这种经济分析往往较为缺乏,但要从其他研究中进行推断是很困难的,因为成本和收益随耕作制度、劳动力、生产要素和水价而变化,而效益则随产量和当地市场的价格而变化。

综上所述,相对于非充分灌溉而言,决策过程中存在很大的不确定性和风险。

## 17.6　灌溉供水管理

灌溉供水管理策略在应对干旱缺水方面的重要性,已在相关文献中得到了充分阐述,并在具体实践中得到了验证(表17.7)。供水管理一般是从提高水库蓄水和输水能力的角度来考虑的,以提高供水的可靠性和灵活性,并控制诸如渗漏和排放等带来的操作损失。此外,还需要从系统运行的角度考虑供水管理,尤其体现在输水过程中对于调度的管理,对操作、维护和管理人员进行培训,以提高服务质量,对系统进行技术升级,并执行节约用水方案。从培养公众参与和用户沟通方面来看,人员培训是必不可少的一环,提高人们对水的资源价值和节约用水重要性的认识是至关重要的,这些培训的知识能促进农民参与水资源节约和保护行动。

**表 17.7　　　　　　以应对供水短缺问题为目标的灌溉系统管理技术**

| 管理技术 | 优势 |
| --- | --- |
| 1. 增加抗旱供水量 | |
| 新的地表水源、短距离输水 | 增加当地的可供水量 |
| 增加地下水抽取 | 增加正常水源 |
| 水权转让 | 重新分配可用水 |
| 将低水质的水用于灌溉和景观娱乐 | 替代水源 |
| 综合利用 | 最大限度地利用可用降雨等水资源 |
| 加强其他非常规水源的使用 | 防止水源极度短缺 |
| 2. 优化水库运行 | |
| 信息系统(包括遥感、地理信息系统),以及各种模型 | 优化操作和管理的信息 |
| 水文预报和旱情监测系统 | 改进对供水情况的评估 |
| 改进监测技术 | 使用改进的操作工具 |
| 优化、风险和决策模型的应用 | 优化管理规则;优化水源分配 |
| 3. 输水和配水系统 | |
| 渠道衬砌 | 避免渗漏损失 |
| 改善管理和控制 | 更高的灵活性、更好的服务,减少运营损失 |
| 灌溉供水管理中的自动化和远程控制 | 优化输水管理和降低运营损失 |
| 低压管道分配 | 溢漏和渗漏减少,灵活性提高,用水计量更容易 |
| 从以供水为导向转变为以需水为导向的抗旱规划 | 有利于农民应用节约用水灌溉管理 |
| 增加灌溉输水中间过程的蓄水(在渠道、水库、农场蓄水池中) | 增加灌溉灵活性并减少运行损失 |
| 让农民参与抗旱规划以应对灌溉缺水问题 | 允许农民采用最佳灌溉管理方法 |
| 在加压系统中采用按需调度 | 提高农场节约用水的灵活性 |
| 水价与引水量和灌溉时间有关 | 引导农民节约用水并在夜间灌溉(自动化) |
| 信息系统 | 提供优化的操作、维护和管理 |
| 应用优化的灌溉制度办法 | 提高可靠性和公平性,减少灌溉总需水量 |
| 4. 维护和管理 | |
| 有效的系统维护 | 降低输水损失,改善灌溉条件 |
| 人员培训 | 允许采用要求更高的灌溉技术 |
| 向农民和其他用水户提供旱情和灌溉信息 | 更好的了解灌溉系统 |

## 17.7 结论

针对旱作和灌溉农业，可以采取各种措施和方法来减少需水量和耗水量，从而减轻干旱的影响。在应用这些水资源保护和节约办法及管理措施时，需要适当了解干旱过程相关资料，以便因地制宜地制定适合当前农业、社会、经济和环境条件下的抗旱准备和应急措施。这些抗旱措施可能有助于减少用水需求、控制灌溉供水、提高水分生产率，从而将干旱影响降至最低。

## 本章参考文献

Allen R G，Pereira L S，Raes D，et al. Crop Evapotranspiration Guidelines for Computing Crop Water Requirements[R]. Rome：FAO Irrig. Drain. Pap. ，1998.

Burt C M，Clemmens A J，Strelkoff T S，et al. Irrigation performance measures：efficiency and uniformity[J]. Journal of irrigation and drainage engineering，1997，123(6)：423-442.

Paulo A A，Pereira L S. Prediction of SPI drought class transitions using Markov chains[J]. Water resources management，2007，21：1813-1827.

Paulo A A，Ferreira E，Coelho C，et al. Drought class transition analysis through Markov and Loglinear models，an approach to early warning[J]. Agricultural water management，2005，77(1-3)：59-81.

Pereira L S. Inter-relationships between irrigation scheduling methods and on-farm irrigation systems[A]. Smith M. Irrigation scheduling：From Theory to Practice[C]. Rome：ICID and FAO，1996.

Pereira L S. Higher performance through combined improvements in irrigation methods and scheduling：a discussion[J]. Agricultural Water Management，1999，40(2-3)：153-169.

Pereira L S，Trout T J. CIGR Handbook of Agricultural Engineering[J]. Land and Water Engineering，ASAE，2009(1)：297-379.

Pereira L S，Cordery I，Iacovides I. Coping with Water Scarcity[R]. Paris：UNESCOIHP Ⅵ，Tech. Doc. Hydrol. 58，UNESCO，2002.

Pereira L S，Oweis T，Zairi A. Irrigation management under water scarcity[J].

Agricultural water management，2002，57(3)：175-206.

Rossi G． Requisites for a drought watch system[A]. Rossi G，Cancelliere A，Pereira L S，et al． Tools for drought mitigation in Mediterranean Regions[C]. Kluwer：[s. n. ]，2003.

Unger P W，Howell T A. Agricultural water conservation-A global perspective[J]. Journal of crop production，1999：1-36.

Wilkinson R E. Plant-Environment Interactions[M]. New York：Marcel Dekker，2000.

# 第 18 章　城市地区水资源短缺的评估

C. Bragalli, G. Freni, G. La Loggia

意大利米兰理工大学城市水利研究中心

**摘要：**历史表明,洪水和干旱等极端性水文事件均会给供水系统增加额外的压力,而供水系统对人类和生态系统的健康都是至关重要的。欧洲环境署曾多次指出,如何高效地使用水资源在欧洲是一个重大问题,欧洲环境署已经实施或制定出许多相关政策和措施,以确保水资源的长期可持续利用。欧洲城市用水量大约占总淡水用水量的 17%,且随着城市面积的不断扩大和城市人口的愈发集中,城市用水量正在迅速增加。本章将讨论拟订干旱管理计划的各个阶段,首先是供水和需求分析,然后是干旱风险评估和城市地区脆弱性评价,最后是抗旱规划的编制及其可行的抗旱措施。

**关键词：**城市地区;风险评估;减灾措施

## 18.1　引言

考虑到不同国家面临着的不同状况,各国城市用水需求所占的比例差别也很大(图18.1)。地中海地区的水资源量有限、脆弱,易受到威胁,该地区的水资源已被大量使用,尤其是在南部和东部地区,但水资源管理往往不善,更新的水资源输入量在各国和人口之间的分配比例非常不平衡(北部 72%,东部 23%,南部 5%)。此外,水资源在国内的空间分布也非常不平衡,这也决定了每个国家在水资源利用方面的独立程度。这种水资源量的更新在年内分配也不均衡,干旱缺水现象较为突出,地中海地区的水资源系统对干旱极其敏感。另外,水资源的可用性易受到管理不当的影响,导致水资源渗漏增加、用水效率低下,以及水资源量的过度消耗。

水资源短缺现象：

1)水资源短缺程度会因水资源可用量的不足而不断加剧,发生生态环境用水挤占,抗旱成本也会增加。

2)当只有一部分水资源可以储存和利用时,干旱缺水会加剧。此时,通常的建议是进行流域管理,但此法不适用于没有特定流域的干旱地区、大型岩溶区或高度支离破碎的流域。

3)人类活动的威胁和影响会加剧干旱缺水,因为人类活动会破坏水文情势,并导致水质恶化,同时长期过度利用水资源会加剧缺水现象,导致沿海含水层的盐碱化(西班牙、以色列等),甚至淡水资源的消失(突尼斯)。

4)许多国家(巴尔干半岛、中东、尼罗河流域)之间的分隔,会使水资源短缺情况变得更加复杂。

水资源短缺对城市地区的影响要比其他区域的影响更大,原因在于城市人口集中,用水户多(工业和商业实体),供水的不均衡会带来潜在的社会影响。从未来 30 年欧洲国家城市用水需求的预测结果可以看出,不同国家间用水需求差异较大。预计法国、希腊、荷兰和英国的用水需求将进一步增加,匈牙利的用水需求较为稳定(与 1990 年相比),保加利亚和意大利的用水需求则将下降。这些趋势的预计均基于一些假设,如:人口增长和生活方式变化(节约用水工具的进一步普及、用水习惯的改变等),水价上调(例如保加利亚)以及公众节约用水意识的增强等(Margat and Vallée,1999)。

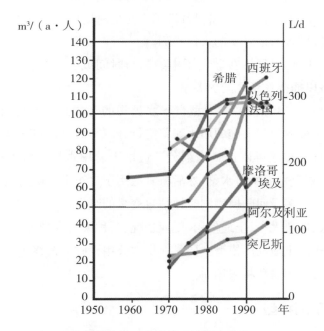

**图 18.1　近几十年来几个国家城市居民的人均用水需求变化（Margat and Vallée, 1999）**

城市需水量与供水的可用水量之间存在微妙的平衡,城市水资源短缺将对人口产生巨大的影响,这也表明十分有必要采用有效的水量分配策略来降低干旱缺水事件发生的概率;此外,用水效率和生产率的提高,也将减轻干旱缺水对人口的影响。

接下来,将简要介绍城市用水量估算和预测的最常用方法,并将未来的用水需求与水资源可用量进行比较。因此,水资源供需平衡以及蓄水和供水分配系统的状态,可用于估算城市干旱水资源短缺风险,进而为水资源规划管理和减轻干旱缺水影响策略提供依据。

## 18.2 需水量计算模型

本章需要解决的第一个问题是：如何获得可靠的需水量预测方法。即使针对单个用水类型，也经常需要将几种需求预测方法结合在一起。本节讨论了几种常用方法，它们在使用上多有重叠。通常，所获得的数据量将决定所应用的预测方法的复杂程度。严格地说，若模型具有及时重建用水量数据演变的能力，则为预测模型；若模型仅评估未来用水过程的某些特征，如平均值、方差等，则为估算模型。

### 18.2.1 需水量估算模型

估算模型是指在没有重建用水演变过程的情况下，来评估和分析需水量特征。因此，这些模型无法根据现有的用水数据，来预测未来的用水时间序列。但是，估算模型能够结合概率分析，来确定未来的用水量，还能分析不同类别用水户的需水行为以及与技术改进相关的用水变化。这些模型可具体分类如下（美国水利工程协会，1992）。

1）人均模型。顾名思义，人均模型只计算一个历史时期内的人均总产值或用水量，并将当前年人均用水量应用于未来时期的人口预测。

2）外推模型。外推模型是指在散点图中绘制与时间或人口相关的年用水量或月用水量，并手动绘制线条以捕捉变量之间的关系。

3）分解用水模型。一般情况下，大型自来水公司的计费系统允许对住宅设施、商业设施、工业设施、市政工程或公共设施的用水账单进行分解。而且，单户住宅和多户住宅、机构用水户和喷灌用水户通常还可以进一步细分。适用于总用水量分解模型的基本方法通常是：为每个分解部分划分每天所需水量，然后将其应用于对未来年份的预测。

4）多元回归模型。多元回归模型同时评估自变量的组合，这些自变量包括人口、家庭或居住地址、家庭收入、地块大小、土地使用、就业情况、各种天气变量等。

5）土地利用模式。土地利用模型主要是在供水公用设施的最终边界内预估住宅、商业、工业和公共土地的当前用途和将来用途。

### 18.2.2 需水量预测模型

与前一段描述的估算模型相比，预测模型的结构通常更为复杂。这些模型复杂，必须补充高质量的用水量数据，包括序列长、分辨率高的时间序列，因这些序列不仅能够描述用水过程的特征，例如平均值、方差等，而且还能通过综合用水时间序列的数据内容，来描绘该过程在未来的演变状况。这些模型可分类如下（美国水利工程协会，1999）。

1）人工神经网络模型。人工神经网络模型（ANNs）以及其他参数回归模型（遗传算法），均基于与多元回归模型相同的原理，即独立变量和因变量之间的关系不能简单地通过方程定义，而是取决于神经网络的形状、扩展和连接。

2)单变量预测模型。单变量模型虽然在预测长期需水量上的适用效果有限,但经常用于短期分析。其中的具体限制是:要考虑到用水过程不随着时间变化而变化(它将以过去监测到的相同特征长期存在)。在这些模型中,矩形脉冲方法在实际应用中最常出现。矩形脉冲模型因统计分布特征而各有不同,即使它们都将用水量模拟为基本需求事件与强度、持续时间和频率(定义为随机变量)的叠加。

下文将简要讨论两种最为常用的方法(人工神经网络模型和泊松矩形脉冲模型)。

## 18.2.3　人工神经网络模型

人工神经网络是一种数学模型,它对心理和大脑活动进行理论化,试图大规模利用并行的局部细化过程,具有人脑的某些存储特性。这些由线性元素(称为神经元)组织形成的网络,将神经元在生物大脑中连接起来。在工程应用中最常用的人工神经网络是反向传播人工神经网络(Ashu 等,2001),它由许多分层计算元素组成,这些元素连接在一起的方式是,每一层中每个元素的出口依赖于层或层之前的元素。例如,图 18.2 显示了完全互连的三级网络:输入层、隐藏层和输出层。

为训练网络以执行特定功能,首先需要准备一组合适的训练数据。训练阶段由算法误差反向传播进行管理,该算法将收入网络矩阵与期望值矩阵(目标)进行比较,计算出误差之后,该值适当地校正突触权重,以便逐渐将误差降至最低。人工神经网络的校准和验证可通过计算自动校准器的平均值来完成。单就用水量分析而言,最常见的是,开发的人工神经网络使用前馈-反向传播算法,其中每一层仅接收来自上一层的输入值。Levenberg-Marquardt算法(Levenberg,1944;Marquardt,1963)经常用于训练过程之中,其性能被定义为平均输出误差的平方,是定义训练网络在完成所有训练周期(epoch)后达到的水平参数。模型预测效率可以通过训练阶段期间的试错程序获得,在训练过程中使隐藏层中存在的神经元数量和突触连接初始化中的神经元数量发生改变,以尽量让误差最小化。

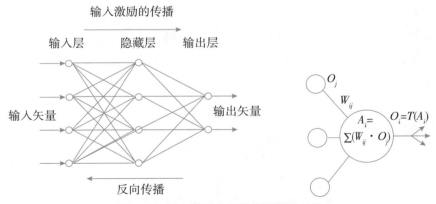

图 18.2　反向传播人工神经网络的结构

### 18.2.4 泊松矩形脉冲模型

泊松矩形脉冲模型被首次提出并应用于描绘降雨的时间分布特征（Rodriguez-Iturbe，1986；Cowpertwait 等，1996）。之后，该模型发展成需水量模拟模型，取得了较好的效果（Buchberger and Wu，1995；Buchberger and Wells，1996；Alvisi 等，2003；Freni 等，2004），并证实了这些模型用来描述单个事件的聚合和叠加过程的适应性。假定瞬时用水由具有矩形脉冲的非齐次泊松过程调节，若假定成立，用水强度由一系列瞬时脉冲组成这一说法便能成立。每个脉冲位置由有参数 $\lambda$ 的泊松过程 $N(t)$ 调节，其中 $\lambda$ 表示用水事件的频率。在用水事件开始的每个时刻 $T_n$，$U_n = (t_r^{(n)}, i_r^{(n)})$，其中 $t_r^{(n)}$ 表示事件持续时间，$i_r^{(n)}$ 表示强度。在整个过程中，假设事件的特征 $U_n$ 是相同的，并且与发生时间 $T_n$ 相互独立。$t_r^{(n)}$ 和 $i_r^{(n)}$ 也是相互独立的，因此 $U_n$ 的分布由 $t_r^{(n)}$ 和 $i_r^{(n)}$ 的边际分布所决定。具有矩形脉冲的模型方案见图 18.3。人们通常认为，用水事件的持续时间和强度满足相互独立的指数分布。

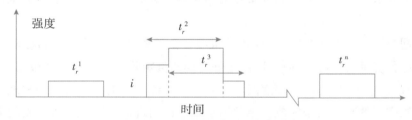

**图 18.3　具有矩形脉冲的模型方案**

因此该模型可用来确定 3 个参数：用水事件 $\lambda$ 的频率，用水事件可以持续时间预期值的倒数 $\eta = 1/E[t_r]$ 和用水事件强度预期值 $\mu = E[i_r]$。文献中找到该模型的理论描述，本章仅给出了求解方程组。即使文献中有一些用附加方程以使参数优化的例子，但都通常是用 3 个未知数解 3 个方程来计算总用水量平均值、方差和协方差。Buchberger and Wu(1995)提出了分析用水强度的正态规律，他们引入了一个附加参数：强度分布方差 $\sigma^2$，因此，估计模型参数还需要 1 个附加的等式。Guercio 等(2001)提出将相关函数用于 lag-1[式(18.4)]。下文求解方程仅适用于后一种情况，正如 Fontanazza(2006)等所证明的，它们更能适应水资源短缺的条件：

$$E[Y] = \frac{T\lambda\mu}{\eta} \tag{18.1}$$

$$\mathrm{Var}[Y] = \frac{2\lambda}{\eta^3}(\mu^2 + \sigma^2)(T\eta - 1 + \mathrm{e}^{-T\eta}) \tag{18.2}$$

$$\mathrm{Cov}[T_i, Y_{i-2}] = \frac{\lambda}{\eta^3}(\mu^2 + \sigma^2)(1 - \mathrm{e}^{-T\eta})^2 \mathrm{e}^{-T\eta(k-2)} \tag{18.3}$$

$$\rho_Y(1) = \frac{\mathrm{Cov}[T_i, Y_{i-1}]}{\mathrm{Var}[Y_i]} = \frac{1}{2}\frac{(1 - \mathrm{e}^{-T\eta})^2}{(T\eta - 1 + \mathrm{e}^{-T\eta})} \tag{18.4}$$

在协方差公式(18.3)中,通常取 $k = 3$。有关此类模型的校准和验证程序的更详细描述,请参阅文献,下文仅简要介绍最常见的校准方法。

最常见的校准方法是通过比较总体和测量样本的统计矩实现的,该方法应用简单,但是它不便在高时间和高空间聚合条件下生成随机模型,该随机模型能够表示用水模式和用水能力的一般行为。另一种校准方法是基于最大似然估计,该估计通过统计分布的均值,考虑用水事件的经验频率分布,使定义的目标函数值最小;如果应用于分解数据的零和一阶矩,该方法可得出统计矩法相同的结果,但在引用总用水数据的统计前提下,该方法也有可取之处。

## 18.3 城市干旱带来的风险

### 18.3.1 概述

影响某一城市的干旱水资源短缺风险,是水文情景、供水系统的脆弱性等多种因素共同作用下的结果,这些因素取决于该城市的经济、环境和社会条件。针对风险特征和脆弱性的评估重点是评价危险性、暴露性、脆弱性及估计相关输入输出参数。关于自然灾害的评估重点,一直以来更多地专注于地震和洪水灾害,对于干旱现象关注得太少,经济、社会的发展为水资源系统在干旱条件下的脆弱性埋下了隐患(Bender,2002)。

通过实施缓解措施来减少自然灾害影响一直是应急管理的重点,而将减灾措施纳入规划工作以治理干旱这一理念还相对较新。适宜的抗旱方法是对风险进行全面分析,并将风险管理作为干旱规划的一部分,把干旱风险评估和干旱风险管理结合起来。考虑到干旱风险评估、抗旱措施和规划计划的密切联系,此方法行之有效。虽然人们认为干旱是一种自然灾害,但干旱在以下几个方面与其他自然灾害有所不同:干旱发生缓慢,很难确定干旱的起始时间,干旱没有一个明确的且被大家普遍接受的定义,这导致人们混淆了干旱的存在及其严重性。虽然干旱不像大多数自然灾害那样具有物理上的破坏性,但它可影响到广大地区,并给经济、环境和社会造成重大的影响(Hayes 等,2004)。

### 18.3.2 城市供水范围的区域特征

供水范围是指城市供水部门服务和覆盖的区域,其特征见图18.4,可分为3个部分。

1)水文情景。降水不足导致地表径流和地下水储量减少;

2)供水部分。水资源、供水基础设施、供水需求、损失水量;

3)地域框架。城市地区的位置、重点用水户的位置(学校、医院、疗养院,以及生产用水户的位置,如畜牧业活动、生产过程中使用饮用水的行业、旅游业等)。每个部门由不同的部分组成(表18.1)。

特别强调的是,供水基础设施 WSI 由所有的连接资源和需水用户的供水系统构成。因此，必须确定干旱缺水的原因和影响，确定哪些部门、社会组成部分和生态系统最易处于干旱风险之中，制定出适当的减灾措施，以降低供水系统在干旱发生时的脆弱性。

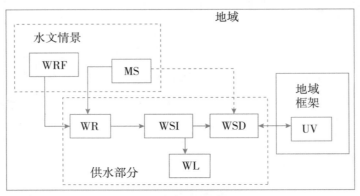

图 18.4　供水范围的区域特征：各部分及其组成

表 18.1　　　　　　　　　　　　　城市供水部分及其组成

| 部分 | 组成 | 缩写 |
|---|---|---|
| 水文情景 | 水资源特征 | WRF |
|  | 气象状况 | MS |
| 供水部分 | 水资源 | WR |
|  | 供水基础设施 | WSI |
|  | 供水需求 | WSD |
|  | 水量损失 | WL |
| 地域框架 | 用水领域的脆弱性 | UV |

## 18.3.3　城市干旱的定义

　　水资源短缺指的是城市地区用水户的用水需求无法完全得到满足的情况。根据地中海地区干旱预防及抗旱规划项目（2005）给出的定义，供水不足可能是干旱或人类活动所造成的，例如人口增长、水资源的过度利用、用水权的不平等。如果没有出现干旱缺水，同时供水网络无法满足用水需求，那么低效的供水基础设施、低效的操作和服务水平就是造成水资源短缺的元凶。水资源短缺是对城市地区在社会、环境和经济方面带来影响的事件，这些影响可能会波及土地利用、水资源利用、经济发展，而且在最坏的情况下，甚至会影响公共秩序、人口增长和社会文化等。

　　供水短缺风险事件是供水不足造成的供水危机，其结果是对部分或整个地域的社会、环境和经济产生恶劣影响。水资源短缺风险事件的组合是指一系列独立的水资源短缺风险事件。

　　缺水情景指的是某地区各组成部分所假定的状态或条件，是初始缺水条件的结果，由此发生风险事件或组合风险事件，即缺水情景＝初始缺水条件＋水资源短缺风险事件（或组合风险事件)。

联合国国际减灾战略(UNISDR)项目将风险定义为由自然或人为引起的灾害和脆弱条件相互作用下,有害后果或预期损失产生的可能性。其中预期损失包括人口死亡、人员伤害、财产损失、生计受阻、经济活动中断或环境受损。

在 UNISDR 中,风险通常用以下公式表示:风险＝危害×脆弱性。在这一公式中,根据 Medroplan 给出的定义,危害被定义为具有破坏性的潜在物理事件、现象或人类活动,这一系列事件可能导致死亡、伤害、财产损失、社会和经济破坏或环境恶化;每种危害有其所发生的位置、强度、频率和概率,而脆弱性则被定义为由现实、社会、经济和环境因素或过程决定的各种条件,这使社会系统更加容易受到灾害的影响。除认识到灾害可能带来的现实影响外,至关重要的是要认识到风险是固有的,或者是可以被创造的,甚至本身就存在于社会系统之中的。考虑风险发生的社会背景也至关重要,因此就风险的定义及其发生的根本原因,人们的看法不一定相同。

## 18.3.4 城市地区水资源短缺风险

有多种原因造成城市地区水资源短缺风险,根据其假设的不同方面,水资源短缺可分为3 种类型。

1)与供水基础设施(WSI)相关的缺水。该类缺水事件发生得较为频繁,且通常持续时间短、损失较轻,特别是在供水基础设施可靠性出现问题时,包括泵站故障、电力中断等。

2)与季节性水文情景(WRF、MS)和供水需求(WSD)相关的缺水。该类缺水具有发生较频繁和周期性的特征,造成的损失处于中等水平,这些事件与正常的季节交替带来的降水稀少、需水量变化有关。

3)与水文情景(WRF、MS)相关的缺水。这些事件发生频率极低,但造成的损失惨重;它们是由持续时间较长的异常干旱事件导致的。

这些措施可以区分为预防干预措施、保护干预措施(图 18.5),其中预防干预试图减少频率,保护干预试图减轻后果。

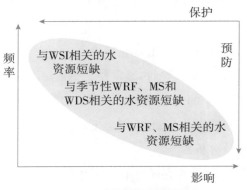

图 18.5 水资源短缺的类型

可以通过分析缺水事件发生的主要原因,如气象干旱、供需失衡、需水量过多、供水服务管理者的认识水平不足等(表 18.2),对潜在的社会、环境和经济脆弱性进行定性分析。

表 18.2　　　　　　　　　　　　　　　　区域干旱的脆弱性程度

| 原因 | 干旱脆弱性高 | 干旱脆弱性低 |
| --- | --- | --- |
| 气象干旱 | 降水量波动大;降水信息缺乏;被动接受干旱;干旱持续时间长;可供水量变化迅速 | 降水量波动小;长期干旱观测系统的可用信息多,干旱期短,缺水程度不严重,供水量变化幅度不大 |
| 供需平衡 | 供水来源单一或水资源可靠性低;水资源污染风险高;从外部系统供水;人口增长率高或需水量大 | 多种水源或水源可靠性高 |
| 管理者的认识水平 | 缺水或即将出现供水短缺情况;推卸责任;未与外部供水系统达成合作协议;未制定输配水计划;公众参与意识缺乏 | 预先确定或公正分配水量;公众参与意识强 |

## 18.4　城市地区水资源短缺风险的分析和评估方法

### 18.4.1　引言

水资源短缺的风险分析除了要采用系统性的方法,评估城市地区在缺水情况下的脆弱性以外,还要考虑缺水对于社会、环境和经济带来的影响程度。该风险分析可为风险管理和灾害评估提供决策支撑。

本次所提出的风险分析法,需要采取以下几个步骤:

1)获取历史数据信息;

2)确定可能发生的主要水资源短缺风险事件;

3)评估识别出的水资源短缺风险事件对于所在地区的影响(包括涉及的供水覆盖范围);

4)确定与水资源短缺风险事件相关的优先事项。

在分析某个地区的水资源短缺风险时,最重要的是重建以往的水资源短缺资料、城市干旱资料。为了确定城市过去干旱的发生原因,需要确定该地区所面临的风险类型以及要采取的行动,同时在定性和定量信息的基础上,考虑土地利用、人口增长及其发展的变化,从频率、空间分布和强度方面进行分析。

还有一个重要的分析是:假设过去同样的干旱事件在今天发生时,会造成什么样的影响。此外,水资源短缺风险分析还需要一些必要的信息,包括城市干旱在社会、环境和经济方面对人口产生的影响,要在历史文件中收集这些信息,就有必要了解收集的气象和水文变量与生态系统后果之间的相关性,因此必须考虑以下步骤:

1)更好地了解城市地区不同水资源短缺事件之间的现有联系,包括水资源可利用量、用水需求、干旱事件的影响等;

2)估算可用水资源量在时间尺度上的演变。

## 18.4.2  水资源短缺风险的识别

### (1)风险事件识别的阈值标准

识别水资源短缺风险事件是风险管理和应急管理中一项重要的工作,事实上,人们无法管理未被识别的风险。在识别风险事件时,重要的是要通过改进信息和监测系统,在变量观测的数量和数据获取形式方面,提高对复杂、相互依存变量的理解能力。水资源短缺风险事件的识别主要包括:评估实际变化因素在所考虑城市干旱 3 个部分(水文情景、供水部分和地域框架)中的状态,以便确定城市地区相应的风险等级。

可以通过以下问题,来确定水资源短缺风险事件:"如果……会发生什么",发现风险事件可以是系统分析或观察和经验的产物;每次修订结果时,必须根据新的知识更新风险事件。这应让人们对管理策略内部已确定的状态进行评估。因为评估结果本身存在着不确定性,所以没有最佳的确定方案。如果现有信息足够充分,那么可以通过概率的方法统计识别出的风险事件;如果数据匮乏,那么表征状态的事件属于经验类,因为它只考虑了事件发生的可能性。

通过描述性变量或数字化指数,可以对水资源短缺风险事件进行定性和定量描述。水资源短缺风险事件可能与持续时间有关,因此也应评估后续影响的可能持续时间,以便能够管理其后果。除了对水资源短缺风险事件的描述以外,还需要识别出风险的来源和性质。该方法考虑以下标准:缺水,概率,社会、经济和环境影响,与水资源短缺风险事件相关的持续时间。对于每个标准,某些类别是根据相关的定义、等级和等效数值进行个性化分类的。所有标准中,除了水资源短缺的概率较为详细外,每个等级的等效数值的范围已被统一规定。考虑到可用信息具有一致性,可通过水资源短缺风险的等级进行定性评估;另外,还可以使用更精确的数值评估方法,让每一类别均有一个定量数值,从而对每个标准进行更客观地评估。

### (2)由水资源短缺造成的主要风险事件

不同等级水资源短缺风险事件通常不是孤立的,它们通常以组合的方式,形成了一个水资源短缺风险事件组合。其中单个事件以不同的强度引入,城市干旱由一个或多个不断发展的因素共同作用形成。在这其中,每个单独的干旱事件,其干旱强度各有不同。通常,一些水资源短缺风险事件会频繁发生,对城市供水系统产生影响,图18.4体现了水资源短缺与城市供水系统间的相互作用。在决定水资源短缺状况的原因中,那些使水资源减少甚至枯竭的原因,显然是很危险的,即使不一定是发生最频繁的,这是因为干旱的强度和持续时间具有不可预测性。其他原因还有对基础设施的效率关注不足或对用水需求管理政策缺乏了解,在这种情况下,水资源短缺状况是可预测的,通过适当的措施,可降低短缺发生的频率和强度。

此外,在常规规划中必须考虑到许多与供水的基础设施和输水损失相关的措施,干旱事件由于具有随机性,需要十分具体的规划。表18.3列出了可能发生的主要风险事件;如果主要的风险事件没有被放在对城市地区特定的供水部分考虑,那么它们必须具有通用性和指示性。研究结果表明,对造成水资源短缺风险事件进行"历史性重建"具有重要意义。

表 18.3　　　　　　　　　　　　　　主要的水资源短缺风险事件

| 主要风险事件 | 供水部分 |
| --- | --- |
| 水资源减少甚至枯竭 | MS, WR |
| 水资源污染 | WR, WSI |
| 不达标的饮用水处理 | WSI |
| 管道、泵站、水库出现机械故障 | WSI |
| 水库和管道的结构性缺陷 | WSI |
| 液压阀操作故障 | WSI |
| 压力不足 | WSI |
| 供水基础设施引起水质恶化 | WSI |
| 水量损耗 | WL, WSI |
| 需水量增加 | WSD |

## 18.4.3　水资源短缺风险程度评估

水资源短缺风险事件对应的缺水量,可以定义为供水量和需水量之间的差值。在需水量分析中,考虑了正常条件下每个人的用水需求,对于工业用户来说,需要根据严格的必要需水量进行评估,以确保工业生产使用的是节约用水系统,确定供需不平衡的结果是供水减少引起的,还是需水量增加引起的。特别是当水资源短缺是需水量增加引起时,区域性水资源短缺可与短时间内需水量快速增长导致的缺水区分开,因为后一种缺水是典型的旅游人员流入而引起的。

干旱缺水产生的影响描述如下。

1)干旱事件的影响范围。

2）对需水量变化 $\Delta WD$ 的影响，以及可用水资源量 $\Delta WR$ 的影响。

3）预测缺水状况的持续时间。

与水资源短缺风险事件相关的新增缺水量 $D_e$，可以由下式计算：

$$D_e = \Delta WR - \Delta WD \qquad (18.5)$$

与初始条件和水资源短缺风险事件综合引起的缺水量，可由下式计算：

$$DS = (WR_S + \Delta WR) - (WD_S + \Delta WD) \qquad (18.6)$$

当水文情景变化引起的水资源短缺风险事件已经完成或正在显现时，总可用水资源量 $(WR_S + \Delta WR)$ 与总需水量 $(WD_S + \Delta WD)$ 之间的差值，就体现出了供需不平衡，因此有必要采取缓解措施，缺水量 DC 可由下式计算：

$$DC = (WR_S + \Delta WR)/(WD_S + \Delta WD) \qquad (18.7)$$

DC 是相对于正常用水条件下的缺水指数，均水时 DC<1。正常用水的概念不易得到，因其与每个研究区域的标准有关。显然，采取预防措施可降低水资源短缺风险事件的频率和强度。城市干旱的显著特征是强度不同，水资源短缺风险事件可能将持续到供水完全中断。表 18.4 给出了与缺水系数有关的不同缺水强度。

表 18.4　　　　　　　　　　　　　干旱缺水的程度

| 水平 | 定义 | 等效数值 |
| --- | --- | --- |
| 严重 | DC≤0.50 | 1 |
| 高 | 0.50 < DC ≤ 0.70 | (0.65,1] |
| 中等 | 0.70 ≤ DC < 0.90 | (0.35,0.65] |
| 低 | 0.90 ≤ DC < 1 | (0,0.35] |
| 正常 | DC≥1 | 0 |

城市干旱强度的概念，与供水量和需水量之间的水量平衡紧密相关，其强度的大小决定了采取何种必要措施以降低缺水程度。用户对于干旱事件主要是通过供水压力减小、配水量减少、水质变差等察觉。配水网络介于水源和用水需求之间，因此其结构特征和运行能力可改变城市干旱带来的影响。地域背景、城市用水户脆弱性不同的城市地区发生同一干旱事件时，可能会产生不同的缺水影响。因此，对缺水量评估的首要事情便是根据缺水频率、影响、持续时间来分析风险事件。

## 18.4.4　水资源短缺风险损失评估

在完成水资源短缺风险事件识别之后，就需要对其影响进行分析。对于每个水资源短缺风险事件，可根据 3 个标准对干旱影响进行分析：水资源短缺风险事件发生的概率；它对供水部分和影响范围产生的影响程度；影响的持续时间。

（1）每个已识别的水资源短缺风险事件发生的概率

水资源短缺风险事件的影响还取决于受影响地区的初始状况，因此，我们应该将条件概率定义为 $0<p(A|B)<1$。其中 A 是已确认的相关风险事件，B 是当前初始条件，可根据表 18.5 来评估概率对应的风险水平。

表 18.5　　　　　　　　　　水资源短缺风险事件发生的概率等级划分

| 风险水平 | 风险定义 | 概率 |
|---|---|---|
| 低 | 绝对不会发生 | $0<p\leqslant0.05$ |
| 低 | 基本上肯定不会发生 | $0.05<p\leqslant0.15$ |
| 低 | 不太可能发生 | $0.15<p\leqslant0.25$ |
| 低 | 基本不太可能发生 | $0.25<p\leqslant0.35$ |
| 中等 | 有点不太可能发生 | $0.35<p\leqslant0.45$ |
| 中等 | 偶然发生 | $0.45<p\leqslant0.55$ |
| 中等 | 稍大于偶然发生 | $0.55<p\leqslant0.65$ |
| 高 | 可能发生 | $0.65<p\leqslant0.75$ |
| 高 | 非常可能发生 | $0.75<p\leqslant0.85$ |
| 高 | 几乎一定会发生 | $0.85<p\leqslant0.95$ |
| 高 | 肯定会发生 | $0.95<p<1$ |

（2）水资源短缺的影响程度

对每一个水资源短缺风险事件而言，必须评估其对城市各部门产生的社会、环境和经济影响。评估的目标是根据缺水的严重程度，建立缺水影响的等级结构，以确定出哪些情况需要更加紧急和迫切的关注。评估需要考虑的因素包括：成本、受干旱影响的城市范围、时间变化趋势、公众舆论、社会公平以及干旱应对能力。表 18.6 给出了由水资源短缺带来的一些较为常见的社会、环境和经济影响。

影响的量化过程是十分复杂的，因此可以从定性的角度进行分析，并定义一些影响的类别。在表 18.7 中，将干旱对社会、环境和经济造成的影响程度与具有相对定义和等效数值的定性水平相关联，因此，每个风险事件都能制定出一个图表。为了分析与干旱风险事件相关的影响，有必要从社会、经济和环境三个角度分析影响范围内用水户的脆弱性。分析必须生成一幅标识易受灾害的用水户地图，以及城市区域内的干旱脆弱性地图，这种与需水量评估相关的空间位置很重要，因为它允许与供水基础设施的地图重叠，以便分析相对的脆弱程度。

表 18.6 城市地区缺水带来的影响

| 类别 | 人们的身心压力(焦虑、抑郁、安全损害) |
|---|---|
| 社会影响 | 与流量降低相关的卫生安全问题(下水道水流减少、污染物浓度增加) |
| | 抵抗火灾的能力减弱 |
| | 食物限制(成本增加,某些食品减少生产) |
| | 呼吸困难增加 |
| | 军事冲突增加 |
| | 水资源管理方面的冲突增加 |
| | 抗旱援助分配不均 |
| 社会影响 | 娱乐活动减少 |
| | 生活质量下降 |
| | 生命损失 |
| | 美学价值丧失 |
| 环境影响 | 水资源量减少,水库和湖泊水位下降,泉水流出量减小 |
| | 海水入侵 |
| | 地下水位下降、地面沉降 |
| | 流入的泉水减少 |
| | 影响水质 |
| | 影响空气质量 |
| 经济影响 | 给旅游业和娱乐活动带来损失 |
| | 增加水资源成本 |
| | 食品价格上涨 |
| | 能源需求增加 |
| | 因税收减少对公共行政收入带来损失 |
| | 地下水枯竭、地面沉降增加的成本 |
| | 新的或补充的水资源开发成本 |
| | 经济发展速度下降 |

　　从社会角度来看,在干旱影响分析时,既要考虑那些诸如卫生服务、学校等特别的用水户,还要考虑用水户的分布密度,并根据他们的需水量情况,对这些用水户进行分类。从经济角度来看,必须评估用水的经济效益转换率,将生产业、手工业、畜牧业,旅游业等用水户根据其用水需求进行分类。

**表 18.7** 水资源短缺风险事件对社会、环境和经济的影响程度

| 影响程度 | 等效数值 |
|---|---|
| 严重 | 1 |
| 高 | 默认值:0.65、0.83 和 0.95<br>范围:[0.65,1) |
| 中等 | 默认值:0.35、0.50、0.60<br>范围:[0.35,0.65) |
| 低 | 默认值:0.05、0.18、0.30<br>范围:[0,0.35) |
| 正常 | 0 |

（3）影响的持续时间

水资源短缺风险事件影响的持续时间,是指干旱本身的持续时间与相关的社会、环境和经济影响的持续时间之和。然而,后者(对社会、环境和经济影响的持续时间)由于较难估算,这样的计算方法明显增加了估算时的不确定性和主观性。但方法的好处在于:可以识别出最危险的干旱事件,表 18.8 给出了风险事件影响持续时间的相关定义。

**表 18.8** 每个风险事件的社会、环境和经济影响持续时间

| 持续时间水平 | 持续时间的等效数值 |
|---|---|
| 短 | [0,0.35) |
| 中等 | [0.35,0.65) |
| 长 | [0.65,1) |

## 18.4.5 水资源短缺风险事件处理的优先级

为了确定各类水资源短缺风险事件的处理优先级,有必要为每个水资源短缺风险事件赋予一个明确的分数,由此,可以采用不同的技术手段来应对不同的水资源短缺风险。在此情况下,加权平均模型应运而生。首先,必须先评估出影响分数(IS),即风险事件 $i$ 所产生的影响 $I_i$ 的等效数值的加权平均数,公式如下:

$$IS = W_1 I_1 + W_2 I_2 + \cdots + W_i I_i \tag{18.8}$$

式中,$W_i$ 为权重,所有 $W_i$ 的和为 1。

因此,计算风险事件的风险值 RS,是基于相关等效数值的加权平均值。

在水分亏缺指数 DC、发生水资源短缺风险的概率 $p$、影响分数 IS、风险事件的持续时间 $d$ 的情况下,RS 的计算公式可以表示如下:

$$RS = \omega_{DC}(1 - DC) + \omega_p p + \omega_{IS} IS + \omega_d d \tag{18.9}$$

式中,权重值 $\omega_{DC},\omega_p,\omega_{IS},\omega_d$ 的总和为 1。

然而,结果评分 CS 并没有考虑风险事件发生的概率,而是从水资源短缺、持续时长和其独立影响开始计算的,该参数 CS 适用于评估有可能发生但发生概率不是很大的风险事件,以及评估过去缺少数据,随机性很强的情况。此外,该参数也能确定事件发生的可能性的等级。计算公式如下:

$$CS = \omega_{DC}/(\omega_{DC} + w_{IS} + w_d)(1 - DC) + w_{IS}/(\omega_{DC} +$$
$$w_{IS} + w_d)IS + w_d/(\omega_{DC} + w_{IS} + w_d)d \tag{18.10}$$

式中,$\omega_{DC},\omega_p,\omega_{IS},\omega_d$ 的总和为 1。在计算 RS 和 CS 数值时,必须先将风险事件所造成的可用水资源量同相应的需水量进行比较,以得出对应的缺水量 DS。此外,还必须根据所采用的安全边界、之前所用数据的不确定性以及缺水条件的阈值,来定义一个值 $\Delta$。

以下 3 种情况均有可能发生:

1)DC>1+$\Delta$,该事件并不会改变供水单位的正常运行,CS,RS 可设置为固定值 0。

2)1<DC≤1+$\Delta$,该事件引起了供水单位的注意,CS=0,RS=0。

3)DC<1+$\Delta$,该事件确定了水资源短缺状态,RS,CS 则根据各自定义来计算。

## 18.5 抗旱减灾措施

在利用发生概率和结果分数对风险事件进行定性后,有必要评估两种不同方向的减灾措施:

1)降低受干旱缺水影响供水系统的脆弱性(这通常是通过有效规划实现的中长期目标);

2)激活应对水资源短缺风险事件的减灾措施和程序,以防发生超出规划范围的干旱事件(应急管理)。

措施 1)旨在防范风险,措施 2)则旨在解决极端情况,以维护城市地区的社会稳定,确保干旱缺水损害在一定范围内得到控制。为使问题简单化,特将以下规划和紧急措施进行简单分类。详情可查询相关技术文献(Wilhite,1993a;Wilhite,1993b;Najarian,2000;Yevjevich 等,1983;Rossi,2000)。其中 Wilhite(1993)将调查对象列出的抗旱减灾策略分成 9 类。

1)水资源规划。第一个抗旱减灾措施便是水资源规划,因为水资源规划能够清晰地提供水资源开发和用水户的需水情况。

2)立法措施。此类措施可促进节约用水技术的实施、增加水费、保护自然资源。

3)加强水资源的提取。此类措施旨在探索和研究常见或替代性的水资源。

4)教育计划和公众参与。此类措施旨在提高民众的节约用水意识,摒弃"水是用之不竭的免费资源"的看法。

5)基础设施效率计划。此类措施旨在改进水资源基础设施管理,以减少用水损失和水资源浪费。

6)减少水需求。此类措施旨在通过向工业、商业和居民住宅中引进低耗水的技术,从而减少城市用水需求。

7)解决用水冲突。这类措施旨在减少城市干旱事件可能造成的损害,而不是在水资源供应不足时通过避免用户冲突而减小该系统的脆弱性(比如,农业生产和工业用水间的矛盾)。

8)应急管理预案。此类措施为规划和管理突发性干旱事件架起了一座桥梁,当发生预测范围外的干旱事件时,该应急方案界定了清晰而明确的决策链,用以明确相关部门采取措施,将损失降至最低;应急预案通常会设立临时的权力机关。表 18.9 对城市地区缺水的应急措施进行了整合。

9)事故应急计划。此类计划与应急管理预案相关,并构成其技术目录;事故应急计划比一般规划更为详细地说明现有资源的情况,确定了用水需求的优先级,并包含了排除或减少不必要用水的程序;应急管理委员依据干旱的程度,从应急计划中选择出能够大幅度减少水消耗或增加供水量的技术方案。

**表 18.9** 城市干旱缺水的应急管理措施

| 措施分类 | 具体措施 |
| --- | --- |
| 增加可供水量 | 从外部系统调水 |
| | 临时连接供水管网 |
| | 暂时停止特定用水项目 |
| | 加大地下水开采量 |
| | 使用非常规水资源 |
| | 新建钻井 |
| | 暂时放宽水资源使用限制 |
| | 提高配水管网的运行效率 |
| | 海水淡化 |
| | 将水质较差的水资源用于非饮用用途 |
| 降低需水量 | 加强公众节约用水的宣传和教育 |
| | 引进居民生活和工业节约用水技术 |
| | 用水户自愿限制用水量 |
| | 通过相关条例加强用水约束 |
| | 加强供水水压管理 |
| | 通过税收等激励机制节约用水 |

续表

| 措施分类 | 具体措施 |
|---|---|
| 减轻干旱影响损失 | 减轻干旱影响覆盖的人口数量 |
| | 创新水资源管理模式 |
| | 对干旱累积损失进行适当补偿 |
| | 通过经济措施支持抗旱工作 |
| | 优化供水配置体系 |
| | 加强各类监测系统的应用 |
| | 及时发现水质参数异常 |
| | 加强不同部门和用水户之间的水权交易和水量传输 |
| | 减少受干旱影响方的贷款还款金额或延缓还款期限 |

## 18.6  结论

本章介绍了分析城市地区水资源短缺风险的简易方法。在供水系统遭受严重干旱影响的情况下,水资源短缺可能会对城市地区的经济和社会活动造成严重损害。在一个有限的区域内,当多个家庭和工业用水户聚集时,就会提高水资源管理人员在预测用水需求方面的兴趣,以防止水资源短缺风险。因此,本章介绍了数学模型的简要分类,这些数学模型能够分析不同时间和空间聚集尺度下的用水需求和用水模式。

本章提及的风险分析基于预期水资源短缺影响(持续时间、幅度和概率)的特征,而不是干旱事件,因为干旱事件对气候活动的影响可能会有所不同,并且会随着干旱事件的持续发生而使影响时间有所延长。

本章结尾部分对相关的抗旱减灾措施进行了简单分类,并重点关注规划措施与应急干预措施之间的差异。

## 本章参考文献

Alvisi S,Franchini M,Marinelli A. A stochastic model for representing drinking water demand at residential level[J]. Water Resources Management,2003,17:197-222.

American Water Works Association. Drought Management Planning[R]. Denver:American Water Works Association,1992.

American Water Works Association. AWWA Manual M34,Water Rate Structures and Pricing[R]. Denver:American Water Works Association,1999.

Ashu J,Ashish K V,Umesh C J. Short-term water demand forecast modelling at IIT

Kanpur using artificial neural networks[J]. Water resources management，2001，15：299-321.

Bender S. Development and use of natural hazard vulnerability-assessment techniques in the Americas[J]. Natural Hazards Review，2002，3(4)：136-138.

Buchberger S G，Wu L. Model for instantaneous residential water demands[J]. Journal of hydraulic engineering，1995，121(3)：232-246.

Buchberger S G，Wells G J. Intensity，duration，and frequency of residential water demands[J]. Journal of Water Resources Planning and Management，1996，122(1)：11-19.

Cowpertwait P S P，O'Connell P E，Metcalfe A V，et al. Stochastic point process modelling of rainfall. I. Single-site fitting and validation[J]. Journal of Hydrology，1996，175(1-4)：17-46.

Fontanazza C M，Freni G，La Loggia G，et al. Comparison of different stochastic models for urban water demand forecasting in drought conditions[A]. Proceedings of the 7th International Conference on Hydroinformatics[C]. Nice：[s. n. ]，2006.

Freni G，La Loggia G，Termini D，et al. A water demand model by means of the artificial neural networks method[A]. Proceedings of the 6th International Conference on Hydroinformatics[C]. Singapore：[s. n. ]，2004.

Guercio R，Magini R，Pallavicini I. Instantaneous residential water demand as stochastic point process，paper presented at Water Resources Management[R]. Halkidiki：[s. n. ]，2001.

Hayes M J，Wilhelmi O V，Knutson C L. Reducing drought risk：bridging theory and practice[J]. Natural Hazards Review，2004，5(2)：106-113.

Levenberg K. A method for the solution of certain non-linear problems in least squares[J]. Quarterly of applied mathematics，1944，2(2)：164-168.

Margat J，Vallée D. Water and sustainable development—Conference on Water security in the Third Millenium[C]. Como：Mediterranean Countries towards a Regional Vision，1999.

Marquardt D W. An algorithm for least-squares estimation of nonlinear parameters[J]. Journal of the society for Industrial and Applied Mathematics，1963，11(2)：431-441.

Medroplan. Drought preparedness and mitigation in the Mediterranean：Analysis of the Organizations and Institutions[J]. 2005.

Najarian P A. An analysis of state drought plans：A model drought plan proposal [D]. Lincoln：University of Nebraska-Lincoln，2000.

Rodríguez-Iturbe I. Scale of fluctuation of rainfall models[J]. Water Resources Research，1986，22(9S)：15S-37S.

Rossi G. Drought mitigation measures：a comprehensive framework[A]. Drought and Drought Mitigation in Europe[C]. Dordrecht：Kluwer Academy Publishers，2000.

Wilhite D A. An Assessment of Drought Mitigation Technologies in the United States [D]. Lincoln：University of Nebraska-Lincoln，1993a.

Wilhite D A. State actions to mitigate drought lessons learned 1[J]. JAWRA Journal of the American Water Resources Association，1997，33(5)：961-968.

Wilhite D A. Planning for Drought：a Methodology[A]. Wilhite D A. Drought Assessment，Management，and Planning：Theory and Case Studies[C]. Boston：Kluwer Academic Publishers，1993b.

Yevjevich V，Da Cunha L，Vlachos E. Coping with Droughts[M]. Fort Collins：Water Resources Publications，1983.

# 第 19 章　地中海地区农业的干旱风险：以东部克里特岛为例

G. Tsakiris，D. Tigkas

希腊雅典国家技术大学填海工程及水资源实验室

**摘要:** 本章提出一种量化地中海地区农业干旱风险的方法,该方法由 3 个互相关联的部分组成:估算干旱严重程度和频率,模拟用水和作物产量,以及评估农业的年化风险。雨养农业和灌溉农业均通过脆弱性这一概念来衡量干旱风险。本章以东部克里特岛为例,对该方法论进行介绍。

**关键词:** 干旱风险；作物产量；干旱程度；地中海地区农业；东部克里特岛

## 19.1　引言

干旱是一种区域性反复出现的气象现象,会对受影响地区的经济活动造成威胁。极端干旱事件导致的严重缺水对农业、工业、市政、旅游、娱乐和环境保护都有着莫大的影响。

在各种用水类型中,干旱期间最脆弱的用水是与环境保护用水和农业用水,这两种用途的脆弱性差异在于,干旱对农业的影响是可以量化的,但是干旱对环境保护有何影响则很模糊,难以评估。

本章旨在介绍一种适用于地中海地区农业风险评估的方法。整套方法以最小的需求量为出发点,为评估地中海地区农业干旱风险提供了一种简单明了的方法,该方法经过必要的改进后,也可适用于其他受干旱影响的地区。

## 19.2　雨养农业和灌溉农业

干旱导致水资源减少,而依赖水资源灌溉的农业生产也会受到影响。评估干旱对农业部门的影响时,应考虑到干旱的严重程度(旱灾的等级和持续时长)以及农业系统的脆弱性。

干旱事件的严重程度通常是通过一组干旱指数来量化的,有的指数是通用的,而有的指数则非通用,但这种区别有时并不明显。通用干旱指数大多为"气象"类,如:标准化降水指数 SPI、十分位数法、帕尔默干旱指数 PDSI 等,这些都曾被广泛应用于描述干旱的严重程度。SPI 似乎是最受欢迎的,因为它的计算简单,只需要知道降水量序列。最近,提出了一个类似的指数,即干旱侦测指数 RDI,该指数的计算不仅需要降水数据,还需要潜在蒸散发数据。

除通用指数外,还有若干指数专为农业等用途服务。

在大多数情况下,试图用通用指数表征农业干旱影响的努力都失败了。尽管如此,人们仍希望某些通用指数经过改进后能用于表征农业干旱。不过对另外的参数(例如:时间、持续时长等)则必须更为仔细地说明,以便适应作物的生产阶段。

在这种情况下,可以将 RDI 作为一种通用的干旱指数。利用该指数可以计算当年的干旱时期,结论与研究地区主要作物的整个生产周期相吻合。在这种方法中,灌溉农业被认为与旱作农业相似,但脆弱性降低。

将 RDI 同农业的影响联系起来的另一个理由是,它使用的是渗透降水数据,而不是简单的降水数据,"渗透降水"或"有效降水"的计算方法详见下文。显然,雨养农业的分析方式同灌溉农业的分析方式是截然不同的。

## 19.3 参数与数据输入

### 19.3.1 输入参数的分类

显然,许多因素都会影响到作物产量,为避免参数过多所造成的混乱局面,必须遵循最小数据要求的方法,并且可以假定大量重要性不强的参数对作物生长是有利的或中性的。

输入参数可分为两类:与干旱现象有关的参数和与系统脆弱性有关的参数。根据不同的分类,输入参数还可分成另外两种:一种是不受农民和灌溉管理人员控制,而同自然相关的参数,另一种是在某些限制下可以变更,同农业和灌溉相关的参数。尽管本章讨论的输入参数是相互独立的,但如果将参数联系起来进行研究,那么会更符合实际情况。因此,本章通过假设输入参数是独立的,但在具体分析过程中进行了相当大的简化。

以下参数是最为重要的参数:降水量,潜在蒸散发量,土壤特性,农场的施水效率,水资源输送与分配的方法和技术,肥料、种植方式以及农业活动的时间,农民教育、技能以及合作水平。

### 19.3.2 降水和有效降水

通常以月作为时间尺度来计算干旱指数。因此,应采用"毛计算"方法,将每月降水数据 $P$ 转化为有效的月降水数据 $P_e$。

可采用两种广泛使用的方法来进行分析(Stamm,1967):

1)经验方程:

$$P_e = P - (c + P/8), P \geqslant 7\text{mm} \tag{19.1}$$

式中,$c = 10$ 表示沿海地区,$c = 20$ 表示山区。$P$ 和 $P_e$ 的单位均为 mm。

表 19.1 是由美国垦务局提出的,是以分类为基础的计算方法。

**表 19.1　　　　　　　　　　　　有效降水量估算方法**

| 月降水量 $P$/mm | 有效降水量 |
|---|---|
| [0.0,25.4] | 90%～100% |
| (25.4,50.8] | 85%～95% |
| (50.8,76.2] | 75%～90% |
| (76.2,101.6] | 50%～80% |
| (101.6,127.0] | 30%～60% |
| (127.0,152.4] | 10%～40% |
| ＞152.4 | 0%～10% |

### 19.3.3　潜在蒸散发

参考作物的月潜在蒸散发量 PET,可采用理论方法(例如辐射法、Penman-Monteith 法)或者经验法(例如 Blaney-Criddle,Thornthwaite 温度计法)计算。在仅有月平均温度数据的情况下,可用 Thornthwaite 温度计法计算 PET。但值得注意的是,Thornthwaite 温度计法只能保守估计 PET 值。如果要边界不同地区的分析结果,建议采用相同的方法对 PET 进行估算。为此,可利用经验法对不同方法估算出的 PET 值进行比较(以线性回归为基础)。

虽然 PET 要依赖于降雨量数据,但如果时间步长较短的话,为方便起见,PET 可以被视为一个独立的变量,并能通过单变量模型生成。

### 19.3.4　土壤特征

几种土壤特征在水资源利用、再分配、水吸收、水消耗以及作物生产过程中起着重要的作用。虽然通过适当的耕作和采取灌溉措施可以实现少量土壤改良,但土壤特性在很大程度上是农民无法控制的。与水平衡和干旱分析密切相关的最重要土壤特征是:渗透力;持水能力;特征曲线 $h = h(\theta)$(水势随含水量的变化函数)和 $K = K(\theta)$(非饱和导水率与含水量的函数)。

以上参数的任一组合对作物产量的影响都不易评估。根据最少数据要求法,此处仅使用土壤的渗透性。土壤渗透性影响有效降水百分比。根据表 19.1,通过积分得到了一个有用的诺谟图(图 19.1)。

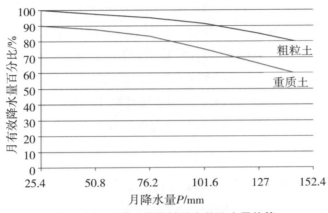

图 19.1　考虑土壤特性的有效降水量估算

## 19.3.5　农田灌溉用水、输水和配水方法及技术

　　显然,农田层面的用水、输水和配水的方法及技术都只涉及灌溉农业。通过用更少的水进行灌溉,农田一级的用水效率可以得到大幅改善,这可以通过控制田间施水时或施水后的水分损失,或者通过提高用水的效率来实现。在这种情况下,农田灌溉用水、输水和配水方法及技术,可以帮助减少蒸发和流动造成的损失,或限制农地的径流量和深层浸透。此外,如果目标并非作物产量的最大化,而是水分生产率的最大化,那么便可以节省大量的水资源。因为只有当施水量减少时,才能实现水分生产率的最大化(图 19.2)。

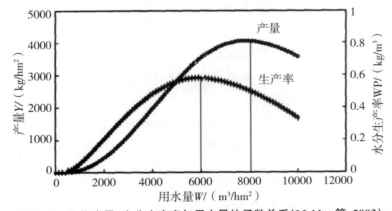

图 19.2　作物产量、水分生产率与用水量的函数关系(Molden 等,2003)

　　众所周知,水分生产率 WP 可以定义为:

$$WP = Y/W \qquad\qquad (19.2)$$

式中,$Y$ 是作物产量或者单位面积产量(kg/hm²)带来的经济收入;$W$ 是消耗的水量(m³/hm²)。

用于喷洒灌溉的"交替装置"可以提高浇水的均匀性;非充分灌溉可以节约用水,是很有前景的灌溉技术。这些技术有利于提高系统中的水容量,从而有效地处理干旱事件。

最后,农田灌溉用水面临的另一个重要问题就是,如何从高耗水向低耗水过渡,在此过程中,可能需要考虑其他因素,例如地方经济和社会条件。只有在利益相关方积极参与的情况下,才能获得成功,因为法律法规可能阻碍也可能促进这些改变。

对于灌溉水的输送和分配问题,可以采用系统性的处理方法,以尽可能减少灌溉过程损失,继而提高水分生产率。可以适当地应用在有效管理水资源的输送和分配方面发挥着非常重要作用的自动化灌溉技术。

### 19.3.6　化肥和耕作、农民灌溉教育、技能与合作

化肥和耕作、农民灌溉教育、技能与合作水平,是提高灌溉水分生产率和应对干旱下灌溉水量亏缺困境的重要因素。尤其是农民灌溉教育,可能会是抗旱计划能否成功的关键因素。

## 19.4　农业系统的脆弱性

相对于自然灾害而言,系统的脆弱性是其对自然灾害预期损害的易感性。在简化的表达形式中,系统的脆弱性可用函数变量(从 0 到 1)表示,这些变量反映了系统应对特定干旱程度事件的能力。

在干旱影响下,农业在干旱下的脆弱性,主要取决于以下参数:干旱的严重程度(强度和持续时间),干旱发生时间,系统的初始条件,准备状态,相关人员的技能、教育水平和积极性,机构设置和管理能力等。

实际上;只有其中部分参数可以通过人工干预作出改变,进而降低农业系统的脆弱性。

从本质上讲,灌溉农业比旱作农业更不容易受到干旱的影响主要是因为储水设施大大提高了农业系统承受干旱的能力。

虽然灌溉农业的脆弱性是一个相当复杂的问题,但本章主要根据农业工程师和农学家的建议,采用了一种非常简单的方法,即根据专家的经验和专业知识,得到脆弱性函数,详见本章的案例分析。

## 19.5　农业干旱损失评估

为估计干旱事件对农业系统的破坏性影响,需要有一个响应系统作为输入参数和最终经济产出之间的"过滤器"。显然,响应系统可以在不同的复杂程度上进行描述,该复杂程度主要取决于所涉及过程对描述准确性的要求。研究入渗过程、水分垂直运动、水分再分配、根系吸水和作物生产的方法有很多,这些方法需要大量的参数,但是这些参数都不易获取。

此外,这些参数在时间和空间上的可变性使相应的模拟过程更像是不实用的理论。

国际灌排委员(ICID)在专题研讨会后发布的专著中,对作物模型进行了详解。表 19.2 是本章中所涉及的一些模型,共分为三类(Pereira 等,1995)。

**表 19. 2**               **作物模拟和管理模型(Pereira 等,1995)**

| 第一类:基于土壤水分平衡模拟的灌溉调度模型 | 第二类:水通量和作物生长模拟模型 | 第三类:灌溉管理模型系统 |
|---|---|---|
| 实时灌溉调度模型(RELREG) | 基于 MUST 模型的地下灌溉系统设计和运行 | USU 指挥区决策支持模型系统(CADSM) |
| 大尺度灌溉调度模型(RENANA) | SWATRE 模型在巴基斯坦印度河平原灌溉田排水评估中的应用 | 灌溉工程用水需求设计模拟软件(PROREG) |
| 以 SHED 为核心的灌溉管理模型 | SOYGRO 大豆模型:灌溉计划的现场校准和评估 | 水稻灌溉模型软件 |
| 田间水量平衡模型:BIdriCo 2 | CERES-Millet 模型在农业生产中的应用:以 Sudano-Sahelian 为例 | 基于运营管理视角的作物水分模拟系统 |
| 结合缓变流的灌溉调度模型 | 草地生长和草地经济利用的模型(SWARD) | 灌溉用水管理的决策支持系统(HYDRA) |
| 应用于宏观和微观尺度的土壤—水分—作物模型 | 植物生长过程中土壤水分平衡模拟的有限元模型 | |
| | 基于 OPUS 模型的作物水分平衡模拟 | |

这种做法虽然具有科学趣味性,但给工程和管理带来了困难。因此,更为简单的方法获得了大众认可,同时也改进了经验性的产量函数(在改进前该函数基于作物产量与水深度之间具有单一关系,并不可靠)。人们普遍认为,实际蒸散发和潜在蒸散发之比是可靠的独立变量,可用于预测作物产量。因此,可以利用简单而明确的概念模型,将根区的土壤水数据转化为无量纲用水量(Slabbers,1980)。

使用无量纲土壤含水量($x/x_0$)与实际蒸散发量同潜在蒸散发之比(ET/PET),通过建立简单的线性函数,可以估计各个生长阶段或整个生长期的无量纲用水量。图 19.3 展示了两个使用广泛的线性关系,即 ET/PET 和 $x/x_0$ 间的关系。

可通过图 19.3 中的集成函数 $b$ 来估计无量纲用水量 $\tilde{\omega}$。这是一个线性函数,因此,可以通过各个阶段结束时的根区土壤水量减去开始时的根区土壤水量来估计无量纲用水量。如果 $w_0$ 为最大用水量,那么无量纲用水量 $\tilde{\omega} = \omega/\omega_0$。可在 Tsakiris(1985a,1985b)文献中找到书中所提到的此种简化作物模型的详细说明。

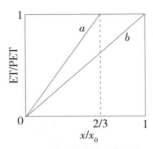

**图 19.3　无量纲土壤含水量($x/x_0$)与无量纲蒸散发(ET/PET)之间的线性关系**

为了简化土壤水分模拟和预期产量损失的计算过程,可以视 $x/x_0$ 与 ET/PET 成正比,相当于 $\widetilde{w}$ 。

产量函数将用水量和作物产量联系起来,最常用的作物产量函数如下:

$$\widetilde{y} = a_1 \widetilde{w} + (1 - a_1) \tag{19.3}$$

式中,$\widetilde{y}$ 和 $\widetilde{w}$ 是指生长季节的无量纲产量和用水量,而 $a_1$ 是线性产量函数的斜率,表征了作物在生长季节对缺水的平均敏感性。

为了方便说明,表 19.3 列出了许多作物的斜率值 $a_1$ 值,这些数值是通过回归分析获得的。

为了简单起见,假定 $\widetilde{w}$ 可直接根据年度降水比值 $P/\overline{p}$ 估计,由此两者间存在线性关系。

除了有限的假设外,上述方法的主要缺点在于并未考虑到作物对不同季节缺水的差异反应,这种反应可以采用乘法模型或加法模型的生产函数来计算。有些作物符合几何原理(乘数函数),有些则符合算术原理(加法函数)(Tsakiris,1982,1985a,1985b)。

**表 19.3　　　　　　　　　　　不同作物产量线性函数的斜率 $a_1$**

| 作物 | 斜率 $a_1$ | 资料来源 |
|---|---|---|
| 小麦 | 1.400 | Doorenbos and Kassam,1979 |
| 谷类 | 1.452 | Martin 等,1984 |
| 高粱 | 1.100 | Garrity,1980 |
| 豆类 | 1.090 | Manam,1974 |

过去许多研究人员都曾使用乘法模型的产量函数来研究干旱缺水问题(Hall and Butcher,1968;Hanks,1974;Minhas 等,1974;Doorenbos and Kassam,1979)。Jensen 也在 1968 年提出过一个典型的乘法模型的生产函数。

$$\overline{y} = \prod_{j=1}^{j=m} \overline{\omega_j^{\lambda_j}} \tag{19.4}$$

式中,$m$ 表示作物生产阶段的数量;$\widetilde{w}_j$ 和 $\lambda_j$ 分别表示在 $j$ 阶段中的无量纲用水量和作物的敏感性指数。

## 19.6　农业干旱风险评估

鉴于系统存在脆弱性,风险可以定义为对系统的真正威胁。对于自然现象而言,系统的风险可以计算为自然灾害和系统脆弱性的乘积。

$$\{R\}=\{H\}\times\{V\} \tag{19.5}$$

为更加准确地表征风险,改进的做法是:用表示危险性和脆弱性关系的函数符号来替换乘法符号。一些机构还使用了其他表达方式,如使用反映系统应对灾害能力的公式。

从数据计算上看,平均(年度)风险可用以下公式计算:

$$R(D)=\int_0^{+\infty} x \cdot V(x) \cdot f_D(x)\mathrm{d}x \tag{19.6}$$

式中,$x$ 表示造成相应量级现象的潜在后果,其概率密度函数为 $f_D(x)$,$V(x)$ 是该系统在相应量级上的脆弱性,并假定脆弱性可由从 0 到 1 之间的无量纲数字表示。

显然,如果脆弱性等于 1,那么式(19.6)计算得出的平均风险与平均危害相一致。

通过多年分析,就可以确定特定严重程度干旱所发生的频率。根据上述步骤,按照每一等级的干旱,可通过货币单位来估算受影响农业区的预期损失。

由此可生成一个三列表,见表 19.4 展示的实例,利用 SPI 作为表征干旱严重程度的指数,分析 65 年来的数据。假定系统的脆弱性为 1,那么年度干旱风险或危害可计算如下:

$$R'(D)=h(D)=20.0\times 1/3+150\times 1/7+400\times 1/12+900\times 1/25=97.43\mathrm{k€/a}$$

$$\tag{19.7}$$

表 19.4　　　　　　　　干旱的严重程度、发生概率和受影响农业区的预期损失

| 干旱的严重程度 | 发生概率 | 预期损失/€ |
|:---:|:---:|:---:|
| 0≥SPI>−1 | 1∶3 | 67 |
| −1≥SPI>−1.5 | 1∶7 | 150 |
| −1.5≥ SPI >−2 | 1∶12 | 400 |
| SPI≤−2 | 1∶25 | 900 |

假设该系统在干旱方面的脆弱性会在以下情景中降低,见表 19.5,即脆弱性随 SPI 值的变化而变化,不再固定为 1。

表 19.5　　　　　　　　　　　不同干旱等级下的干旱脆弱性

| 干旱的严重程度 | 脆弱性 |
|:---:|:---:|
| 0≥SPI>−1 | 0.000 |
| −1≥SPI>−1.5 | 0.667 |
| −1.5≥SPI>−2 | 0.750 |
| SPI≤−2 | 0.944 |

基于上述脆弱性计算公式,可以计算得到改进后的年度风险 $R'$:

$$R'(D) = 20.0 \times 1/3 + 150 \times 0.667 \times 1/7 + 400 \times 0.75 \times 1/12 + 900 \times 0.944 \times 1/25$$
$$= 79.94 \text{k€/a} \tag{19.8}$$

在本案例中,风险从 97.43k€/a 下降到 79.94k€/a,下降了约 18%。

## 19.7　在克里特岛东部地区的应用

上文介绍的方法是基于克里特岛东部的案例分析所提出的,涉及农业地区干旱风险的估计,特别是作物生产中干旱后果的估计。

克里特岛东部由两个县组成:伊拉克利翁县和拉希西县。为了将方法应用于空间分布更为均质的区域,每个县都被划分为两个分析区域(图 19.4),这两个区域或多或少都有些相似之处。为简单起见,分析中只考虑了三类作物:橄榄、葡萄,以及由非耕地和零星作物构成的第三类。表 19.6 列出了每个类别所涵盖的领域。

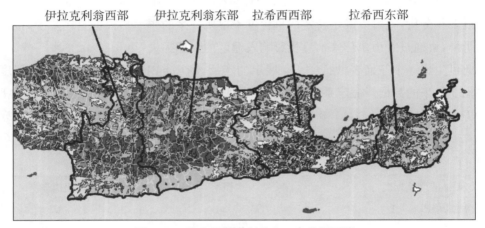

图 19.4　将克里特岛划分为 4 个分析区域

表 19.6　　　　　　　　　克里特岛 4 个分析区域不同作物的种植面积

| 分析区域 | 总面积/hm² | 橄榄 | | 葡萄 | | 剩余土地(裸露的土壤、森林、谷物种植区等) | |
|---|---|---|---|---|---|---|---|
| | | 面积/hm² | 占比/% | 面积/hm² | 占比/% | 面积/hm² | 占比/% |
| 伊拉克里翁西部 | 89897 | 15268 | 17.0 | 4632 | 5.2 | 69996 | 77.9 |
| 伊拉克里翁东部 | 187098 | 45721 | 24.4 | 22530 | 12.0 | 118848 | 63.5 |
| 拉希西西部 | 114706 | 17716 | 15.4 | 118 | 0.1 | 96872 | 84.5 |
| 拉希西东部 | 59123 | 5772 | 9.8 | 741 | 1.3 | 52609 | 89.0 |
| 总计 | 450824 | 84477 | | 28021 | | 338325 | |

注:由于小数四舍五入,求得的和及百分比可能略有出入。下同。

因为有关潜在产量的数据差异很大,因此在计算中使用了平均值。比如,葡萄的年均产量大约为 16000kg/hm²,平均价格估算为 0.5 €/kg。橄榄的年均产量是 1500kg/hm²,平均价格为 3 €/kg。

这里采用了简单的集总式作物产量函数[类似于式(19.3)],其中用 $a_1 = 1.5$ 表示葡萄,$a_1 = 1$ 表示橄榄。

为了计算作物产量的预期损失,可采用以下算法:降水→有效降水→用水量→作物产量→市场收益。

如前所述,为了简单起见,无量纲用水量直接从 $P/\bar{p}$ 的比值得出,而这一比值又反过来被用作单一线性作物产量函数的输入[式(19.3)]。

通过分析 4 个同质区域的干旱情况,估算了历史序列(1973—1974 至 2003—2004 年)下的干旱指数,如 SPI。各年度值的分析结果,在图 19.5 中以图表的形式呈现。

本章对农业系统的脆弱性提出了一个粗略的假设。假设 50% 的作物为旱作物,剩余的 50% 为灌溉作物,并将旱作物的脆弱性函数值设置为 1。此外,将表 19.7 中的数值,应用于灌溉作物在每种干旱程度下使用。

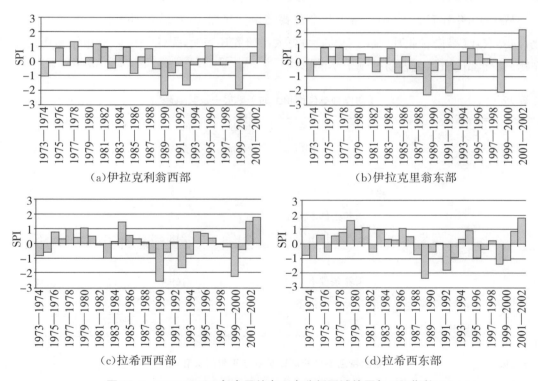

(a)伊拉克利翁西部　　　　　　　　　(b)伊拉克里翁东部

(c)拉希西西部　　　　　　　　　　　(d)拉希西东部

**图 19.5　1973—2004 年克里特岛 4 个分析区域的历年 SPI 指数**

值得注意的是,灌溉作物的脆弱性函数是经过克里特岛东部地区的农业工程师和农学家经过长期讨论之后所确定的。

依据上述的大致假定,对葡萄和橄榄这两种主要作物的 4 个分析区域的平均危害和风险进行了估计。表 19.8 显示了平均年度危险性以及每公顷风险的计算结果,表 19.9 则显示了以货币单位表示的相同数值。

可以看出,在 50% 的土地得到灌溉支持的情况下,年度风险将大幅降低。以伊拉克里翁西部为例,最初估计的危害值是 $734€/hm^2$,但受补充灌溉的积极影响,风险降至 $621€/hm^2$。

**表 19.7**　　　　　　　　　　　　灌溉农业的干旱脆弱性标准

| 干旱严重程度 | 脆弱性 |
|---|---|
| $0 \geqslant SPI > -1$ | 0.5 |
| $-1 \geqslant SPI > -1.5$ | 0.7 |
| $-1.5 \geqslant SPI > -2$ | 0.9 |
| $SPI \leqslant -2$ | 1 |

表 19.8 对 4 个分析区域进行了比较,并提供了敏感性分析数据。正如预期的那样,通过灌溉或其他保护系统可降低系统的脆弱性,从而减少风险。通过比较改进方案的额外成本,例如灌溉项目与风险的货币价值,可以提出更为合理的改进方案。

从表 19.8 和表 19.9 中可得出几个重要结论。显然,与可获得补充灌溉的灌溉农业相比,雨养农业(旱作农业)面临的干旱威胁更大。研究还表明,无论是作为旱作作物还是灌溉作物,葡萄都比橄榄更容易受到干旱的影响。

**表 19.8**　　　　　　　　不同作物单位面积上的干旱损失及其风险　　　　　　　单位:$M€/(hm^2 \cdot a)$

| 分类 | | | 伊拉克利翁西部 | 伊拉克利翁东部 | 拉希西东部 | 拉希西西部 |
|---|---|---|---|---|---|---|
| 干旱损失 | | 葡萄 | 734 | 543 | 559 | 609 |
| | | 橄榄 | 281 | 217 | 219 | 255 |
| 干旱风险 | 葡萄 | 雨养条件下 | 367 | 271 | 280 | 305 |
| | | 灌溉条件下 | 254 | 218 | 213 | 217 |
| | | 总计 | 621 | 489 | 493 | 522 |
| | 橄榄 | 雨养条件下 | 141 | 109 | 110 | 128 |
| | | 补充灌溉条件下 | 98 | 87 | 83 | 90 |
| | | 总计 | 239 | 196 | 193 | 218 |

**表 19.9**　　　　　　　克里特岛各分析区域总的年干旱损失和风险　　　　　　　单位:$M€/(hm^2 \cdot a)$

| 分类 | | 伊拉克利翁西部 | 伊拉克利翁东部 | 拉希西东部 | 拉希西西部 |
|---|---|---|---|---|---|
| 干旱损失 | 葡萄 | 3.4 | 12.2 | 0.3 | 0.5 |
| | 橄榄 | 4.3 | 9.9 | 3.9 | 1.5 |

续表

| 分类 | | | 伊拉克利翁西部 | 伊拉克利翁东部 | 拉希西东部 | 拉希西西部 |
|---|---|---|---|---|---|---|
| 干旱风险 | 葡萄 | 雨养条件下 | 1.7 | 6.1 | 0.1 | 0.2 |
| | | 补充灌溉条件下 | 1.2 | 4.9 | 0.1 | 0.2 |
| | | 总计 | 2.9 | 11.0 | 0.2 | 0.4 |
| | 橄榄 | 雨养条件下 | 2.2 | 5.0 | 1.9 | 0.7 |
| | | 补充灌溉条件下 | 1.5 | 4.0 | 1.5 | 0.5 |
| | | 总计 | 3.7 | 9.0 | 3.4 | 1.2 |

在比较 4 个同质分析区域时，在相同参数值时，可得出差异较大的结果，就通体结果而言，与拉希西相比，伊拉克里翁的两个分析区域的危害和风险更高。

## 19.8  总结

本章提出的分析方法，是设计合理的程序来评估农业地区的危害和风险的第一步，该方法论还需进一步完善，即便如此，该分析方法可以为实施应对干旱和缺水的准备计划提供必要的信息。为了减少干旱造成的农业系统的脆弱性，可将得出的风险数据进行降序排列，确定出需要紧急处理的优先事项。

### 本章参考文献

Doorenbos J，Kassam A H. Yield response to water[J]. Irrigation and drainage paper，1979，33：257.

Garrity D P. Moisture deficits and grain sorghum performance：limited irrigation strategies，evapotranspiration relationships，stress conditioning，and physiological responses[D]. Lincoln：The University of Nebraska-Lincoln，1980.

Hall W A，Butcher W S. Optimal timing of irrigation[J]. Journal of the Irrigation and Drainage Division，1968，94(2)：267-275.

Hanks R J. Model for predicting plant yield as influenced by water use 1[J]. Agronomy journal，1974，66(5)：660-665.

Jensen M E. Water consumption by agricultural plants[J]. New York：Academic Press，1968.

Manam R. Physiological and Agronomic Studies in Soil-Plant-Water Relations of Soybeans [D]. Manhattan：Kansas State University，1974.

Martin D L，Watts D G，Gilley J R. Model and production function for irrigation management[J]. Journal of irrigation and drainage engineering，1984，110(2)：149-164.

Minhas B S，Parikh K S，Srinivasan T N. Toward the structure of a production function for wheat yields with dated inputs of irrigation water[J]. Water Resources Research，1974，10(3)：383-393.

Molden D，Murray-Rust H，Sakthivadivel R，et al. A water-productivity framework for understanding and action [A]. Water productivity in agriculture：Limits and opportunities for improvement[C]. Wallingford：Cabi Publishing，2003.

Pereira L S，van den Broek，B，Kabat，P，et al. Crop-Water-Simulation Models in Practice[M]. Wageningen：Wageningen Press，1995.

Slabbers P J. Practical prediction of actual evapotranspiration[J]. Irrigation Science，1980，1(3)：185-196.

Stamm G G. Problems and Procedures in Determining Water Supply Requirements for Irrigation Proiects[J]. Irrigation of agricultural lands，1967，11：771-784.

Tsakiris G P. A method for applying crop sensitivity factors in irrigation scheduling [J]. Agricultural Water Management，1982，5(4)：335-343.

Tsakiris G P. Evaluating the effect of non-uniform and deficient irrigation—Part I[J]. Advances in water resources，1985，8(2)：77-81.